目次

JN100787

成績アップのための学習メソッド ▶ 2~5

学習内容

定期テスト予想問題 ▶ 137 ~ 151

解答集 ▶ 別冊

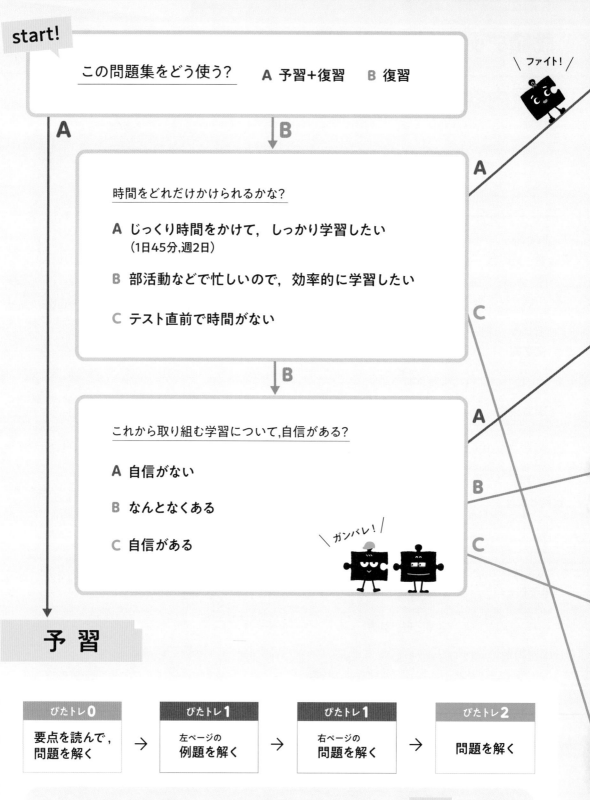

自分にあった学習法を
見つけよう!

成績アップのための学習メソッド

start!

この問題集をどう使う?　　A 予習+復習　　B 復習

\ ファイト! /

A　**B**　　　　　　　　　　　　　　　　　　　　　A

時間をどれだけかけられるかな?

A じっくり時間をかけて，しっかり学習したい
（1日45分,週2日）

B 部活動などで忙しいので，効率的に学習したい　　　　　C

C テスト直前で時間がない

B

これから取り組む学習について,自信がある?　　　　　A

A 自信がない

B なんとなくある　　　　　　　　　　　　　　　　　　　B

C 自信がある

\ ガンバレ! /　　　C

予習

ぴたトレ0		ぴたトレ1		ぴたトレ1		ぴたトレ2
要点を読んで,問題を解く	→	左ページの**例題を解く**	→	右ページの**問題を解く**	→	**問題を解く**

わからない時は…学校の授業をしっかり聞いて解決!　→　残りのページを　復習　として解く

2

復習

目安の時間には,丸付けや見直しの時間も含まれているよ。

日常学習

じっくり コース
（1日45分,週2日）

ぴたトレ0
要点を読んで,問題を解く

→

ぴたトレ1 **45分**
左ページの**例題**を解く ┗ 解けないときは [考え方] を見直す
右ページの**問題**を解く ┗ 解けないときは ●キーポイント を読む

↓

定期テスト予想問題や別冊mini bookなども活用しましょう。

教科書のまとめ
まとめを読んで,学習した内容を確認する

←

ぴたトレ3 **45分**
テストを解く ┗ 解けないときは ぴたトレ1 ぴたトレ2 に戻る

←

ぴたトレ2 **45分**
問題を解く ┗ 解けないときは ヒント を見る ぴたトレ1 に戻る

時短 A コース

ぴたトレ1 **45分**
問題を解く

→

ぴたトレ2 **30分**
だけ解く

→

ぴたトレ3
時間があれば取り組もう!

時短 B コース

ぴたトレ1 **20分**
右ページの だけ解く

→

ぴたトレ2 **45分**
問題を解く

→

ぴたトレ3 **45分**
テストを解く

時短 C コース

ぴたトレ1
省略

→

ぴたトレ2 **45分**
問題を解く

→

ぴたトレ3 **45分**
テストを解く

＼めざせ,点数アップ!／

テスト直前 コース

5日前

ぴたトレ1
右ページの だけ解く

→

3日前

ぴたトレ2
だけ解く

→

1日前

定期テスト予想問題
テストを解く

→

当日

別冊mini book
赤シートを使って最終確認する

コースがきまったら,4〜5ページを見てみよう ➡

⟨ ぴたトレの構成と使い方 ⟩

教科書ぴったりトレーニングは,おもに,「ぴたトレ1」,「ぴたトレ2」,「ぴたトレ3」で構成
されています。それぞれの使い方を理解し,効率的に学習に取り組みましょう。

なお,「ぴたトレ3」「定期テスト予想問題」では学校での成績アップに直接結びつくよう,
通知表における観点別の評価に対応した問題を取り上げています。

学校の通知表は以下の観点別の評価がもとになっています。

一緒にがんばろう！

| 知識 技能 | 思考力 判断力 表現力 | 主体的に 学習に 取り組む態度 |

ぴたトレ0
スタートアップ

各章の学習に入る前の準備として,
これまでに学習したことを確認します。

学習メソッド
この問題が難しいときは,以前の学習に戻ろう。あわてなくても
大丈夫。苦手なところが見つかってよかったと思おう。

↓

ぴたトレ1
要点チェック

基本的な問題を解くことで,基礎学力が定着します。

例題 1

穴埋め式の問題です。
答えは右ページ下にあります。

プラスワン

例題に関する解説や追加
事項を扱っています。

学習メソッド

どこでつまずいたかが
わかるようにチェック
ボックスを活用しよう。

コツコツ学習すること
が大切だよ。「週〇日
は数学」,「1日〇分」な
ど目標を立てて学習す
るといいよ。

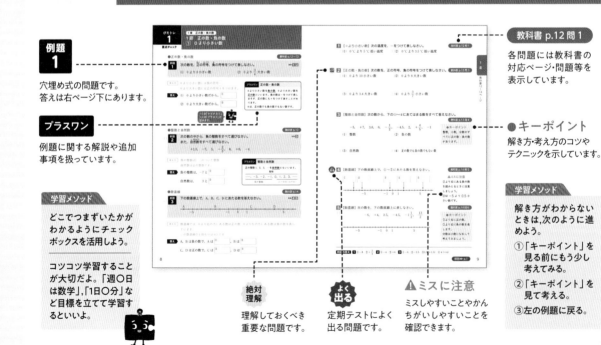

教科書 p.12 問1

各問題には教科書の
対応ページ・問題等を
表示しています。

●キーポイント

解き方・考え方のコツや
テクニックを示しています。

学習メソッド

解き方がわからない
ときは,次のように進
めよう。

①「キーポイント」を
見る前にもう少し
考えてみる。

②「キーポイント」を
見て考える。

③左の例題に戻る。

絶対理解

理解しておくべき
重要な問題です。

よく出る

定期テストによく
出る問題です。

⚠ミスに注意

ミスしやすいことやかん
ちがいしやすいことを
確認できます。

理解力・応用力をつける問題です。
解答集の「理解のコツ」では実力アップに欠かせない内容を示しています。

解き方がわからないときは,下の「ヒント」を見るか,「ぴたトレ1」に戻ろう。
間違えた問題があったら,別の日に解きなおしてみよう。

問題を解く
手がかりです。

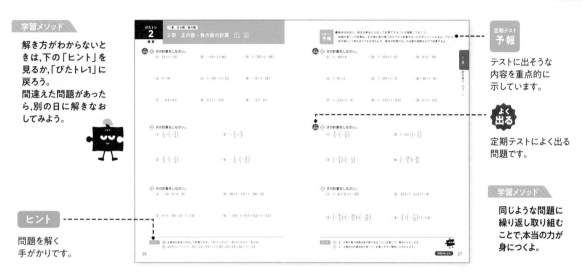

テストに出そうな
内容を重点的に
示しています。

**よく
出る**

定期テストによく出る
問題です。

同じような問題に
繰り返し取り組む
ことで,本当の力が
身につくよ。

ぴたトレ**3**

確認テスト

どの程度学力がついたかを自己診断するテストです。

成績評価の観点

知 考

問題ごとに「知識・技能」
「思考力・判断力・表現力」の
評価の観点が示してあります。

テスト本番のつもりで
何も見ずに解こう。

・解けたけど答えを間違えた
→ぴたトレ2の問題を解い
てみよう。
・解き方がわからなかった
→ぴたトレ1に戻ろう。

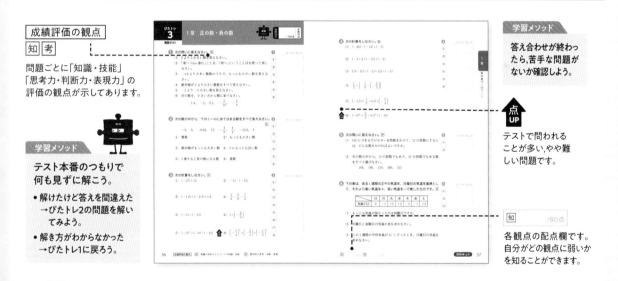

答え合わせが終わっ
たら,苦手な問題が
ないか確認しよう。

**点
UP**

テストで問われる
ことが多い,やや難
しい問題です。

知 /80点

各観点の配点欄です。
自分がどの観点に弱いか
を知ることができます。

教科書の
まとめ

各章の最後に,重要事項を
まとめて掲載しています。

重要事項をしっかり見直したいときは「教科書のまとめ」,
短時間で確認したいときは「別冊minibook」を使うといいよ。

定期テスト
予想問題

定期テストに出そうな問題を取り上げています。
解答集に「出題傾向」を掲載しています。

ぴたトレ3と同じように,テスト本番のつもりで解こう。
テスト前に,学習内容をしっかり確認しよう。

次の学習に
入る前に
取り組もう。

□**不等号**　　　　　　　　　　　　　　　　　　　　　　　◀ 小学3年

$\dfrac{8}{8} = 1$ のように，等しいことを表す記号 ＝ を等号といい，

$1 > \dfrac{5}{8}$ や $\dfrac{3}{8} < \dfrac{5}{8}$ のように，大小を表す記号 ＞，＜ を不等号といいます。

□**計算のきまり**　　　　　　　　　　　　　　　　　　　　◀ 小学4〜6年

$$a+b=b+a \qquad\qquad (a+b)+c=a+(b+c)$$
$$a \times b = b \times a \qquad\qquad (a \times b) \times c = a \times (b \times c)$$
$$(a+b) \times c = a \times c + b \times c \qquad (a-b) \times c = a \times c - b \times c$$

① 次の数を下の数直線上に表し，小さい順に答えなさい。　◀ 小学5年〈分数と小数〉

$$\dfrac{3}{10}, \quad 0.6, \quad \dfrac{3}{2}, \quad 1.2, \quad 2\dfrac{1}{5}$$

ヒント

数直線の1目もりは
0.1 だから……

0　　　　　　　　　1　　　　　　　　2

② 次の □ にあてはまる記号を書いて，2数の大小を表しなさい。　◀ 小学3，5年
〈分数，小数の大小，
分数と小数の関係〉

(1)　3 □ 2.9　　　　　　　　(2)　2 □ $\dfrac{9}{4}$

ヒント

大小を表す記号は
……

(3)　$\dfrac{7}{10}$ □ 0.8　　　　　　(4)　$\dfrac{5}{3}$ □ $\dfrac{5}{4}$

③ 次の計算をしなさい。　　　　　　　　　　　　　　　◀ 小学5年〈分数のたし
算とひき算〉

(1)　$\dfrac{1}{3} + \dfrac{1}{2}$　　　　　　　　(2)　$\dfrac{5}{6} + \dfrac{3}{10}$

ヒント

通分すると……

(3)　$\dfrac{1}{4} - \dfrac{1}{5}$　　　　　　　　(4)　$\dfrac{9}{10} - \dfrac{11}{15}$

(5)　$1\dfrac{1}{4} + 2\dfrac{5}{6}$　　　　　　(6)　$3\dfrac{1}{3} - 2\dfrac{11}{12}$

4 次の計算をしなさい。

(1) $0.7+2.4$ (2) $4.5+5.8$

(3) $3.2-0.9$ (4) $7.1-2.6$

◀ 小学 4 年〈小数のたし算とひき算〉

ヒント
位をそろえて……

5 次の計算をしなさい。

(1) $20\times\dfrac{3}{4}$ (2) $\dfrac{5}{12}\times\dfrac{4}{15}$

(3) $\dfrac{3}{8}\div\dfrac{15}{16}$ (4) $\dfrac{3}{4}\div12$

(5) $\dfrac{1}{6}\times3\div\dfrac{5}{4}$ (6) $\dfrac{3}{10}\div\dfrac{3}{5}\div\dfrac{5}{2}$

◀ 小学 6 年〈分数のかけ算とわり算〉

ヒント
わり算は逆数を考えて……

6 次の計算をしなさい。

(1) $3\times8-4\div2$ (2) $3\times(8-4)\div2$

(3) $(3\times8-4)\div2$ (4) $3\times(8-4\div2)$

◀ 小学 4 年〈式と計算の順序〉

ヒント
×，÷や（　）を先に計算すると……

7 計算のきまりを使って，次の計算をしなさい。

(1) $6.3+2.8+3.7$ (2) $2\times8\times5\times7$

(3) $10\times\left(\dfrac{1}{5}+\dfrac{1}{2}\right)$ (4) $18\times7+18\times3$

◀ 小学 4～6 年〈計算のきまり〉

ヒント
きまりを使って工夫すると……

8 次の ☐ にあてはまる数を答えなさい。

(1) $57\times99=57\times\left(\boxed{①}-\boxed{②}\right)$

$\qquad\qquad=57\times\boxed{①}-57=\boxed{③}$

(2) $25\times32=\left(25\times\boxed{①}\right)\times\boxed{②}$

$\qquad\qquad=100\times\boxed{②}=\boxed{③}$

◀ 小学 4 年〈計算のくふう〉

ヒント
$99=100-1$ や $25\times4=100$ を使うと……

解答▶▶ p.1

1　正の数・負の数
① 符号のついた数

● 0を基準とした数量

教科書 p.14

例題 1

次の温度を，正の符号，負の符号を使って表しなさい。　　　　▶▶1

(1)　0°Cより2.5°C低い温度　　　　(2)　0°Cより10°C高い温度

考え方　0°Cより低い温度は「－」を，高い温度は「＋」を使って表す。

答え　(1)　0°Cより低い温度だから，[①　　　　　]°C

　　　(2)　0°Cより高い温度だから，[②　　　　　]°C

●「－」のついたいろいろな数量

教科書 p.15

例題 2

A地点を基準にして，それより東へ2kmの地点を＋2kmと表すとき，A地点より西へ3kmの地点を正の符号，負の符号を使って表しなさい。　　▶▶23

考え方　反対の性質や反対の方向をもつ数量は，基準を決めて，一方を正の符号＋を使って表すと，もう一方は負の符号－を使って表すことができる。

答え　A地点より西の方向は負の符号を使って表されるから，[　　　　　]km
　　　東の反対は西

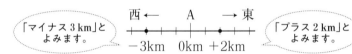

「マイナス3km」とよみます。

西 ← A → 東
－3km　0km　＋2km

「プラス2km」とよみます。

反対の意味の量は負の数で表すことができます。

● 正の数・負の数

教科書 p.16

例題 3

次の数を，正の符号，負の符号を使って表しなさい。　　　　▶▶4

(1)　0より3小さい数　　　　(2)　0より5大きい数

考え方　0より大きい数は正の符号，0より小さい数は負の符号を使って表す。

答え　(1)　[①　　　　　]　　　　(2)　[②　　　　　]

プラスワン　正の数，負の数，自然数

0より大きい数を正の数，0より小さい数を負の数，
正の整数のことを自然数という。

整数
…, －3, －2, －1, 0, ＋1, ＋2, ＋3, …
負の整数　　　　正の整数（自然数）

絶対理解 **1** 【0を基準とした数量】次の温度を，正の符号，負の符号を使って表しなさい。

教科書 p.14 問 1

□(1)　0 ℃ より 15 ℃ 高い温度

●キーポイント
0℃より低い温度には
−，高い温度には＋を
つけて表す。

□(2)　0 ℃ より 1.4 ℃ 低い温度

よく出る **2** 【「−」のついたいろいろな数量】駅を基準 0 m として，「駅から西へ 500 m」の地点を

＋500 m と表すとき，次の問いに答えなさい。 教科書 p.15 例 1, 問 2

□(1)　駅から東へ 300 m の地点は，どのように表されますか。

□(2)　＋200 m，−400 m は，それぞれどの地点を表していますか。
　　　ことばで表現しなさい。

3 【「−」のついたいろいろな数量】次の数量を，正の符号，負の符号を使って表しなさい。

教科書 p.15 問 3

□(1)　「1000 円の収入」を ＋1000 円と表すとき，「500 円の支出」

□(2)　海面の高さを基準 0 m として，「日本海溝の最大水深 8020 m」を −8020 m と表すとき，
　　　「富士山の標高 3776 m」

絶対理解 **4** 【正の数・負の数】次の数の中から，下の(1)～(4)にあてはまる数をすべて選びなさい。

教科書 p.16 問 5

$$-8, \quad -\frac{1}{2}, \quad +4, \quad 0, \quad +2.5, \quad +9, \quad -\frac{8}{5}$$

□(1)　自然数　　　　　　　　　　　　　□(2)　正の小数

□(3)　負の整数　　　　　　　　　　　　□(4)　正の数でも負の数でもない数

例題の答え **1** ①−2.5　②＋10　**2** −3　**3** ①−3　②＋5

1章　正の数・負の数
1　正の数・負の数
② 数の大小

● 数直線

教科書 p.17

例題 **1**　次の数直線で，点 A，点 B に対応する数を答えなさい。　▶▶**1**

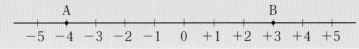

考え方　数直線の 0 より右側にある数は正の数，左側にある数は負の数を表している。

答え　点 A は負の数で ① [　　　　]

点 B は正の数で ② [　　　　]

数直線上の 0 の点を
原点といいます。

● 数の大小

教科書 p.18

例題 **2**　数直線を利用して，次の各組の数の大小を，
不等号を使って表しなさい。　▶▶**2**
(1)　−2，+3　　　(2)　−5，−7

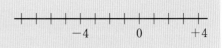

考え方　数直線上で，右側にある数の方が
大きくなる。

大きくなる
小さくなる

−5 −4 −3 −2 −1　0　+1 +2 +3 +4 +5

答え　(1)　+3 は −2 より右側にあるから，
+3 の方が大きい。
−2 ① [　　　　] +3

−2　　　0　　　+3

(2)　−5 は −7 より右側にあるから，
−5 の方が大きい。
−5 ② [　　　　] −7

−7　−5　　　0 +1

● 絶対値

教科書 p.18〜19

例題 **3**　次の問いに答えなさい。　▶▶**3**〜**5**
(1)　+6，−4，0 の絶対値を答えなさい。
(2)　−5，−8 の数の大小を，不等号を使って表しなさい。

考え方　(2)　負の数は，右の図のように，絶対値が大きい
ほど小さい。

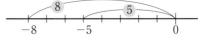

答え　(1)　+6…① [　　　　]　　　−4…② [　　　　]　　　0…③ [　　　　]

(2)　−5 ④ [　　　　] −8

1 【数直線】下の数直線上に，次の(1)〜(5)の数に対応する点をとりなさい。
また，数直線上の点 A，B，C，D，E に対応する数を答えなさい。 教科書 p.17 問 1, 問 2

□(1) −6 □(2) +7 □(3) −3.5 □(4) $+\dfrac{9}{2}$ □(5) $-\dfrac{1}{2}$

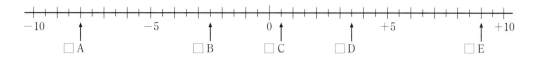

2 【数の大小】次の各組の数の大小を，不等号を使って表しなさい。 教科書 p.18 問 3

□(1) +8, −7 □(2) −12, −8

□(3) +10, −9, 0 □(4) −4, +5, −6

3 【絶対値】次の数の絶対値を答えなさい。 教科書 p.19 問 5

□(1) −6 □(2) +12 □(3) 0

□(4) −0.7 □(5) +2.4 □(6) $+\dfrac{3}{4}$

●キーポイント
絶対値は，その数から
符号を取り除いたもの
と考えられる。

数		絶対値
+4	→	4
−4	→	4

4 【絶対値】絶対値が 30 である数，0.5 である数を，それぞれ答えなさい。 教科書 p.19 問 6
□

⚠ミスに注意
絶対値が 5 である数は
正の数と負の数の 2 つ
ある。

5 【2 つの負の数の大小】次の各組の数の大小を，不等号を使って表しなさい。

教科書 p.19 問 4

□(1) −10, −12 □(2) −35, −27

□(3) $-\dfrac{5}{4}$, −1 □(4) −0.75, −1.3

●キーポイント
① 負の数<0<正の数
② 正の数は，絶対値
が大きいほど大き
い。
③ 負の数は，絶対値
が大きいほど小さ
い。

例題の答え **1** ①−4 ②+3 **2** ①< ②> **3** ①6 ②4 ③0 ④>

❶ **次の数量は，どんなことを表していますか。**

　□(1)　「現在から 5 日後」を ＋5 日と表すときの，－3 日

　□(2)　「200 円の値上がり」を ＋200 円と表すときの，－150 円

　□(3)　「0.8 m/s の追い風」を ＋0.8 m/s と表すときの，－1.6 m/s

❷ **次の数量を，正の符号，負の符号を使って表しなさい。**

　□(1)　ある建物の高さが「基準よりも 25 m 高いこと」を ＋25 m と表すとき，
　　　　「基準よりも 12 m 低いこと」

　□(2)　「いまから 2 時間後」を ＋2 時間と表すとき，「いまから 3 時間前」

　□(3)　A 地点を基準 0 km として，「A から西へ 7 km」の地点を －7 km と表すとき，
　　　　「A から東へ 9 km」の地点

❸ **次の問いに答えなさい。**

　(1)　下の数直線上に，次の①〜⑤の数に対応する点をとりなさい。

　　　□①　－4　　　　□②　＋2　　　　□③　－0.5　　　□④　$+\dfrac{7}{2}$　　　□⑤　$-\dfrac{5}{2}$

　□(2)　上の数直線上の点 A，B，C，D に対応する数を答えなさい。

ヒント　❶　(1)「後」，(2)「値上がり」，(3)「追い風」の反対の意味を考えよう。
　　　　❸　分数は小数に直して考えると，数直線上の対応する点がわかりやすい。

●負の数もふくめた数直線をつくり，負の数，０，正の数の表し方を身につけよう。
数の大小を比べる問題では，数を数直線上にしるしたり，かかなくても頭の中でイメージしよう。
負の数＜０＜正の数だね。負の数は，絶対値が大きいほど，数直線上では左にあるから，小さいね。

定期テスト
予報

4 次の各組の数の大小を，不等号を使って表しなさい。

□(1)　$+2,\ -3,\ 0$　　　　□(2)　$+\dfrac{1}{3},\ -\dfrac{1}{4},\ -\dfrac{1}{2}$　　　□(3)　$-0.2,\ -0.02,\ +0.1$

5 次の 8 つの数について，下の(1)〜(4)にあてはまる数をすべて答えなさい。

$$+3,\quad -5,\quad +0.4,\quad -0.5,\quad +6,\quad -14,\quad +\frac{7}{5},\quad +\frac{1}{2}$$

□(1)　絶対値のもっとも大きい数　　　　　□(2)　自然数のうち，もっとも小さい数

□(3)　絶対値の等しい数　　　　　　　　　□(4)　負の数で，もっとも大きい数

6 次の問いに答えなさい。

□(1)　$-\dfrac{7}{4}$ の絶対値を答えなさい。

□(2)　絶対値が 7 である整数をすべて答えなさい。

□(3)　絶対値が 5 より小さい整数はいくつありますか。

7 下の数直線を使って，次の数を小さい方から順に答えなさい。
□　　　　$+5.5,\quad -\dfrac{1}{4},\quad +1,\quad 0,\quad -\dfrac{13}{2},\quad -6.25$

ヒント　**4** 負の数＜０＜正の数　　負の数では，絶対値の大きい数の方が小さい。
　　　　6 (3)−5 より大きく +5 より小さい整数で，−5 と +5 はふくまない。０をわすれないこと。

1章　正の数・負の数
2　加法・減法
①　加法

●符号と絶対値に着目した加法（同符号の2数の和）　　　教科書 p.23〜24

例題 **1**　次の計算をしなさい。　　　　　　　　　　　　▶▶ **1**〜**5**

(1)　$(+2)+(+3)$　　　　　　　　(2)　$(-4)+(-9)$

考え方　同符号の2数の和は，

符　号…2数と同じ符号
絶対値…2数の絶対値の和

答え　(1)　$(+2)+(+3)$　　　符号を決める
　　　　　$=+(2+3)$　　　　$+2$ と $+3$ の
　　　　　　　　　　　　　　　同じ符号は$+$
　　　　　$=$ ①[　　　]　　絶対値の和を計算

(2)　$(-4)+(-9)$　　　符号を決める
　　　$=-(4+9)$　　　　-4 と -9 の同じ符号は$-$
　　　$=$ ②[　　　]

●符号と絶対値に着目した加法（異符号の2数の和）　　　教科書 p.23〜24

例題 **2**　次の計算をしなさい。　　　　　　　　　　　　▶▶ **1**〜**5**

(1)　$(-8)+(+3)$　　　　　　　　(2)　$(-4)+(+5)$

考え方　異符号の2数の和は，

符　号…絶対値の大きい方の符号
絶対値…絶対値の大きい方から小さい方をひいた差

答え　(1)　$(-8)+(+3)$　　　符号を決める
　　　　　$=-(8-3)$　　　　-8 と $+3$ で，絶対値の大きい方の符号は$-$
　　　　　$=$ ①[　　　]　　絶対値の差を計算

-8 の絶対値は 8
$+3$ の絶対値は 3

(2)　$(-4)+(+5)$

　　　$=+(5-4)=$ ②[　　　]

●加法の交換法則・結合法則　　　教科書 p.25

例題 **3**　次の計算をしなさい。　　　　　　　　　　　　▶▶ **6**

$(+5)+(-9)+(+7)+(-6)$

考え方　加法では，交換法則や結合法則が成り立つことを使って，
数の順序や組み合わせを変えて計算できる。

たし算のことを
加法といいます。

答え　　$(+5)+(-9)+(+7)+(-6)$
　　　$=\{(+5)+(+7)\}+\{(-9)+(-6)\}$　　　加法の交換法則　$a+b=b+a$
　　　$=(+12)+(-15)$　　　加法の結合法則　$(a+b)+c=a+(b+c)$
　　　$=$ [　　　]

絶対理解 **1** 【同符号の2数のたし算，異符号の2数のたし算】数直線を使って，次の計算をしなさい。

教科書 p.22 例1, 例2

□(1)　$(-4)+(-2)$

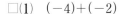

□(2)　$(+6)+(-4)$

よく出る **2** 【符号と絶対値に着目した加法】次の計算をしなさい。　教科書 p.23 例3, 例4

□(1)　$(+4)+(+8)$

□(2)　$(-10)+(-8)$

□(3)　$(+18)+(+10)$

□(4)　$(-15)+(-28)$

□(5)　$(-13)+(+15)$

□(6)　$(+18)+(-24)$

□(7)　$(-15)+(+17)$

□(8)　$(+21)+(-35)$

3 【異符号で絶対値の等しい2数の加法】次の計算をしなさい。　教科書 p.23 問4

□(1)　$(+8)+(-8)$

□(2)　$(-12)+(+12)$

4 【0をふくむ加法】次の計算をしなさい。　教科書 p.24 問5

□(1)　$(-6)+0$

□(2)　$0+(-9)$

5 【小数や分数の加法】次の計算をしなさい。　教科書 p.24 例5

□(1)　$(-4.8)+(-0.9)$

□(2)　$(+0.8)+(-5.3)$

□(3)　$\left(+\dfrac{4}{3}\right)+\left(+\dfrac{2}{3}\right)$

□(4)　$\left(-\dfrac{5}{6}\right)+\left(+\dfrac{2}{9}\right)$

6 【加法の計算法則】計算しやすい方法を考えて，次の計算をしなさい。　教科書 p.25 例6

□(1)　$(+15)+(-6)+(+9)+(-4)$

□(2)　$(-18)+(+11)+(-6)+(+7)$

例題の答え **1** ①$+5$　②-13　**2** ①-5　②$+1$　**3** -3

解答▶▶ p.3

1章 正の数・負の数

2 加法・減法
② 減法

● 正の数の減法

教科書 p.28〜29

☐ 例題 **1**　次の計算をしなさい。　　　　　　　　　　▶▶ **1**〜**3**

$$(-3)-(+8)$$

考え方　減法は，ひく数の符号を変えて，加法に直してから計算する。

答え

$$(-3)-(+8)=(-3)+\left(\boxed{①}\right)$$

加法に直す

符号を変える

同符号の2数の和

「+8 をひく」ことと，「−8 をたす」ことは同じ

$$=-(3+8)$$

$$=\boxed{②}$$

ひき算の
ことを
減法と
いいます。

● 負の数の減法

教科書 p.28〜29

☐ 例題 **2**　次の計算をしなさい。　　　　　　　　　　▶▶ **1**〜**3**

$$(-9)-(-4)$$

考え方　減法は，ひく数の符号を変えて，加法に直してから計算する。

答え

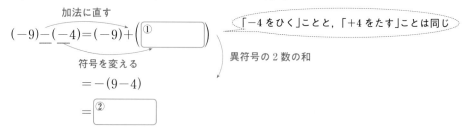

$$(-9)-(-4)=(-9)+\left(\boxed{①}\right)$$

加法に直す

符号を変える

異符号の2数の和

「−4 をひく」ことと，「+4 をたす」ことは同じ

$$=-(9-4)$$

$$=\boxed{②}$$

● 0 をふくむ減法

教科書 p.29

☐ 例題 **3**　次の計算をしなさい。　　　　　　　　　　▶▶ **4**

(1)　$(-5)-0$　　　　　　　　　　(2)　$0-(+5)$

答え　(1)　$(-5)-0$

$$=\boxed{①}$$

どんな数から 0 をひいても，差はもとの数に等しい
●−0＝●

ここがポイント

(2)　$0-(+5)$

$$=0+\left(\boxed{②}\right)$$

ひく数の符号を変えて，加法に直して計算

$$=\boxed{③}$$

絶対理解 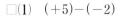 **1** 【正の数，負の数のひき算の考え方】数直線を使って，次の計算をしなさい。

教科書 p.27 例 1

□(1) $(+5)-(-2)$　　　　　□(2) $(-7)-(+3)$

2 【正の数，負の数のひき算の考え方】数直線を使って，$(-9)-(-4)$ の計算を説明しなさ
□ い。

教科書 p.27 問 2

絶対理解 **よく出る** **3** 【正の数，負の数の減法】次の計算をしなさい。

教科書 p.28 例 2

□(1) $(+8)-(+9)$　　　　　□(2) $(-3)-(-10)$

□(3) $(-7)-(-7)$　　　　　□(4) $(-24)-(-17)$

□(5) $(+5)-(-8)$　　　　　□(6) $(-14)-(+15)$

□(7) $(-20)-(+25)$　　　　　□(8) $(+28)-(-28)$

●キーポイント
ひく数の符号を変えて，
加法の式に直す。
$-(+\triangle)=+(-\triangle)$
$-(-\square)=+(+\square)$

4 【0 をふくむ減法】次の計算をしなさい。

教科書 p.29 問 5

□(1) $0-(+13)$　　　　　□(2) $(-18)-0$

⚠ミスに注意
$0-(+4)\not=+4$
としないように注意す
ること。

5 【小数や分数の減法】次の計算をしなさい。

教科書 p.29 例 3

□(1) $(+0.5)-(+0.7)$　　　　　□(2) $(-2)-(-1.3)$

□(3) $(+4.9)-(-7.5)$　　　　　□(4) $\left(+\dfrac{5}{4}\right)-\left(+\dfrac{11}{4}\right)$

□(5) $\left(+\dfrac{3}{7}\right)-\left(-\dfrac{9}{14}\right)$　　　　　□(6) $\left(-\dfrac{2}{5}\right)-(-3)$

例題の答え **1** ①-8　②-11　**2** ①$+4$　②-5　**3** ①-5　②-5　③-5

1章 正の数・負の数
2 加法・減法
③ 加法と減法の混じった計算

●加法と減法の混じった計算

教科書 p.31〜32

□ **例題 1** $(+4)-(+8)+(-3)-(-9)$ を，加法だけの式に直して計算しなさい。 ▶▶ 1 2

考え方 減法は加法に直せることを使う。

答え
$(+4)-(+8)+(-3)-(-9)$

$=(+4)+\left(\boxed{①}\right)+(-3)+\left(\boxed{②}\right)$ ⟩ 1 加法だけの式に直す

$=(+4)+(+9)+(-8)+(-3)$ ⟩ 2 同符号の数を集める （加法の交換法則）

⟩ 3 同符号の数の和を求める

$=(+13)+\left(\boxed{③}\right)$ （加法の結合法則）

$=\boxed{④}$

> **プラスワン** 項
>
> 加法だけの式 $(+4)+(-8)+(-3)+(+9)$ の
> それぞれの数を**項**という。
>
> 正の項
> 項… $+4$, -8 , -3 , $+9$
> 負の項

●項を並べた式の計算

教科書 p.32

□ **例題 2** $5-9-3+8$ を，項を並べた式とみて計算しなさい。 ▶▶ 3 4

考え方 $(+5)+(-9)+(-3)+(+8)$ のように，加法だけの式と考えて，同符号どうしの数を
まとめる。

答え $5-9-3+8=5+8-9-3$

$=13-12=\boxed{}$

同符号の数を集めて，
同符号の数の和を求めます。

●項を並べた形に直す計算

教科書 p.32〜33

□ **例題 3** $8-(+2)+(-7)-(-4)$ を，項を並べた形に直して計算しなさい。 ▶▶ 5 6

考え方 加法の記号＋とかっこを省く。

ここがポイント

答え $8-(+2)+(-7)-(-4)$

$=8+(-2)+(-7)+\left(\boxed{①}\right)$ ⟩ 1 加法だけの式に直す

⟩ 2 加法の記号＋とかっこを省く

$=8-2-7+4$

⟩ 3 同符号の数を集める

$=8+4-2-7$

⟩ 4 同符号の数の和を求める

$=12-9=\boxed{②}$

1 【項】次の式を加法だけの式に直しなさい。
また，正の項，負の項をそれぞれ答えなさい。

教科書 p.31 問 1

- □(1) $(-2)+(+3)-(-8)$
- □(2) $(+9)-(-8)-(+11)$

2 【項だけを並べた式】次の式を加法の式に直してから，かっこを省いて，項だけを並べた式に直しなさい。

教科書 p.32 問 2

- □(1) $(-4)-(-5)+(-12)$
- □(2) $(+6)-(+1)-(-7)$

3 【項だけを並べた式】次の式を，加法の記号＋とかっこを使って表しなさい。

教科書 p.32 問 3

- □(1) $7-3+1$
- □(2) $-10+4-7$

4 【加法と減法の混じった計算】次の計算をしなさい。

教科書 p.32 問 4

- □(1) $-15+4-6$
- □(2) $5-9+8-5+10$

5 【加法と減法の混じった計算】次の計算をしなさい。

教科書 p.32 例 1

- □(1) $(-1)-(-1)+5$
- □(2) $8+(-3)-5-(-10)$

- □(3) $(-14)+(-32)-(-17)-16$
- □(4) $5-13-(-25)-0-8$

6 【小数や分数の加法・減法】次の計算をしなさい。

教科書 p.33 問 6

- □(1) $-0.7+0.5-0.9$
- □(2) $2.8-1.6-8.4$

- □(3) $0.6+(-1.4)-(-0.5)$
- □(4) $-5.3+(-2.9)-(+1.7)$

- □(5) $-\dfrac{1}{4}-\dfrac{5}{6}-\dfrac{2}{9}$
- □(6) $2-\dfrac{1}{5}-\dfrac{5}{6}+\dfrac{3}{4}$

- □(7) $\dfrac{1}{4}-\left(-\dfrac{2}{3}\right)-\left(+\dfrac{1}{2}\right)$
- □(8) $\dfrac{1}{8}+\left(-\dfrac{5}{6}\right)-\left(-\dfrac{2}{3}\right)$

例題の答え **1** ①-8 ②$+9$ ③-11 ④$+2$ **2** 1 **3** ①$+4$ ②$3$

解答▶▶ p.4

2　加法・減法　①〜③

1 次の計算をしなさい。

□(1)　$(-28)+(-33)$

□(2)　$(-38)+(+19)$

□(3)　$(+16)-(+42)$

□(4)　$(+25)-(-27)$

□(5)　$(+5.3)+(-3.6)$

□(6)　$(-8.2)+(-1.8)$

□(7)　$(-4.8)-(-2.2)$

□(8)　$(-0.8)-(+1.2)$

□(9)　$\left(-\dfrac{5}{6}\right)+\left(+\dfrac{2}{3}\right)$

□(10)　$\left(-\dfrac{3}{10}\right)+\left(-\dfrac{2}{15}\right)$

□(11)　$\left(-\dfrac{1}{2}\right)-\left(-\dfrac{2}{3}\right)$

□(12)　$(+3)-\left(+\dfrac{4}{3}\right)$

□(13)　$(-0.25)+\left(+\dfrac{1}{6}\right)$

□(14)　$\left(+\dfrac{2}{3}\right)+(-0.3)$

□(15)　$\left(-\dfrac{1}{6}\right)-(-2.5)$

□(16)　$(-0.75)-\left(+\dfrac{5}{7}\right)$

2 次の計算をしなさい。

□(1)　$(+5)+(-9)+(-5)$

□(2)　$(-8)+(+9)+(-2)+(+13)$

□(3)　$(+17)+(-32)+(-68)+(-17)$

□(4)　$(-46)+(+28)+(-54)+(+72)$

□(5)　$(-5.8)+(+3.2)+(+1.2)$

□(6)　$(+8.7)+(-4.5)+(-5.5)$

ヒント **1** (13)〜(16)小数と分数が混じった計算は，小数を分数に直してから計算する。
2 数の順序や組み合わせを考えて，くふうして計算する。

●正の数，負の数の加法，減法の計算のしかたを理解し，項だけを並べた式に慣れよう。
「3−4」は「+3 と −4 の和」ととらえよう。3つ以上の数を加えるとき，正の数どうし，負の数
どうしをまとめたり，絶対値の等しい異符号の数(和が0になる)をまとめて計算するといいよ。

定期テスト
予報

 3 次の計算をしなさい。

□(1)　15−28

□(2)　−27−19

□(3)　2.5−5.8

□(4)　−1.8+2.6

□(5)　$\dfrac{7}{6}-\dfrac{9}{8}$

□(6)　$-\dfrac{7}{9}-\dfrac{2}{3}$

□(7)　−15+24+15−78

□(8)　14−30+17−0−15

□(9)　−0.6+1.2−0.9+2

□(10)　$\dfrac{1}{7}-\dfrac{1}{6}+\dfrac{1}{3}-\dfrac{1}{6}$

□(11)　$0-1.8+\dfrac{1}{6}+0.75$

□(12)　$2-3.5-\dfrac{1}{4}+\dfrac{1}{2}$

 4 次の計算をしなさい。

□(1)　12−(−8)−4+7

□(2)　15−(−4)+12+(−5)

□(3)　−2.7+(−1.25)−(+7.3)

□(4)　$-0.25-\left(-\dfrac{4}{3}\right)-(+1.5)+\dfrac{4}{3}$

5 次の表は，5人の男子生徒 A，B，C，D，E の体重を，A の体重を基準として何 kg 重い
かを示したものです。下の問いに答えなさい。

生徒	A	B	C	D	E
A の体重との差(kg)	0	−4.5	+1.5	+3	−2

□(1)　5人の中で，体重がもっとも重い人ともっとも軽い人との差は何 kg ですか。

□(2)　A，B，C，D の体重を，E の体重を基準として正，負の数で表しなさい。

 ヒント　**3** (8)〜(12)同符号の数をそれぞれ集める。
　　　4 加法の記号+とかっこを省いて，項だけを並べた式に直してから計算する。

●符号や絶対値に着目した乗法

教科書 p.38〜39

例題 **1** 次の計算をしなさい。　　　　▶▶**1**〜**3**

(1) $(-5) \times (-2)$　　　　(2) $(+3) \times (-6)$

考え方

$\boxed{1}$ 同符号の2数の積 $\begin{cases} 符　号…正の符号 \\ 絶対値…2数の絶対値の積 \end{cases}$　

$\boxed{2}$ 異符号の2数の積 $\begin{cases} 符　号…負の符号 \\ 絶対値…2数の絶対値の積 \end{cases}$　

答え

(1) $(-5) \times (-2)$
　　$= +(5 \times 2)$
　　$= \boxed{①}$

符号を決める
絶対値の積を
計算

ここがポイント

(2) $(+3) \times (-6)$
　　$= -(3 \times 6)$
　　$= \boxed{②}$

かけ算のことを、乗法といいます。

●いくつかの数の積の符号

教科書 p.40〜41

例題 **2** 次の計算をしなさい。　　　　▶▶**4**

$(-5) \times (-1) \times (-4) \times (+2)$

考え方

積の符号…負の数が $\begin{cases} 偶数個あれば＋ \\ 奇数個あれば－ \end{cases}$

絶対値…かけ合わせる数の絶対値の積

答え

$(-5) \times (-1) \times (-4) \times (+2)$　符号を決める

$= -(5 \times 1 \times 4 \times 2)$

$= \boxed{}$　絶対値の積を計算

負の数が3個→符号は－

●累乗

教科書 p.42

例題 **3** 次の計算をしなさい。　　　　▶▶**5**

(1) $(-2)^2$　　　　(2) -2^2

考え方 (1) $(-2)^2$ は、-2 を2個かけ合わせた数である。

(2) -2^2 は、2を2個かけ合わせたものに－をつけた数である。

答え (1) $(-2)^2$

　　$= (-2) \times (-2) = \boxed{①}$

(2) -2^2

　　$= -(2 \times 2) = \boxed{②}$

| プラスワン | 累乗 |

3^2 や $(-3)^2$ のように、同じ数をいくつかかけ合わせたもの。右上の小さな数は、かけ合わせた個数を表し、指数という。

指数
　↓
$3 \times 3 = 3^{②}$
3が2個

絶対理解 **1** 【符号や絶対値に着目した乗法】次の計算をしなさい。

教科書 p.38 例1, 例2

□(1) $(-3)\times(-6)$　　　　□(2) $(+5)\times(+9)$

□(3) $(+7)\times(+14)$　　　　□(4) $(-2)\times(-18)$

□(5) $(-5)\times(+4)$　　　　□(6) $(+7)\times(-5)$

□(7) $(+12)\times(-3)$　　　　□(8) $(-14)\times(+4)$

● キーポイント
1 符号を決める
$\left.\begin{array}{c}\oplus\times\oplus\\\ominus\times\ominus\end{array}\right\}\to\oplus$
$\left.\begin{array}{c}\oplus\times\ominus\\\ominus\times\oplus\end{array}\right\}\to\ominus$
2 絶対値の積を計算

2 【$+1$ や -1 をかける乗法，0 をふくむ乗法】次の計算をしなさい。

教科書 p.39 問 5

□(1) $(-14)\times(+1)$　　　　□(2) $(-8)\times(-1)$

□(3) $0\times(-9)$　　　　□(4) $0\times(+20)$

3 【小数や分数の乗法】次の計算をしなさい。

教科書 p.39 例 3

□(1) $(-0.8)\times(-3)$　　　　□(2) $(+1.5)\times(-0.6)$

□(3) $\left(-\dfrac{2}{3}\right)\times(-12)$　　　　□(4) $\left(-\dfrac{2}{7}\right)\times\left(+\dfrac{3}{4}\right)$

よく出る **4** 【いくつかの数の乗法】次の計算をしなさい。

教科書 p.40 問 8,
p.41 例 4

□(1) $(-5)\times18\times(-2)$　　　　□(2) $13\times(-125)\times8$

□(3) $8\times(-9)\times\dfrac{7}{4}$　　　　□(4) $(-3)\times(-0.2)\times(-10)$

□(5) $(-5)\times4\times(-3)\times6$　　　　□(6) $\left(-\dfrac{3}{5}\right)\times(-5)\times\left(-\dfrac{1}{3}\right)$

● キーポイント
積の符号は，負の数の個数で決まる。
負の数が $\left\{\begin{array}{l}偶数個\to+\\奇数個\to-\end{array}\right.$

よく出る **5** 【累乗】次の計算をしなさい。

教科書 p.42 例 5

□(1) $(-5)^2$　　　　□(2) -3^3

□(3) $\left(-\dfrac{2}{9}\right)^2$　　　　□(4) 0.7^2

例題の答え **1** ①$+10$ ②-18 **2** -40 **3** ①$4$ ②-4

ぴたトレ
1
要点チェック

1章　正の数・負の数
3　乗法・除法
② 　除法

●符号や絶対値に着目した除法　　　　　　　　　　　　　　　　　教科書 p.44

例題 1 　次の計算をしなさい。　　　　　　　　　　　　　　　　　　　▶▶**1**

(1)　$(-18)\div(-3)$　　　　　　　　　　　(2)　$(+24)\div(-6)$

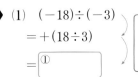

考え方

1　同符号の2数の商 $\begin{cases} 符　号…正の符号 \\ 絶対値…2数の絶対値の商 \end{cases}$

2　異符号の2数の商 $\begin{cases} 符　号…負の符号 \\ 絶対値…2数の絶対値の商 \end{cases}$

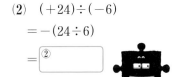

答え 　(1)　$(-18)\div(-3)$

$= +(18\div 3)$

$= $ ①□　　符号を決める　絶対値の商を計算

ここがポイント

(2)　$(+24)\div(-6)$

$= -(24\div 6)$

$= $ ②□

わり算のことを，除法といいます。

●除法と逆数　　　　　　　　　　　　　　　　　　　　　　　　教科書 p.45〜46

例題 2 　乗法に直して，次の計算をしなさい。　　　　　　　　　▶▶**2** **3**

$(-8)\div\left(-\dfrac{4}{3}\right)$

考え方　　わる数を逆数にして，乗法に直す。

答え 　　　　$(-8)\div\left(-\dfrac{4}{3}\right) = (-8)\times\left(\boxed{①}\right)$

$-\dfrac{4}{3}$ の逆数は $-\dfrac{3}{4}$ です。　$= +\left(8\times\dfrac{3}{4}\right)$

符号を決める

絶対値の積を計算　$\overset{2}{8}\times\dfrac{3}{\underset{1}{4}}$

$= $ ②□

●乗法と除法の混じった計算　　　　　　　　　　　　　　　　　教科書 p.46

例題 3 　次の計算をしなさい。　　　　　　　　　　　　　　　　　▶▶**4**

$\left(-\dfrac{2}{3}\right)\div(-6)\times\dfrac{5}{2}$

考え方　　除法は乗法に直せることを使って，乗法だけの式に直す。

答え 　　$\left(-\dfrac{2}{3}\right)\div(-6)\times\dfrac{5}{2} = \left(-\dfrac{2}{3}\right)\times\left(\boxed{①}\right)\times\dfrac{5}{2}$

-6 の逆数は $-\dfrac{1}{6}$ です。　$= +\left(\dfrac{2}{3}\times\dfrac{1}{6}\times\dfrac{5}{2}\right)$

符号を決める

絶対値の積を計算　$\dfrac{\overset{1}{2}}{3}\times\dfrac{1}{6}\times\dfrac{5}{\underset{1}{2}}$

$= $ ②□

絶対理解 **1** 【符号や絶対値に着目した除法】次の計算をしなさい。

教科書 p.44 例 2,3

□(1) $(-16) \div (-4)$　　　　□(2) $(+36) \div (+9)$

□(3) $(+48) \div (+16)$　　　□(4) $(-75) \div (-5)$

□(5) $(-20) \div (+5)$　　　　□(6) $(-36) \div (+18)$

□(7) $(+96) \div (-2)$　　　　□(8) $0 \div (-12)$

●キーポイント

① 符号を決める
$$\left.\begin{array}{l} \oplus \div \oplus \\ \ominus \div \ominus \end{array}\right\} \to \oplus$$
$$\left.\begin{array}{l} \oplus \div \ominus \\ \ominus \div \oplus \end{array}\right\} \to \ominus$$

② 絶対値の商を計算

2 【逆数】次の数の逆数を求めなさい。

教科書 p.45 問 4

□(1) -7　　　　□(2) -12　　　　□(3) $\dfrac{1}{4}$

□(4) $-\dfrac{3}{5}$　　　□(5) 0.9　　　□(6) -0.75

⚠ミスに注意

ある数の逆数の符号は，もとの数の符号と同じになる。

絶対理解 **3** 【除法と逆数】次の計算をしなさい。

教科書 p.45 例 4

□(1) $\left(-\dfrac{3}{4}\right) \div \dfrac{5}{2}$　　　□(2) $\left(-\dfrac{7}{2}\right) \div \left(-\dfrac{14}{3}\right)$

□(3) $\left(-\dfrac{3}{8}\right) \div 6$　　　□(4) $4 \div \left(-\dfrac{10}{3}\right)$

●キーポイント

わる数を逆数にして，乗法に直して計算する。

よく出る **4** 【乗法と除法の混じった計算】乗法だけの式に直して，次の計算をしなさい。

教科書 p.46 例 5

□(1) $(-12) \times (-7) \div (-2)$　　　□(2) $(-48) \div 16 \times (-3)$

□(3) $3 \div (-3) \times 4$　　　　　　□(4) $(-5) \times 8 \div (-36)$

□(5) $\left(-\dfrac{2}{3}\right) \div \left(-\dfrac{2}{3}\right) \times (-1)$　　　□(6) $(-6) \times \left(-\dfrac{2}{3}\right) \div \dfrac{1}{2}$

□(7) $\left(-\dfrac{9}{2}\right) \times \dfrac{4}{15} \div \dfrac{3}{5}$　　　□(8) $\left(-\dfrac{2}{3}\right) \div \left(-\dfrac{1}{4}\right) \times \dfrac{7}{8}$

例題の答え **1** ①$+6$ ②-4　**2** ①$-\dfrac{3}{4}$ ②$+6$　**3** ①$-\dfrac{1}{6}$ ②$+\dfrac{5}{18}$

●四則の混じった計算

教科書 p.47〜48

例題
1
次の計算をしなさい。　　　　　　　　　　　　　▶▶**1**

(1)　$8+3\times(-6)$　　　　　　　　(2)　$4\times(-4+5^2)$

(3)　$36\div(-3)^2$　　　　　　　　　(4)　$7-(-3)^2\times5$

考え方　●乗法や除法は，加法や減法よりも先に計算する。
　　　　●累乗があるときは，累乗を先に計算する。
　　　　●かっこがあるときは，かっこの中を先に計算する。

加法，減法，乗法，除法をまとめて四則といいます。

答え　(1)　$8+3\times(-6)$

　　　　$=8+\left(\boxed{①}\right)$　　乗法を先に計算

　　　　$=\boxed{②}$

(2)　$4\times(-4+5^2)$　　累乗を先に計算

　　　$=4\times(-4+25)$　　かっこの中を先に計算

　　　$=4\times\boxed{③}$

　　　$=\boxed{④}$

(3)　$36\div(-3)^2$

　　　$=36\div\boxed{⑤}$

　　　$=\boxed{⑥}$

(4)　$7-(-3)^2\times5$

　　　$=7-\boxed{⑦}\times5$

　　　$=7-\boxed{⑧}=\boxed{⑨}$

●分配法則

教科書 p.48〜49

例題
2
分配法則を利用して，次の計算をしなさい。　　▶▶**2**

(1)　$\left(\dfrac{1}{4}-\dfrac{5}{6}\right)\times24$　　　　　　　　(2)　$6\times5+6\times(-7)$

考え方　分配法則 $a\times(b+c)=a\times b+a\times c$ を利用する。

答え　(1)　$\left(\dfrac{1}{4}-\dfrac{5}{6}\right)\times24$

　　　　$=\dfrac{1}{4}\times24-\dfrac{5}{6}\times\boxed{①}$

　　　　$=6-\boxed{②}$

　　　　$=\boxed{③}$

(2)　$6\times5+6\times(-7)$

　　　$=6\times\left\{5+\left(\boxed{④}\right)\right\}$

　　　$=6\times\left(\boxed{⑤}\right)$

　　　$=\boxed{⑥}$

プラスワン　分配法則

分配法則はどんな数でも成り立つ。
$a\times(b+c)=a\times b+a\times c$
$(b+c)\times a=b\times a+c\times a$

1 【四則の混じった計算】次の計算をしなさい。

教科書 p.47 例 1〜3

□(1)　$-3+(-7)\times4$　　　　□(2)　$12-(-20)\div5$

□(3)　$5\times(-4)+(-6)\div(-3)$　　□(4)　$-15\div3+(-4)\times3$

□(5)　$(-2)\times(-9+6)$　　　　□(6)　$32\div(-21+5)$

□(7)　$(6-9)\times(-12)$　　　　□(8)　$(-3+15)\div(-4)$

□(9)　$\{8-(-2)\}\times4$　　　　□(10)　$\{-10+(-2)\}\div6$

□(11)　$96\div(-4)^2$　　　　　□(12)　-2^2+15

□(13)　$-72-(-3^2)$　　　　　□(14)　$(-9^2)+(-7)^2$

□(15)　$7-4\times(9-5)$　　　　□(16)　$42-(-8+18)\times3$

□(17)　$8+(-2)^3\times3$　　　　□(18)　$(11+5^2)\div(-9)-3^3$

□(19)　$\dfrac{2}{5}+\left(-\dfrac{4}{5}\right)^2$　　　　□(20)　$\dfrac{7}{9}-\dfrac{3}{11}\div\dfrac{27}{11}$

●キーポイント
1 かっこをふくむ式は，かっこの中を先に計算
2 累乗のある式は，累乗を先に計算
3 乗法や除法は，加法や減法より先に計算

1
章

教科書47〜49ページ

2 【分配法則】分配法則を利用して，次の計算をしなさい。

教科書 p.48 例 4

□(1)　$30\times\left(\dfrac{1}{5}-\dfrac{2}{3}\right)$　　　　□(2)　$\left(-\dfrac{3}{5}+\dfrac{1}{2}\right)\times(-10)$

□(3)　$86\times(-13)+14\times(-13)$　　□(4)　$122\times(-6.3)-22\times(-6.3)$

例題の答え **1** ①-18　②-10　③$21$　④$84$　⑤$9$　⑥$4$　⑦$9$　⑧$45$　⑨-38
2 ①$24$　②$20$　③-14　④-7　⑤-2　⑥-12

●正の数・負の数の利用　　　　　　　　　　　　　　　　　　　教科書 p.50〜52

□ **例題 1**　はるかさんは，数学の問題を 1 週間に 50 題解くことを目標にしています。
次の表は，6 週間で解いた数学の問題数を表しています。

	第 1 週	第 2 週	第 3 週	第 4 週	第 5 週	第 6 週
解いた数(題)	60	54	48	56	47	53

1 週間あたりの解いた問題数の平均を求めなさい。　　　　▶▶**1**

考え方　(基準の値)+(基準との差の平均)＝(平均) を使うと，簡単に求められる。

答え　50 題とのちがいを考えると，　第 1 週…＋10　　第 2 週…＋4　　第 3 週…－2

第 4 週…① [　　　]　　　第 5 週…② [　　　]　　　第 6 週…＋3

③ [　　　] ＋{10＋4－2＋① [　　　] ＋(② [　　　]) ＋3}÷6＝④ [　　　]

●数の集合と四則　　　　　　　　　　　　　　　　　　　　　　教科書 p.54〜55

□ **例題 2**　自然数，整数，分数で表せる数の集合
で，計算がつねにできるのはどれです
か。㋐〜㋛からすべて選びなさい。
ただし，除法では，0 でわることは除
いて考えるものとします。　▶▶**2**

	加法	減法	乗法	除法
自然数	㋐	㋑	㋒	㋓
整数	㋔	㋕	㋖	㋗
分数で表せる数	㋘	㋙	㋚	㋛

考え方　自然数→整数→分数で表せる数と，数の集合を広げていくと，できる計算がふえる。

答え　自然数では ① [　　　]，整数では ② [　　　]，

分数で表せる数では ③ [　　　] がつねにできる。

●素因数分解　　　　　　　　　　　　　　　　　　　　　　　　教科書 p.56〜57

□ **例題 3**　60 を素因数分解しなさい。　　　　　　　　　　　▶▶**3**

考え方　素数で順にわっていき，商が素数になるまで続ける。

答え　右のようなわり算をして，

$60＝$ ① [　　　]^2 $×3×$ ② [　　　]

```
  2) 60
① ) 30
  3) 15
    ② [    ]
```

プラスワン　素数

1 とその数自身のほかに
約数のない自然数を**素数**
という。
ただし，1 は素数にふく
めない。

絶対 理解 **1** 【正の数・負の数の利用】次の表は，バレーボール部員 6 人の身長を示したものです。これについて，下の問いに答えなさい。 教科書 p.50〜51

	A	B	C	D	E	F
	163	170	174	171	166	173
	①	②	③	④	⑤	⑥

(単位：cm)

☐(1) 160 cm を基準にして，160 cm より何 cm 高いかを考えて，6 人の身長の平均を求めなさい。式も書くこと。

☐(2) 170 cm を基準にして，170 cm より何 cm 高いか低いかを，上の表の①〜⑥にあてはまる数を答えなさい。

☐(3) (2)をもとにして，6 人の身長の平均を求めなさい。式も書くこと。

2 【数の集合と四則】次の問いに答えなさい。ただし，除法では，0 でわることは除いて考えるものとします。 教科書 p.55 問 2

☐(1) 右の㋐〜㋓のうち，☐にどんな自然数を入れても，計算の結果がつねに自然数になるものはどれですか。

㋐ ☐ ＋ ☐　　㋑ ☐ － ☐

㋒ ☐ × ☐　　㋓ ☐ ÷ ☐

☐(2) 上の㋐〜㋓のうち，☐にどんな整数を入れても，計算の結果がつねに整数になるものはどれですか。

☐(3) 数の範囲を分数で表せる数の集合まで広げたとき，㋐〜㋓のうちつねにできるとは限らないものはありますか。ある場合は，その記号を答えなさい。

絶対 理解 **3** 【素因数分解】次の数を素因数分解しなさい。 教科書 p.57 例 2

☐(1) 36　　　　　☐(2) 56　　　　　☐(3) 126

☐(4) 135　　　　☐(5) 160　　　　☐(6) 300

例題の答え **1** ①＋6　②－3　③50　④53　**2** ①㋐㋒　②㋐㋒㋓　③㋒㋓㋓　**3** ①2　②5

❶ 次の計算をしなさい。

□(1) $(-4) \times \left(-\dfrac{1}{60}\right)$

□(2) $100 \times (-0.48) \times (-1.2)$

□(3) $(-3) \times 4 \times \dfrac{1}{6} \times (-0.5)$

□(4) -0.1^3

□(5) $(-5)^2 \times (-2^2)$

□(6) $-(-2)^3 \times \left(-\dfrac{5}{6}\right)^2$

❷ 次の計算をしなさい。

□(1) $(-35) \div (-15)$

□(2) $(-12) \div 45$

□(3) $\dfrac{1}{12} \div \left(-\dfrac{1}{6}\right)$

□(4) $\left(-\dfrac{5}{2}\right) \div \left(-\dfrac{5}{8}\right)$

□(5) $(-4) \div \dfrac{1}{4}$

□(6) $\dfrac{9}{14} \div (-6)$

❸ 次の計算をしなさい。

□(1) $12 \times (-36) \div 24$

□(2) $18 \div (-2) \times (-8) \div 6$

□(3) $4^2 \div (-2)^2 \times (-1)^3$

□(4) $(-15) \div 3 \times (-2)^2$

□(5) $-\dfrac{4}{15} \times \left(-\dfrac{5}{3}\right) \div \left(-\dfrac{2}{3}\right)^2$

□(6) $(-0.2)^2 \times \dfrac{1}{4} \div \left(-\dfrac{3}{25}\right)$

□(7) $\left(-\dfrac{3}{4}\right) \div (-6) \times \left(-\dfrac{8}{9}\right)$

□(8) $\dfrac{7}{5} \times \left(-\dfrac{5}{6}\right) \div (-1)$

ヒント　❶ (4)-0.1^3 は，0.1 を3個かけたものに，符号－をつける。
　　　　❸ 除法を逆数の乗法に直して計算する。まず，符号を決め，次に絶対値の積を求める。

●正の数，負の数の乗法・除法の計算のしかたや四則の混じった計算の順序を理解しよう。
乗法と除法の混じった計算では，除法を逆数の乗法に直して計算するよ。四則の混じった計算の順序は，①累乗→②かっこの中→③乗法・除法→④加法・減法だよ。

 4 次の計算をしなさい。

□(1)　$16 - 7 \times 8 \div (-4)$

□(2)　$0 \div 7 - 6 \times (5 - 3^2)$

□(3)　$(-3)^3 - (-2^4) \div (-0.1)^2$

□(4)　$4^2 - \{(-5 + 13) \div (-2)^2\}$

□(5)　$\dfrac{1}{4} - \left(-\dfrac{2}{3}\right) + \dfrac{5}{4} \times \left(-\dfrac{1}{5}\right)$

□(6)　$\dfrac{1}{2} + \dfrac{2}{3} \times \left\{-\dfrac{5}{6} + \dfrac{1}{2} \times \left(-\dfrac{2}{3}\right)\right\}$

5 分配法則を利用して，次の計算をしなさい。

□(1)　$87 \times 37 - (-13) \times 37$

□(2)　$-96 \times (-18)$

□(3)　$(-12) \times \left(\dfrac{3}{4} - \dfrac{5}{6}\right)$

□(4)　$\left(-\dfrac{7}{3} + \dfrac{8}{5}\right) \times 15$

 6 次の表は，ある図書館のある週の月曜日～土曜日における貸し出した本の冊数を示したものです。基準を決めて，この週の6日間における貸し出した本の冊数の平均を求めなさい。

曜日	月	火	水	木	金	土
本の冊数(冊)	367	381	403	418	432	426

7 次の式が成り立つように，□□に＋，－，×，÷の記号を入れなさい。必要ならば，同じ記号を使ってもよいものとします。

□(1)　$8 \boxed{①} 2 \boxed{②} 3 = 14$

□(2)　$6 \boxed{①} 3 \boxed{②} (-2) = 4$

8 2つの自然数32と80について，次の問いに答えなさい。

□(1)　素因数分解を使って，最大公約数を求めなさい。

□(2)　素因数分解を使って，最小公倍数を求めなさい。

ヒント　**6**　(冊数の平均)＝(基準の冊数)＋(基準の冊数との差の平均)
　　　　7　まず，はじめの□□に＋，－，×，÷の記号をあてはめていき，式が成り立ちそうか考えていく。

1章　正の数・負の数

時間 30分 ／100点　合格 70点

① 次の問いに答えなさい。知

(1) ある地点から「上へ 100 m 移動すること」を ＋100 m と表すとき，「下へ 50 m 移動すること」は，どのように表されますか。

(2) 次の数直線上の点 A，B に対応する数を答えなさい。

A … -5 … 0 … B … +5

(3) 次の各組の数の大小を，不等号を使って表しなさい。

① 0，−7，＋6　　　② −3.5，＋3，−$\frac{9}{2}$

① 点／20点（各4点）

(1)	
(2)	A
	B
(3)	①
	②

② 次の数の中から，下の(1)～(6)にあてはまる数をすべて選びなさい。知

$$-3,\quad +2,\quad +1.5,\quad 0,\quad -\frac{3}{2},\quad +4,\quad -0.2,\quad +\frac{1}{10}$$

(1) 負の整数　　　　　　　(2) 自然数

(3) 負の数でもっとも大きい数　(4) 絶対値が同じ数

(5) 絶対値が 1 より小さい数

(6) 0 以外の数で，0 にもっとも近い数

② 点／18点（各3点）

(1)	
(2)	
(3)	
(4)	
(5)	
(6)	

③ 次の計算をしなさい。知

(1) $(+13)+(-27)$　　　(2) $(-31)-(-15)$

(3) $(-3)\times(-13)$　　　(4) $1\div\left(-\frac{3}{5}\right)$

(5) $(-2)^3\times(-6)\div(-12)$

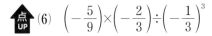(6) $\left(-\frac{5}{9}\right)\times\left(-\frac{2}{3}\right)\div\left(-\frac{1}{3}\right)^3$

③ 点／24点（各4点）

(1)	
(2)	
(3)	
(4)	
(5)	
(6)	

成績評価の観点　知…数量や図形などについての知識・技能　考…数学的な思考・判断・表現

4 次の計算をしなさい。知

(1) $(-46)-(-14)\times(-3)$

(2) $\{(-3)+2\times(-5)\}\times(-2)$

(3) $\dfrac{1}{3}\times\left\{-\dfrac{1}{6}-\left(-\dfrac{2}{3}\right)\right\}$

(4) $(-6^2)\times\dfrac{5}{9}-0.5^2\times(-16)$

4　点/16点（各4点）

(1)	
(2)	
(3)	
(4)	

5 次の問いに答えなさい。知

(1) 45 と 105 の最大公約数，最小公倍数を求めなさい。

(2) 84 にできるだけ小さい自然数をかけて，その積がある自然数の2乗になるようにします。どんな数をかければよいですか。

5　点/12点（各4点）

(1)	最大公約数
	最小公倍数
(2)	

6 次の図は，東京の時刻を基準としたときの各都市の時差を示したものです。下の問いに答えなさい。考

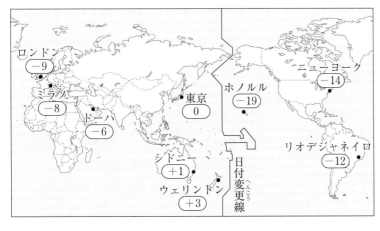

(1) ロンドンの時刻が13時のとき，東京の時刻を求めなさい。

(2) ニューヨークで9月2日18時開始の野球の試合があります。シドニーでこの試合のライブ中継を見るためには，何月何日の何時にテレビをつければよいですか。

6　点/10点（各5点）

(1)	
(2)	

知　/90点　考　/10点

解答▶▶ p.10

1章

教科書12〜65ページ

33

● 2数の大小

① 正の数は0より大きく，負の数は0より小さい。

また，正の数は負の数より大きい。

② 2つの正の数では，絶対値の大きい数の方が大きい。

③ 2つの負の数では，絶対値の大きい数の方が小さい。

● 正の数，負の数の加法

① 同符号の2数の和

　　符　号……2数と同じ符号

　　絶対値……2数の絶対値の和

② 異符号の2数の和

　　符　号……2数の絶対値の大きい方の符号

　　絶対値……2数の絶対値の大きい方から小さい方をひいた差

● 加法の計算法則

・加法の交換法則　$a+b=b+a$

・加法の結合法則　$(a+b)+c=a+(b+c)$

● 正の数，負の数の減法

正の数，負の数の減法は，ひく数の符号を変えて加える。

● 加法と減法の混じった式の計算

　①項を並べた式に直す

→②同符号の数を集める

→③同符号の数の和を求める

● 乗法の計算法則

・乗法の交換法則　$a×b=b×a$

・乗法の結合法則　$(a×b)×c=a×(b×c)$

● 積の符号と絶対値

符　号……$\begin{cases} 負の数が偶数個あれば ＋ \\ 負の数が奇数個あれば － \end{cases}$

絶対値……かけ合わせる数の絶対値の積

● 正の数，負の数の乗法と除法

① 同符号の2数の積・商

　　符　号……正の符号

　　絶対値……2数の絶対値の積・商

② 異符号の2数の積・商

　　符　号……負の符号

　　絶対値……2数の絶対値の積・商

● 四則やかっこの混じった式の計算

・乗法や除法は，加法や減法よりも先に計算する。

・累乗があるときは，累乗を先に計算する。

・かっこがあるときは，かっこの中を先に計算する。

（例）　$4×(-3)+2×\{(-2)^2-1\}$

　　$=-12+2×(4-1)$

　　$=-12+2×3$

　　$=-12+6$

　　$=-6$

● 分配法則

・$a×(b+c)=a×b+a×c$

・$(b+c)×a=b×a+c×a$

● 素数

1とその数自身のほかには約数のない自然数を**素数**という。ただし，1は素数にふくめない。

● 素因数分解

自然数を素因数だけの積で表すことを，自然数を**素因数分解**するという。

（例）　42を素因数分解すると，

　　$42=\underset{素因数}{\underline{2}×\underline{3}×\underline{7}}$

ぴたトレ

0

スタートアップ

2章　文字式

次の学習に
入る前に
取り組もう。

□**文字と式**　　　　　　　　　　　　　　　　　　　　◀ 小学6年

同じ値段のおかしを3個買います。

おかし1個の値段が50円のときの代金は,

$$50 \times 3 = 150 \quad \text{で150円です。}$$

おかし1個の値段を□円, 代金を△円としたときの□と△の関係を表す式は,

おかし1個の値段 × 個数 = 代金 だから,

$$\Box \times 3 = \triangle \quad \text{と表されます。}$$

さらに, □をx, △をyとすると,

$$x \times 3 = y \quad \text{と表されます。}$$

❶ 同じ値段のクッキー6枚と, 200円のケーキを1個買います。次　◀ 小学6年〈文字と式〉
の問いに答えなさい。

(1) クッキー1枚の値段が80円のときの代金を求めなさい。

ヒント

ことばの式に表して
考えると……

(2) クッキー1枚の値段をx円, 代金をy円として, xとyの
関係を式に表しなさい。

(3) xの値が90のときのyの値を求めなさい。

❷ 右の表で, ノート1冊の値段をx円
としたとき, 次の式は何を表している
かを答えなさい。

(1) $x \times 8$

・値段表・

ノート1冊……●●円
鉛筆(えんぴつ)1本………40円
消しゴム1個…70円

◀ 小学6年〈文字と式〉

(2) $x + 40$

(3) $x \times 4 + 70$

ヒント

(3)$x \times 4$は, ノート
4冊の代金だから
……

解答▶▶ p.12　　35

2章 文字式

1 文字式
① 文字を使った式 ──(1)／② 文字式の表し方 ──(1)

●文字を使った式

教科書 p.68〜70

例題 **1** 次の数量を，文字式で表しなさい。 ▶▶**1**

(1) 1個250円のシュークリームを x 個買ったときの代金

(2) 1本100円の鉛筆 a 本と，1冊120円のノート b 冊を買ったときの代金の合計

考え方 数量の関係をことばの式に表してから，数や文字をあてはめる。

(1) （シュークリームの値段）×（個数）＝（代金）

(2) （鉛筆の代金）＋（ノートの代金）＝（合計の代金）

答え (1) $\left(\boxed{①}\times x\right)$ 円 (2) $\left(\underset{\text{鉛筆の代金}}{100\times a}+\underset{\text{ノートの代金}}{\boxed{②}\times b}\right)$ 円

●積の表し方

教科書 p.71

例題 **2** 次の式を，文字式の表し方にしたがって表しなさい。 ▶▶**2**

(1) $a\times(-4)$ (2) $b\times a\times 6$ (3) $y\times y\times 9$

考え方 ① 乗法の記号×を省く。

② 数と文字の積では，数を文字の前に書く。

③ 同じ文字の積は，累乗の指数を使って表す。

答え (1) $a\times(-4)=\boxed{①}$

数を文字の前に書く

(2) $b\times a\times 6=\boxed{②}$

文字はアルファベットの順に表す

(3) $y\times y\times 9=\boxed{③}$

同じ文字の積は累乗の
指数を使って表す

●商の表し方

教科書 p.73

例題 **3** 次の式を，文字式の表し方にしたがって表しなさい。 ▶▶**3**

(1) $a\div 2$ (2) $(2x-5)\div 3$

考え方 除法の記号÷を使わずに，分数の形で表す。

答え (1) $a\div 2=\dfrac{\boxed{①}}{2}$

分数の形で表す

(2) $(2x-5)\div 3=\dfrac{\boxed{②}}{3}$

$(2x-5)$ を1つの文字のように考える

分数の形で書くとき，
$(2x-5)$ のかっこは
省きます。

絶対理解 **1** 【文字を使った式】次の数量を，文字式で表しなさい。 教科書 p.70 例 1,2

□(1) 1個 x 円のシュークリームを7個買ったときの代金

□(2) a 円のお弁当と b 円のお茶を買ったときの代金の合計

□(3) 8 dL あった牛乳を a dL だけ飲んだときの残りの牛乳の量

□(4) 長さ a cm のリボンを3等分したときの1本分の長さ

□(5) 1本50円の鉛筆 a 本と80円の消しゴム1個を買ったときの代金の合計

□(6) 千円札1枚で x 円のノート3冊を買ったときのおつり

絶対理解 **2** 【積の表し方】次の式を，文字式の表し方にしたがって表しなさい。 教科書 p.71 例 1, p.72 例 2

□(1) $10 \times a$

□(2) $b \times \dfrac{3}{4}$

□(3) $x \times (-8)$

□(4) $b \times a \times 5$

□(5) $(a-b) \times 3$

□(6) $7 - x \times 4$

□(7) $x \times y \times (-1)$

□(8) $a \times (-0.1)$

□(9) $x \times x \times x \times 2$

□(10) $a \times b \times a \times b \times b$

絶対理解 **3** 【商の表し方】次の式を，文字式の表し方にしたがって表しなさい。 教科書 p.73 例 3

□(1) $x \div 7$

□(2) $5 \div a$

□(3) $x \div y$

□(4) $(a-b) \div 4$

例題の答え **1** ①250 ②120 **2** ①$-4a$ ②$6ab$ ③$9y^2$ **3** ①a ②$2x-5$

●式の値

教科書 p.69～70, 72～73

例題 1　$x=-3$，$y=2$ のとき，次の式の値を求めなさい。　▶▶**1 2**

(1)　$5x-2$　　　　　　　　　　(2)　x^2-4y

考え方　文字 x を -3 で，y を 2 でおきかえて計算する。

答え　(1)　$5x-2$

$=5\times\boxed{①\qquad}-2$　　$5x=5\times x$ と考えて，x に -3 を代入する

$=-15-2$

$=\boxed{②\qquad}$　　文字を数におきかえること

(2)　x^2-4y

$=\boxed{③\qquad}^2-4\times2$　　x に -3，y に 2 を代入する

$=9-8$

$=\boxed{④\qquad}$

●いろいろな数量の表し方

教科書 p.74～76

例題 2　次の数量を，文字式で表しなさい。　▶▶**3 4**

(1)　1 個 x 円のパンを 2 個と 1 本 y 円のジュースを 1 本買ったときの代金の合計

(2)　定価 a 円の 13 % の金額

(3)　時速 y km で走っている自動車が 2 時間で進む道のり

考え方　数量の関係をことばの式で考えてから，数や文字をあてはめる。

式を表すときは，文字式の表し方にしたがって書く。

答え　(1)　$\underbrace{x\times\boxed{①\qquad}}_{パンの代金}+\underbrace{y\times1}_{ジュースの代金}=\boxed{②\qquad}+y$　　答　$\left(\boxed{③\qquad}\right)$ 円

(2)　13 % は 0.13 です。

$\underbrace{a}_{定価}\times\underbrace{0.13}_{割合}=\boxed{④\qquad}$　　13 % は $\dfrac{13}{100}$ だから，$\dfrac{13}{100}a$ とも表せます。　　答　$\boxed{④\qquad}$ 円

(3)　$\underbrace{y}_{速さ}\times\underbrace{\boxed{⑤\qquad}}_{時間}=\boxed{⑥\qquad}$　　答　$\boxed{⑥\qquad}$ km

●式の表す数量

教科書 p.76～77

例題 3　美術館の入館料は，大人 1 人が a 円，子ども 1 人が b 円です。このとき，

$(2a+3b)$ 円はどんな数量を表していますか。　▶▶**5**

答え　$2a$ 円は大人 2 人の入館料，$3b$ 円は子ども $\boxed{\qquad}$ 人の入館料を表しているから，

$\underset{2\times a=a\times2}{\qquad}$　$\underset{3\times b=b\times3}{\qquad}$

$(2a+3b)$ 円は，大人 2 人と子ども 3 人の入館料の合計を表している。

1 【式の値】$x=3$ のとき，次の式の値を求めなさい。

教科書 p.72 問 5

□(1) $-6x$

□(2) $5x+8$

□(3) $13-4x$

□(4) $\dfrac{x-3}{2}$

2 【2つの文字をふくむ式の値】$x=8$，$y=-7$ のとき，次の式の値を求めなさい。

教科書 p.72 問 6

□(1) $4x+5y$

□(2) $2x-3y$

□(3) x^2-y

● キーポイント
負の数を代入するとき
は，（ ）をつけて計算
する。

3 【いろいろな数量の表し方】次の数量を，文字式で表しなさい。

教科書 p.74 例 4,
p.75 例 6

□(1) 15 km のハイキングコースを歩くとき，時速 x km で 3 時間歩いたときの残りの道のり

□(2) a m の道のりを分速 70 m で歩いたときにかかる時間

□(3) 自動車に乗って 270 km の道のりを x 時間で走ったときの速さ

□(4) x kg の 23 %

□(5) a 円の 7 割

4 【いろいろな数量の表し方】次の図形の面積を，文字式で表しなさい。

教科書 p.76 例 7

□(1) 縦 a cm，横 b cm の長方形

□(2) 底辺 c cm，高さ h cm の三角形

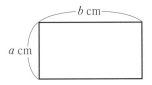

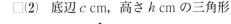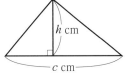

5 【式の表す数量】ある博物館の入館料は，大人 1 人が x 円，中学生 1 人が y 円です。
このとき，次の式は，どんな数量を表していますか。

教科書 p.76 例 8

□(1) $3x$ 円

□(2) $(4x+13y)$ 円

例題の答え **1** ①-3 ②-17 ③-3 ④$1$ **2** ①$2$ ②$2x$ ③$2x+y$ ④$0.13a$ ⑤$2$ ⑥$2y$ **3** 3

右側余白（縦書き）：2 章　教科書 68～77 ページ

1　文字式　①，②

① 次の式を，文字式の表し方にしたがって表しなさい。

□(1) $(-8) \times a$

□(2) $x \times 0.6$

□(3) $(x+y) \times (-4)$

□(4) $a \times 3 + 7 \times b$

□(5) $x \times (-1) + y \times 1$

□(6) $a \times (-3) \times a$

□(7) $x \times y \times x \times y \times x$

□(8) $a \div 12$

□(9) $(x+y) \div 6$

② 次の式を，乗法の記号×を使って表しなさい。

□(1) $-2a$

□(2) $4x + 3y$

□(3) $5a^2b$

③ 次の式を，除法の記号÷を使って表しなさい。

□(1) $\dfrac{a}{9}$

□(2) $\dfrac{6}{x}$

□(3) $\dfrac{a+b}{10}$

よく出る **④** 次の数量を，文字式の表し方にしたがって表しなさい。

□(1) 1個 x kg の荷物 2 個と 1 個 y kg の荷物 5 個の重さの合計

□(2) 面積 18 cm²，底辺 x cm の平行四辺形の高さ

□(3) 3 回のテストの得点が a 点，b 点，70 点のとき，3 回のテストの平均点

□(4) x m の道のりを 15 分間で歩いたときの速さ

□(5) 対角線の長さが a cm の正方形の面積

□(6) 底面が 1 辺 x cm の正方形で，高さが y cm の正四角柱の体積

ヒント　④ (5)正方形の面積は，ひし形のように，(対角線)×(対角線)÷2 で求めることもできる。
(6)角柱の体積は，(底面積)×(高さ)

5 $x=-6$ のとき，次の式の値を求めなさい。

□(1)　$5x$ 　　　　　□(2)　$-4x$ 　　　　　□(3)　$2x+13$

□(4)　$10-3x$ 　　　　□(5)　$-x$ 　　　　　□(6)　$-2x^2$

6 $x=-10$，$y=8$ のとき，次の式の値を求めなさい。

□(1)　$xy+y^2$ 　　　　　　　　□(2)　$\dfrac{x^2}{4}-\left(-\dfrac{3}{2}y\right)$

7 音が空気中を伝わる速さは，気温によって変化します。気温が $t\,{}^\circ\mathrm{C}$ のときの音の速さは，$(331.5+0.6t)\,\mathrm{m/s}$ で表すことができます。次の気温のときの音の速さを求めなさい。

□(1)　$20\,{}^\circ\mathrm{C}$ 　　　　　　　　□(2)　$-5\,{}^\circ\mathrm{C}$

8 次の問いに答えなさい。

□(1)　ある店では，定価 a 円の品物を定価の 3 割引きで売っています。このとき，この品物は何円で買うことができますか。

□(2)　ある中学校の昨年度の生徒数は x 人で，今年度は昨年度に比べ生徒数が 5 ％増えました。今年度の生徒数は何人ですか。

9 鉛筆 1 本の値段は x 円，ノート 1 冊の値段は y 円です。このとき，次の式はどんな数量を表していますか。

□(1)　$(5x+2y)$ 円 　　　　　　　　□(2)　$(500-4x)$ 円

10 式 $1000-60x$ で表すことができる身のまわりの数量の例を 1 つ答えなさい。

□

---

 7 (1)$t=20$ のときの式の値を求める。
　　　 8 (1)3 割引きのとき，定価の 7 割で買うことができる。

2章 文字式

2 式の計算
① 1次式の計算 ——(1)

●項と係数

教科書 p.79

☐ **例題 1** 式 $-x-7$ の項とその係数を答えなさい。 ▶▶**1 2**

考え方 加法だけの式に直す。

答え $-x-7=(-x)+(-7)$ だから，項は， $-x$， ①☐

$-x=(-1)\times x$ だから， x の係数は， ②☐

プラスワン 項，係数

加法の記号＋で結ばれた1つ1つを**項**，
文字をふくむ項の数の部分を**係数**という。

$$3x-4=\underset{\text{項}}{③}x+(-4)$$ 係数

●同じ文字をふくむ項

教科書 p.80

☐ **例題 2** 次の計算をしなさい。 ▶▶**3**

(1) $-2x+5x$ (2) $3a+5-8a+1$

考え方 文字の部分が同じ項どうしは，分配法則を使って，1つの項にまとめる。

答え (1) $-2x+5x$

$=\left(-2+\boxed{①}\right)x$) $ax+bx=(a+b)x$

$=3x$

ここがポイント

(2) $3a+5-8a+1$

$=3a-8a+5+1$

文字が同じ項どうし，数の項どうしを集める
それぞれを加える

$=-5a+\boxed{②}$

● 1次式どうしの加法・減法

教科書 p.81～82

☐ **例題 3** 次の計算をしなさい。 ▶▶**4**

(1) $(2x-4)+(5x-7)$ (2) $(2x-4)-(5x-7)$

考え方 (2) ひく式 $5x-7$ の各項の符号を変えて加える。

答え (1) $(2x-4)+(5x-7)$) かっこを はずす

$=2x-4+5x-7$

$=2x+5x-4-7$

$=7x-\boxed{①}$

(2) $(2x-4)-(5x-7)$) かっこを はずす

$=2x-4-5x+7$

$=2x-5x-4+7$

$=-3x+\boxed{②}$

1 【項と係数】次の式の項を答えなさい。
また，文字をふくむ項の係数を答えなさい。

教科書 p.79 例 1

□(1) $7a-3$　　　　　　　□(2) $5-\dfrac{x}{4}$

2 【1次式】次の式のうち，1次式はどれですか。

教科書 p.79 問 2

□　㋐ $-2x$　　　　㋑ $5x+3$　　　　㋒ $4x^2$　　　　㋓ $8-7a$

3 【同じ文字をふくむ項】次の計算をしなさい。

教科書 p.80 例 2,3

□(1) $2x+6x$　　　　　　　□(2) $y-4y$

□(3) $0.7x+0.3x$　　　　　□(4) $\dfrac{5}{7}a-\dfrac{1}{7}a$

□(5) $3x+1+6x+7$　　　　□(6) $-4a+3+8a-6$

4 【1次式どうしの加法・減法】次の計算をしなさい。

教科書 p.81 例 4,
p.82 例 5

□(1) $(x+4)+(3x-7)$　　　　□(2) $(2x-5)+(4x-3)$

□(3) $(6a+9)+(-5a+6)$　　　□(4) $(-10+7x)+(8-7x)$

□(5) $(9x+4)-(4x-5)$　　　　□(6) $(a-6)-(2a-1)$

□(7) $(3x+8)-(-5x+8)$　　　□(8) $(7-x)-(6x+10)$

●キーポイント
分配法則を使って，
かっこをはずす
▼
文字が同じ項どうし，
数の項どうしを集める
▼
それぞれを加える

例題の答え **1** ①−7 ②−1 **2** ①5 ②6 **3** ①11 ②3

● 1次式と数の乗法・除法

教科書 p.82〜84

例題 1	次の計算をしなさい。	▶▶ **1**〜**5**

(1)　$(-2x) \times 3$　　　　　　　(2)　$4x \div 12$

(3)　$-4(x-3)$　　　　　　　(4)　$(8x-4) \div 2$

考え方　(1)　数どうしの積に文字をかける。

(2), (4)　分数の形にするか，わる数の逆数をかけて計算する。

(3)　分配法則 $a(b+c)=ab+ac$ を使って，かっこのない式にする。

答え　(1)　$(-2x) \times 3 = (-2) \times x \times 3$

$= (-2) \times 3 \times x$

$= \boxed{①\qquad\qquad}$

(2)　$4x \div 12 = \dfrac{4x}{12}$

$= \dfrac{x}{\boxed{②\qquad}}$ 　　$\dfrac{\overset{1}{4} \times x}{\underset{3}{12}}$

(3)　$-4(x-3) = (-4) \times x + (-4) \times (\boxed{③\qquad})$

$= -4x + \boxed{④\qquad}$

(4)　$(8x-4) \div 2 = \dfrac{8x-4}{2}$

$= \dfrac{8x}{2} - \dfrac{4}{2}$ 　　$\dfrac{\overset{4}{8} \times x}{\underset{1}{2}}, \ \dfrac{\overset{2}{4}}{\underset{1}{2}}$

$= 4x - \boxed{⑤\qquad}$

かっこのない式に
することを，
かっこをはずすと
いいます。

● いろいろな計算

教科書 p.84

例題 2	次の計算をしなさい。	▶▶ **6**

$2(x-3) - 3(2x-5)$

考え方　かっこをはずして計算する。

答え　$2(x-3) - 3(2x-5)$

$= 2 \times x + 2 \times (-3) - 3 \times 2x - 3 \times (\boxed{①\qquad})$ 　　分配法則を使って，
かっこのない式にする

$= 2x - 6 - 6x + 15$

$= 2x - 6x - 6 + 15$

$= -4x + \boxed{②\qquad}$

1 【1次式と数の乗法】次の計算をしなさい。

教科書 p.82 例 6

□(1) $3x \times (-8)$ 　　　　　□(2) $\left(-\dfrac{3}{4}y\right) \times (-6)$

2 【1次式と数の除法】次の計算をしなさい。

教科書 p.82 例 7

□(1) $-20x \div 4$ 　　　　　□(2) $16x \div \left(-\dfrac{2}{3}\right)$

●キーポイント
(2)　わる数の逆数をか
　　けて乗法に直して
　　計算する。

3 【1次式と数の乗法】次の計算をしなさい。

教科書 p.83 例 8

□(1) $(2x-5) \times (-3)$ 　　　　□(2) $-(10x-9)$

●キーポイント
(2)の式は,
$(-1) \times (10x-9)$
と考えて, 計算する。

4 【分数の形をした1次式と数の乗法】次の計算をしなさい。

教科書 p.83 例 9

□(1) $\dfrac{3x-8}{7} \times 14$ 　　　　□(2) $(-16) \times \dfrac{9a-1}{4}$

●キーポイント
$3x-8$ や $9a-1$ を
1つの項のように考え
る。

5 【1次式と数の除法】次の計算をしなさい。

教科書 p.84 例 10

□(1) $(18a-6) \div 6$ 　　　　□(2) $(-12x+9) \div (-3)$

6 【いろいろな計算】次の計算をしなさい。

教科書 p.84 例 11

□(1) $3(a-3)+2(3a+4)$ 　　　□(2) $4(-x+6)+3(x-8)$

□(3) $5(x+3)-7(x+2)$ 　　　□(4) $-(a-9)-6(-2a+3)$

──────────────────────────────

例題の答え **1** ①$-6x$　②$3$　③-3　④$12$　⑤$2$　**2** ①-5　②$9$

● 文字式の利用

教科書 p.85〜86

| 例題 1 | 同じ長さのストローを使って，正六角形を横につないだ形をつくります。 ▶▶**1 2** |

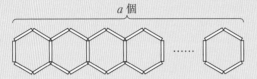

正六角形を a 個つくるときに必要なストローの本数を求める式を，次の(1)，(2)の図のように考えてつくりました。それぞれ式のつくり方を説明しなさい。

(1)

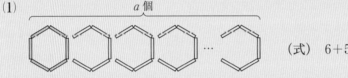

(式) $6+5(a-1)$

(2)

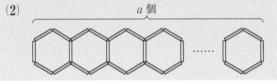

(式) $(a+1)+2a\times2$

考え方 (1) 最初の正六角形に，あと $(a-1)$ 個の正六角形を加えると，正六角形は全部で a 個になる。

(2) 上の辺に山の形に置くストローは，正六角形1個について2本ずつ必要になる。

答え (1) 最初の正六角形はストローが6本必要であるが，2番目の正六角形からは，ストローを ① [   ] 本ずつ加えていけばよい。

正六角形は全部で a 個だから，最初の1個を除いた正六角形の個数は，

(② [   ])個である。

したがって，ストローの本数を求める式は，

$$6+5(a-1)$$

となる。

(2) 縦に置くストローは，正六角形の個数より1つ多い (③ [   ])本必要である。

上の辺に山の形に置くストローは，正六角形1個について2本ずつ必要だから，④ [   ] 本である。

下の辺に谷の形に置くストローも同じ本数必要である。
したがって，ストローの本数を求める式は，

$$(a+1)+2a\times2$$

となる。

(1)，(2)で求めた式を計算すると，どちらも $5a+1$ になります。

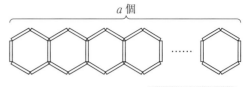

絶対理解 **1** 【文字式の利用】同じ長さのストローを使って，正六角形を横につないだ形をつくります。正六角形を a 個つくるときに必要なストローの本数を求める式を，次の(1)，(2)の図のように考えてつくりました。それぞれ式のつくり方を説明しなさい。

教科書 p.85〜86

□(1)

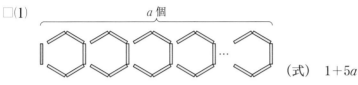

(式)　$1+5a$

□(2)

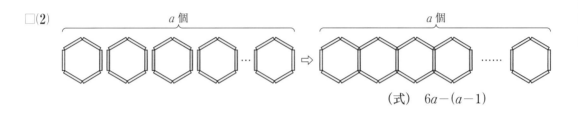

(式)　$6a-(a-1)$

よく出る **2** 【文字式の利用】同じ長さのストローを使って，正方形を横につないだ形をつくります。次の問いに答えなさい。

教科書 p.85〜86

□(1)　正方形を a 個つくるときに必要なストローの本数を求める式を，次の図のように考えてつくりました。式のつくり方を説明しなさい。

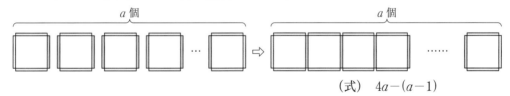

(式)　$4a-(a-1)$

□(2)　右の図のように，縦に 2 個，横に a 個つないで，$2a$ 個の正方形をつくります。このときに必要なストローの本数を求めなさい。

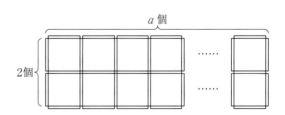

例題の答え **1** ①5　②$a-1$　③$a+1$　④$2a$

2　式の計算　①，②

1 次の計算をしなさい。

$\square$(1)　$0.5x + 0.7x$

$\square$(2)　$3.2x - 1.8x$

$\square$(3)　$0.8a - 1.7 - 1.5a + 2.2$

$\square$(4)　$\dfrac{1}{2}a + \dfrac{3}{4}a$

$\square$(5)　$x - \dfrac{5}{8}x$

$\square$(6)　$\dfrac{1}{3}a - \dfrac{1}{6} + \dfrac{4}{9}a + \dfrac{2}{3}$

よく出る **2** 次の計算をしなさい。

$\square$(1)　$(-3x + 7) - (5x + 4)$

$\square$(2)　$(13 - 2a) - (-7 - 2a)$

$\square$(3)　$\left(\dfrac{1}{4}x - \dfrac{3}{5}\right) + \left(\dfrac{3}{4}x + \dfrac{1}{5}\right)$

$\square$(4)　$\left(\dfrac{2}{5}x - 1\right) + \left(\dfrac{3}{10}x + \dfrac{1}{6}\right)$

$\square$(5)　$\left(\dfrac{1}{2}x + 3\right) - \left(\dfrac{2}{3}x - 7\right)$

$\square$(6)　$\left(\dfrac{1}{9}a + 4\right) - \left(-\dfrac{1}{3}a - 2\right)$

3 次の計算をしなさい。

$\square$(1)　$(-3) \times 5a$

$\square$(2)　$(-x) \times (-8)$

$\square$(3)　$5 \times 0.6x$

$\square$(4)　$4 \times 0.2x$

$\square$(5)　$-x \div 7$

$\square$(6)　$(-6a) \div \left(-\dfrac{3}{2}\right)$

$\square$(7)　$(x - 5) \times (-2)$

$\square$(8)　$(1 - 2x) \times 4$

$\square$(9)　$(-9x + 15) \div (-3)$

$\square$(10)　$\dfrac{3}{4}(8a + 12)$

$\square$(11)　$(-12x + 4) \times \dfrac{1}{6}$

$\square$(12)　$-\dfrac{3}{5}\left(10x - \dfrac{5}{9}\right)$

$\square$(13)　$\dfrac{2x + 1}{3} \times 9$

$\square$(14)　$20 \times \dfrac{x - 5}{4}$

$\square$(15)　$(14a - 7) \div \dfrac{7}{3}$

ヒント **1** 係数が小数や分数のときも，整数のときと同じ考え方でよい。

3 除法は，わる数を逆数にして，乗法に直す。

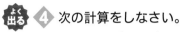
4 次の計算をしなさい。

□(1)　$5x+3(4x-7)$

□(2)　$6(3a-2)+5(3-4a)$

□(3)　$7x-2(x-6)$

□(4)　$8(a-3)-4(2a-5)$

□(5)　$\dfrac{3}{4}(8x-12)-\dfrac{1}{3}(3x-9)$

□(6)　$\dfrac{1}{2}(x-6)+\dfrac{1}{8}(x-16)$

□(7)　$\dfrac{1}{5}(x+4)-\dfrac{1}{10}(2x+7)$

□(8)　$\dfrac{1}{3}(9+2x)-\dfrac{5}{6}(2x-18)$

5 右の図1のように，碁石を並べて正三角形をつくります。1辺に並べる碁石の個数を x 個として碁石の総数を求めるとき，次の問いに答えなさい。

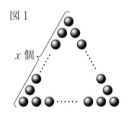

図1

x 個

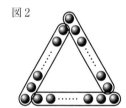

図2

□(1)　上の図2のように正三角形を3つの部分に分けて碁石の総数を求めました。この考え方を表す式を答えなさい。

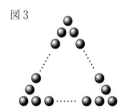

図3

□(2)　(1)とは別の考え方で碁石の総数を求め，それを右の図3に示しなさい。また，その考え方を表す式を答えなさい。

6 右の図のように，碁石を並べて正三角形を横につなげた形をつくります。1辺に並べる碁石の個数を5個として正三角形を x 個つくるとき，必要な碁石の個数を求めなさい。

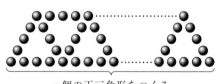

x 個の正三角形をつくる

 ヒント　**4** (5)〜(8)整数のときと同じように，分配法則を使ってかっこをはずす。
6 正三角形を1個増やすのに必要な碁石の個数を調べる。

解答▶▶ p.15

49

1 次の式を，文字式の表し方にしたがって表しなさい。知

(1)　$a \times b \times a \times (-3)$　　(2)　$9 \div x$

(3)　$x \times (-1) + y \times 0.1$　　(4)　$(a-3) \div 5$

①　点/12点（各3点）

(1)	
(2)	
(3)	
(4)	

2 次の数量を，文字式で表しなさい。知

(1)　1個 a 円の品物8個と1個 b 円の品物5個を買ったときの代金の合計

(2)　定価 x 円の品物を定価の 10 % 引きで買ったときの代金

(3)　a m の道のりを行くのに，分速 60 m で b 分間歩いたときの残りの道のり

(4)　縦 a cm，横 b cm，高さ6 cm の直方体の体積

②　点/16点（各4点）

(1)	
(2)	
(3)	
(4)	

3 1辺の長さが a cm で，2本の対角線の長さがそれぞれ x cm，y cm のひし形があります。次の式は，このひし形のどんな数量を表していますか。その単位も答えなさい。考

(1)　$4a$　　(2)　$\dfrac{1}{2}xy$

③　点/6点（各3点）

(1)	
(2)	

4 $x=-10$，$y=4$ のとき，次の式の値を求めなさい。知

(1)　$3x+8$　　(2)　$5x^2$

(3)　$4x+9y$　　(4)　$7y-2x$

④　点/12点（各3点）

(1)	
(2)	
(3)	
(4)	

成績評価の観点　知…数量や図形などについての知識・技能　考…数学的な思考・判断・表現

5 次の計算をしなさい。知

(1)　$-3x+9x$

(2)　$-a+7-8a-2$

(3)　$(-4a+5)+(3a-2)$

(4)　$(2x-7)-(5x-8)$

(5)　$6a\times(-5)$

(6)　$(-12x)\div\dfrac{3}{4}$

(7)　$\dfrac{5x-9}{8}\times24$

(8)　$(-35a+28)\div(-7)$

5	点/24点（各3点）
(1)	
(2)	
(3)	
(4)	
(5)	
(6)	
(7)	
(8)	

2章 教科書66〜92ページ

点UP **6** 次の計算をしなさい。知

(1)　$2(4x-7)+3(x+6)$

(2)　$8(2x-3)+9(4-x)$

(3)　$5(2a-1)-6(3a-2)$

(4)　$7(x+2)-4(5-2x)$

(5)　$\dfrac{1}{2}(4x-20)+\dfrac{3}{5}(5x+15)$

(6)　$\dfrac{1}{4}(x-8)-\dfrac{5}{12}(3x-36)$

6	点/24点（各4点）
(1)	
(2)	
(3)	
(4)	
(5)	
(6)	

7 次のように，7 を最初の数として，数が規則正しく並んでいます。

　　　　$7,\quad 11,\quad 15,\quad 19,\quad 23,\quad 27,\quad 31,\quad \cdots$

次の問いに答えなさい。考

(1)　a 番目の数を，a を使った式で表しなさい。

(2)　50 番目の数を求めなさい。

7	点/6点（各3点）
(1)	
(2)	

知	/88点	考	/12点

●文字式の表し方

・文字式では，乗法の記号×を省く。
※$b×a$ のような文字どうしの積では，
ふつう，アルファベット順にして，
ab と表す。

・数と文字の積では，数を文字の前に書く。
※$1×a$ は a，$(-1)×a$ は $-a$ と表す。

・同じ文字の積は，累乗の指数を使って表す。

・文字式では，除法の記号÷を使わずに，
分数の形で表す。

[注意] ＋，－の記号は，省くことができない。

●式の値

・式の中の文字を数でおきかえることを，
文字に数を**代入する**という。

・代入して計算した結果を，その**式の値**という。

（例） $x=-3$ のとき，$2x+1$ の値は，
x に -3 を代入して，
$$2x+1=2×(-3)+1$$
$$=-5$$

●式の読みとり

x を1から9までの整数，y を0から9までの整数とすると，十の位が x，一の位が y の2桁の自然数は，$10x+y$ と表すことができる。

●項と係数

・$3x+1$ という式で，加法の記号＋で結ばれた $3x$ と 1 を，この式の**項**という。

・文字をふくむ項 $3x$ の3を x の**係数**という。

・1つの文字と正の数や負の数との積で表される項を**1次の項**という。

●項をまとめて計算する

・文字の部分が同じ項は，分配法則
$ax+bx=(a+b)x$ を使って，1つの項にまとめ，簡単にすることができる。

・文字をふくむ項と数の項が混じった式は，文字が同じ項どうし，数の項どうしを集めて，それぞれまとめる。

（例） $8x+4-6x+1$
$$=8x-6x+4+1$$
$$=(8-6)x+4+1$$
$$=2x+5$$

●1次式の減法

1次式の減法では，ひく式の各項の符号を変えて，加法に直して計算すればよい。

●項が2つ以上の1次式に数をかける

・分配法則 $a(b+c)=ab+ac$ を使って計算する。

・かっこの前が－のとき，かっこをはずすと，かっこの各項の符号が変わる。

（例） $-(-a+1)=a-1$

●項が2つ以上の1次式を数でわる

分数の形にして，$\dfrac{a+b}{c}=\dfrac{a}{c}+\dfrac{b}{c}$ を使って計算するか，わる数の逆数をかければよい。

（例） $(15x+20)÷5=\dfrac{15x+20}{5}$
$$=\dfrac{15x}{5}+\dfrac{20}{5}=3x+4$$
$$(15x+20)÷5=(15x+20)×\dfrac{1}{5}$$
$$=15x×\dfrac{1}{5}+20×\dfrac{1}{5}=3x+4$$

●かっこがある式の計算

分配法則を使って，かっこをはずし，項をまとめて計算する。

ぴたトレ
0
スタートアップ

3章　1次方程式

次の学習に
入る前に
取り組もう。

□ **速さ・道のり・時間**　　　　　　　　　　　　◀ 小学5年

速さ，道のり，時間について，次の関係が成り立ちます。

速さ＝道のり÷時間

道のり＝速さ×時間

時間＝道のり÷速さ

□ **比の値**　　　　　　　　　　　　　　　　　　◀ 小学6年

$a:b$ で表される比で，a が b の何倍になっているかを表す数を比の値といいます。

3
章

① 次の速さ，道のり，時間を求めなさい。　　　◀ 小学5年〈速さ〉

(1)　400 m を 5 分で歩いた人の分速

(2)　時速 60 km の自動車が 1 時間 20 分で進む道のり

(3)　秒速 75 m の新幹線が 54 km 進むのにかかる時間

ヒント

単位をそろえて考え
ると……

② 次の比の値を求めなさい。　　　　　　　　　◀ 小学6年〈比と比の値〉

(1)　2 : 5　　　　　(2)　4 : 2.5　　　　(3)　$\dfrac{2}{3} : \dfrac{4}{5}$

ヒント

$a:b$ の比の値は，a
が b の何倍になって
いるかを考えて……

③ A さんのクラスの人数は，男子が 17 人，女子が 19 人です。次の　◀ 小学6年〈比と比の値〉
問いに答えなさい。

(1)　男子の人数と女子の人数の比を答えなさい。

(2)　クラス全体の人数と女子の人数の比を答えなさい。

ヒント

クラス全体の人数は，
男子と女子の合計人
数だから……

●等式と不等式

教科書 p.96〜98

 例題 1 1本 a 円の鉛筆と1冊 b 円のノートがあります。次の数量の関係を，等式や不等式で表しなさい。　▶▶ **1** **2**

(1) 鉛筆5本とノート3冊を買ったら，代金の合計は600円だった。

(2) 鉛筆3本とノート1冊を買ったら，500円でおつりがあった。

考え方 (2) 500円でおつりがあった⇨500円より安い

答え (1) （鉛筆5本の代金）＋（ノート3冊の代金）＝600

だから，　[① 　　　　　] [②] 600

a が b より大きい	$a>b$
a が b 未満	$a<b$
a が b 以上	$a≧b$
a が b 以下	$a≦b$

(2) （鉛筆3本の代金）＋（ノート1冊の代金）＜500

だから，　[③ 　　　　　] [④] 500

プラスワン 等式，不等式

等式…等号＝を使って，等しい関係を表した式

<u>不等式</u>…不等号＞，＜，≧，≦を使って，大小関係を表した式

$$4x+y=200$$
$$4x+y≦200$$
　　左辺　右辺
　　　両辺

●不等式

教科書 p.98〜99

 例題 2 次の問いに答えなさい。　▶▶ **3** **4**

(1) 次の数量の関係を，不等式で表しなさい。
早朝練習の参加者は男子 a 人，女子 b 人で，15人以上になった。

(2) 底辺が a cm，高さが b cm の平行四辺形があります。
このとき，$ab≦40$ は，どんな数量の関係を表していますか。

考え方 (1) 「15人以上」は，「ちょうど15人，または15人より多いこと」である。

答え (1) 数量の関係は，　$a+b=15$　と　$a+b>15$

これを1つにまとめて，　　　$a+b$ [①] 15

(2) ab は，平行四辺形の [② 　　　　] を表し，単位は [③ 　　　　]

である。

$ab≦40$ は，[④ 　　　　] が 40 [⑤ 　　　　] 以下であることを

表している。

等式や不等式で単位を書かないとき，両辺で，単位はそろえておかなければならないよ。

絶対理解 **1** 【等式と不等式】入園料が，大人 1 人 a 円，子ども 1 人 b 円の動物園に行きました。次の数量の関係を，等式や不等式で表しなさい。 教科書 p.97 例 1

□(1) 大人 3 人と子ども 5 人の入園料の合計は 3000 円だった。

□(2) 大人 1 人と子ども 4 人の入園料を払うと，2000 円でおつりがあった。

よく出る **2** 【等式と不等式】次の数量の関係を，等式や不等式で表しなさい。 教科書 p.98 問 2

□(1) ある数 x の 7 倍に 8 を加えると，50 になる。

□(2) ある数 y の 2 倍に 12 を加えると，y の 3 倍より大きくなる。

□(3) 長さ 150 cm のひもから a cm の長さを 4 回とると，b cm 残る。

□(4) 1 個 x 円のかき 4 個と 1 個 y 円のなし 3 個の代金の合計は，1000 円未満である。

よく出る **3** 【不等式】次の数量の関係を，不等式で表しなさい。 教科書 p.98 例 2

□(1) サッカーのチームをつくるのに，1 組から a 人，2 組から b 人を選び，人数の合計が 11 人以上となるようにする。

□(2) x g の封筒に，1 枚 y g の便せん 4 枚を入れて，重さの合計が 25 g 以下となるようにする。

□(3) 長さ x m のひもを 6 等分したところ，1 本分の長さは 3 m 以上になった。

□(4) 図書室にいた a 人の生徒のうち，8 人が帰ったので，残った人数は 20 人以下になった。

4 【等式や不等式の表している数量】ある区間の電車の運賃は，大人 a 円，中学生 b 円です。このとき，次の等式や不等式は，どんな数量の関係を表していますか。 教科書 p.99 例 3

□(1) $a - b = 120$ □(2) $a + b < 400$ □(3) $2a + 5b \geqq 1000$

例題の答え **1** ①$5a + 3b$ ②＝ ③$3a + b$ ④＜ **2** ①≧ ②面積 ③cm² ④面積 ⑤cm²

ぴたトレ 1
要点チェック

3章 1次方程式
1 方程式
② 方程式／③ 方程式の解き方──(1)

●方程式の解

教科書 p.100〜101

例題 1 次の方程式のうち，解が2であるものはどちらですか。 ▶▶ 1
　⑦ $3x-1=5$ 　　　　　　　⑦ $4x=x-6$

考え方 それぞれの方程式の x に2を代入して，左辺の値と右辺の値が等しくなるかどうかを調べる。

答え ⑦ x に2を代入すると，

左辺 $=3\times$ ⑤① $-1=$ ②

右辺 $=5$

⑦ x に2を代入すると，

左辺 $=4\times$ ③ $=8$

右辺 $=$ ④ $-6=$ ⑤

左辺の値と右辺の値が等しくなるのは，⑥ である。

プラスワン 方程式，解

方程式…文字の値によって成り立ったり成り立たなかったりする等式。
解…方程式を成り立たせる文字の値。

方程式の解を求めることを，方程式を解くといいます。

●等式の性質を使った方程式の解き方

教科書 p.102〜104

例題 2 次の方程式を解きなさい。 ▶▶ 2 3
　(1) $x+5=8$ 　　　　　　　(2) $4x=28$

考え方 等式の性質
　1 $A=B$ ならば，$A+m=B+m$
　2 $A=B$ ならば，$A-m=B-m$
　3 $A=B$ ならば，$Am=Bm$
　4 $A=B$ ならば，$\dfrac{A}{m}=\dfrac{B}{m}$ 　　　ただし，$m\neq0$

「$m\neq0$」は「m は0でないこと」を表しています。

答え (1) 　　　　　　　$x+5=8$

両辺から5をひくと，

$x+5-$ ① $=8-$ ②

$x=$ ③ 　　　　　　　　　答 $x=$ ④

(2) 　　　　　　　$4x=28$

両辺を4でわると，

$\dfrac{4x}{⑤}=\dfrac{28}{⑥}$

$x=$ ⑦ 　　　　　　　　　答 $x=$ ⑧

56

1 【方程式の解】次の方程式の解は，4，5，6，のうちどれですか。

教科書 p.101 例 1

□(1)　$3x-8=10$　　　　　□(2)　$x+4=14-x$

●キーポイント
x の値を代入して，
左辺＝右辺
となるかを調べる。

絶対理解 2 【等式の性質を使った方程式の解き方】等式の性質を使って，(1)，(2)の方程式を解きました。□にあてはまる数を答えなさい。

教科書 p.103 例 1,
p.104 例 2

□(1)　　　　　　　　$x-4=2$

両辺に ①□ を加えると，

$x-4+$②□$=2+$③□

$x=$④□

□(2)　　　　　　　　$\dfrac{1}{3}x=-4$

両辺に ①□ をかけると，

$\dfrac{1}{3}x\times$②□$=-4\times$③□

$x=$④□

よく出る 3 【等式の性質を使った方程式の解き方】次の方程式を解きなさい。

教科書 p.104 問 2, 問 3

●キーポイント
等式の性質を使って，
式を変形しても，方程
式の解は同じである。

□(1)　$x+7=5$　　　　　□(2)　$x+6=-3$

□(3)　$x-8=2$　　　　　□(4)　$x-3=-7$

□(5)　$5x=40$　　　　　□(6)　$-8x=40$

□(7)　$-x=-6$　　　　　□(8)　$6x=2$

□(9)　$\dfrac{1}{4}x=6$　　　　　□(10)　$\dfrac{1}{9}x=-2$

□(11)　$-\dfrac{1}{3}x=-7$　　　　□(12)　$\dfrac{x}{8}=-1$

3 章

教科書 100〜104 ページ

例題の答え **1** ①2　②5　③2　④2　⑤−4　⑥㋐　**2** ①5　②5　③3　④3　⑤4　⑥4　⑦7　⑧7

● 移項を使った方程式の解き方　　　　　　　　　　　　　　教科書 p.106〜107

 例題 1 方程式 $3x-25=-2x$ を解きなさい。　　　　　　　▶▶**1**

考え方 文字の項や数の項を移項して，左辺を x をふくむ項だけ，右辺を数の項だけにする。

答え
$3x \underbrace{-25} = \underbrace{-2x}$ 　　　左辺の -25 と右辺の $-2x$ を移項
$3x+2x=$ ①⬚
$5x=25$
$x=$ ②⬚

1 文字の項は左辺に，数の項は右辺に移項する
2 $ax=b$ の形にする
3 両辺を x の係数でわる

ここがポイント

● かっこをふくむ方程式　　　　　　　　　　　　　　　　　教科書 p.107

例題 2 方程式 $4x-15=-3(x-2)$ を解きなさい。　　　　▶▶**2**

考え方 かっこをはずしてから解く。

ここがポイント
かっこをはずす　　　$-3(x-2)=-3x+6$

答え
$4x-15=-3(x-2)$
$4x-15=-3x+$ ①⬚
$4x+3x=6+15$ 　　　$-3x,\ -15$ を移項する
$7x=21$
$x=$ ②⬚ 　　　両辺を 7 でわる

左辺を x をふくむ項だけ，右辺を数の項だけにします。

● 小数や分数をふくむ方程式　　　　　　　　　　　　　　　教科書 p.108〜109

例題 3 次の方程式を解きなさい。　　　　　　　　　　▶▶**3 4**

(1)　$1.8x=0.4x+7$ 　　　　　　　(2)　$\dfrac{1}{3}x-2=\dfrac{1}{4}x$

考え方 (1) 係数に小数をふくむ方程式では，両辺に 10，100 などをかける。
(2) 係数に分数をふくむ方程式では，両辺に分母の公倍数をかける。

答え (1)　　　$1.8x=0.4x+7$
両辺に 10 をかけると，
$1.8x×10=(0.4x+7)×10$
$18x=4x+$ ①⬚
$18x-4x=$ ②⬚
$14x=$ ③⬚
$x=$ ④⬚

(2)　　　$\dfrac{1}{3}x-2=\dfrac{1}{4}x$
両辺に 12 をかけると，
$\left(\dfrac{1}{3}x-2\right)×12=\dfrac{1}{4}x×12$
$4x-$ ⑤⬚ $=3x$
$4x-3x=$ ⑥⬚
$x=$ ⑦⬚

1 【移項を使った方程式の解き方】次の方程式を解きなさい。

教科書 p.106 例 3, p.107 例 4

□(1) $3x+4=-8$　　　　□(2) $2x-7=3$

□(3) $5x=-3x-16$　　　□(4) $6x=7x-9$

□(5) $9x-15=4x$　　　　□(6) $8x-13=5x+8$

□(7) $2x+15=-4x+3$　　□(8) $7+2x=6x-13$

●キーポイント
移項して，左辺を文字をふくむ項だけ，右辺を数の項だけにする。移項するときは，項の符号が変わる。

2 【かっこをふくむ方程式】次の方程式を解きなさい。

教科書 p.107 例 5

□(1) $3(x-2)+1=10$　　□(2) $7x-5(x-3)=7$

□(3) $4x-9(x+2)=-3$　　□(4) $-4(x+4)=5x+2$

3 【小数をふくむ方程式】次の方程式を解きなさい。

教科書 p.108 例 6

□(1) $0.5x+3=0.3x$　　　□(2) $0.35x=0.2x-0.6$

●キーポイント
両辺に 10 や 100 などをかけて，係数を整数に直す。

4 【分数をふくむ方程式】次の方程式を解きなさい。

教科書 p.108 例 7

□(1) $\dfrac{2}{3}x=\dfrac{1}{2}x-2$　　　□(2) $\dfrac{2}{5}x-\dfrac{1}{2}=\dfrac{7}{10}x+1$

●キーポイント
分母の公倍数を両辺にかけて，係数を整数に直す。

□(3) $\dfrac{x-5}{4}=-3$　　　　□(4) $\dfrac{x+4}{9}=\dfrac{x-2}{6}$

例題の答え **1** ①25 ②5 **2** ①6 ②3 **3** ①70 ②70 ③70 ④5 ⑤24 ⑥24 ⑦24

1 方程式 ①～③

❶ 次の数量の関係を，等式や不等式で表しなさい。

□(1) 1000円札を出して，1本a円の鉛筆を6本買ったら，おつりはb円だった。

□(2) 1個$x$kgの荷物6個を2kgの箱に入れると，20kg以上になった。

□(3) 1個150円のプリンa個とb円のケーキを買って，代金の合計を2000円以下にする。

□(4) ある数xを3倍して2をひくと，xに6を加えた数より大きくなる。

❷ 次の方程式のうち，解が3であるものはどれですか。

□ また，解が-3であるものはどれですか。

㋐ $2x+3=9$ ㋑ $x-4=1$

㋒ $-6x=18$ ㋓ $3x-5=x+1$

❸ 方程式$5x-6=9$を次のようにして解きました。①，②の操作には，それぞれどんな等式

□ の性質が使われていますか。下の㋐～㋓の中から選びなさい。

また，そのときのmの値を答えなさい。

$$\begin{array}{l} 5x-6=9 \\ 5x=9+6 \end{array} \Bigg\rangle ① \qquad \begin{array}{l} 5x=15 \\ x=3 \end{array} \Bigg\rangle ②$$

㋐ $A=B$ ならば，$A+m=B+m$

㋑ $A=B$ ならば，$A-m=B-m$

㋒ $A=B$ ならば，$\quad Am=Bm$

㋓ $A=B$ ならば，$\quad \dfrac{A}{m}=\dfrac{B}{m}$ （ただし，$m \neq 0$）

❹ 等式の性質を使って，次の方程式を解きなさい。

□(1) $x+10=4$ □(2) $x-9=-4$ □(3) $-8x=72$

□(4) $16x=20$ □(5) $-\dfrac{1}{4}x=-5$ □(6) $-\dfrac{x}{6}=2$

ヒント   ❷ 解をそれぞれの方程式のxに代入して，等式が成り立つかどうか調べる。

      ❹ (4)約分する。

●等式の性質を理解し，方程式が解けるようになろう。

係数に小数や分数をふくむ方程式では，係数を整数に直してから解くよ。方程式を解いて解を得られたら，検算しよう。自分の解をもとの方程式の x に代入して，成り立つことを確かめるよ。

5 次の方程式を解きなさい。

□(1)　$5x - 13 = -2x + 15$

□(2)　$8 - 6x = 2 - 3x$

□(3)　$-4x + 7 = x + 2$

□(4)　$3 - 2x = 7x - 12$

 6 次の方程式を解きなさい。

□(1)　$10x - 3(2x + 3) = 7$

□(2)　$2(x - 9) = -6(x + 3)$

□(3)　$9x - (3x - 4) = 2$

□(4)　$7x - 3(x + 4) = 4(1 - 3x)$

 7 次の方程式を解きなさい。

□(1)　$0.17x = 0.02x - 0.6$

□(2)　$0.8x - 1 = 0.2x + 3$

□(3)　$0.25x - 1.2 = 0.3x - 2$

□(4)　$0.7(x - 2) = 0.3x + 1$

□(5)　$2x - 1 = \dfrac{x}{4}$

□(6)　$\dfrac{1}{6}x - \dfrac{2}{3} = \dfrac{3}{4}x + \dfrac{1}{2}$

□(7)　$\dfrac{x + 3}{10} = \dfrac{2x + 1}{15}$

□(8)　$x + \dfrac{x - 1}{3} = 5$

8 x についての方程式 $4x - a = 15$ の解が 3 のとき，a の値を求めなさい。

□

ヒント (2)はじめに両辺を 2 でわってもよい。

 (4)小数を整数に直してからかっこをはずす。

3
章

教科書96〜111ページ

3章 1次方程式
2 1次方程式の利用
① 1次方程式の利用

● 1次方程式の利用

教科書 p.112〜116

例題 1　220円のジュース1本と，菓子を4個買って1000円を出したら，おつりが460円になりました。菓子1個の値段を求めなさい。　▶▶①②

考え方　菓子1個の値段を x 円として，等しい関係にある数量を見つける。

答え　菓子1個の値段を x 円とすると，

$$1000-(220+4x)=\boxed{①}$$

$$1000-220-4x=460$$

$$-4x=460-780$$

$$-4x=-320$$

$$x=\boxed{②}$$

菓子1個の値段を80円とすると，

代金の合計は $\boxed{③}$ 円で，

1000円を出したときのおつりは460円になる。

したがって，80円は問題に適している。

答　80円

1　求める数量を x で表す

2　等しい関係にある数量を見つけて，方程式をつくる
（出したお金）－（代金）＝（おつり）

3　方程式を解く

4　方程式の解が問題に適しているかどうかを確かめる

ここがポイント

例題 2　何人かの子どもに鉛筆を配ります。1人に4本ずつ配ろうとすると8本たりなくなり，3本ずつ配ると6本あまります。子どもの人数を求めなさい。　▶▶③〜⑤

考え方　子どもの人数を x 人として，等しい関係にある数量を見つける。

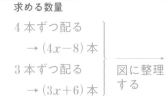

求める数量

4本ずつ配る
　→ $(4x-8)$ 本
3本ずつ配る
　→ $(3x+6)$ 本

図に整理する

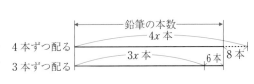

鉛筆の本数

鉛筆の本数
4本ずつ配る　$4x$ 本
3本ずつ配る　$3x$ 本　6本　8本

答え　子どもの人数を x 人とすると，

$$4x-8=3x+6$$

$$4x-3x=6+\boxed{①}$$

$$x=\boxed{②}$$

鉛筆の本数を2通りの式で表して方程式をつくります。

子どもの人数 $\boxed{②}$ 人は，問題に適している。　　答 $\boxed{②}$ 人

1 【1次方程式の利用】1本130円のボールペン4本と1本60円の鉛筆を何本か買ったところ，
□ 代金の合計が1000円になりました。鉛筆を何本買いましたか。方程式をつくって求めなさい。

教科書 p.113 問 1

2 【1次方程式の利用】32 cm の針金を折り曲げて長方形をつくります。横が縦より2 cm 長
□ い長方形をつくるには，縦の長さを何 cm にすればよいですか。

教科書 p.113 例 1

絶対
理解

よく
出る
3 【1次方程式の利用】折り紙を何人かの子どもに配ります。1人に3枚ずつ配ると7枚あ
□ まり，1人に4枚ずつ配ると5枚たりません。子どもの人数と折り紙の枚数を求めなさい。

教科書 p.114 例 2

4 【1次方程式の利用】プリンを8個買おうとしたら，持っていたお金では140円たりなかっ
□ たので，7個買ったら40円あまりました。プリン1個の値段を求めなさい。
また，持っていたお金は，何円ですか。

教科書 p.114 問 4

よく
出る
5 【1次方程式の利用】妹は，家から1 km 離れた駅に向かって歩いています。姉は，妹が
家を出発してから6分後に，自転車に乗って家を出発して妹を追いかけました。妹の速さ
を分速80 m，姉の速さを分速200 m とするとき，次の問いに答えなさい。

教科書 p.115 例 3,
p.116 問 5

□(1) 姉が家を出発してから x 分後に妹に追いつくとして，方程式をつくりなさい。
また，姉は何分後に妹に追いつきますか。

□(2) 家から駅までの道のりが700 m だった場合，方程式の解をそのまま答えにしてよい
ですか。
また，その理由を説明しなさい。

例題の答え **1** ①460 ②80 ③540 **2** ①8 ②14

● 比例式の解き方

教科書 p.118〜119

 例題 1　次の x の値を求めなさい。　　　　▶▶ **1**〜**3**

(1)　$x : 7 = 6 : 14$　　　　　　(2)　$8 : x = 12 : 3$

考え方　比例式の性質

　　　$a : b = c : d$ ならば，$ad = bc$

を使って，方程式にする。

答え　(1)　$x : 7 = 6 : 14$

　　　　　$x \times 14 = 7 \times \boxed{①}$ ⟩ $a : b = c : d$ ならば，$ad = bc$

　　　　　$14x = 42$

　　　　　　$x = \boxed{②}$

(2)　$8 : x = 12 : 3$

　　　$8 \times 3 = x \times \boxed{③}$ ⟩ 等式の左辺と右辺を入れかえても，式は成り立つ
　　　　　　　　　　　　　　　　$A = B$ ならば，$B = A$

　　　$12x = 24$

　　　　$x = \boxed{④}$

● 比例式の利用

教科書 p.119〜120

 例題 2　横と縦の長さの比が $5 : 3$ の花壇があります。縦の長さが $12\,\text{m}$ のとき，横の長さを
　　　　　求めなさい。　　　　▶▶ **4 5**

考え方　横の長さを $x\,\text{m}$ として，比例式をつくる。
　　　　求める数量

答え　横の長さを $x\,\text{m}$ とすると，　　　⟩　① 求める数量を x で表す

　　　　　$x : 12 = 5 : 3$　　　　　　　⟩　② 等しい関係にある数量を見つけて，
　　　　　　　　　　　　　　　　　　　　　　　方程式をつくる

　　$x \times \boxed{①} = 12 \times 5$

　　　　　$3x = 60$　　　　　　　　　　⟩　③ 方程式を解く

　　　　　$x = \boxed{②}$

横の長さ $20\,\text{m}$ は，問題に適している。　⟩　④ 方程式の解が問題に適しているか
　　　　　　　　　　　　　　　　　　　　　　　　どうかを確かめる

　　　　　答　$\boxed{②}$ m

ここがポイント

64

1 【比例式】次の比について，比の値を求めなさい。
また，等しい比のものを見つけ，比例式で表しなさい。 教科書 p.117 問 1

　□(1)　4：5　　　　　　□(2)　2：3　　　　　　□(3)　24：30

2 【比例式の解き方】比の値を求めて，次の比例式を解きなさい。 教科書 p.118 例 1

　□(1)　$x：8＝3：2$　　　　　□(2)　$7：4＝x：3$

3 【比例式の解き方】次の比例式を解きなさい。 教科書 p.119 例 2, 問 4

　□(1)　$8：12＝14：x$　　　　　□(2)　$x：5＝3：10$

　□(3)　$6：x＝9：12$　　　　　□(4)　$5：6＝x：18$

　□(5)　$\dfrac{1}{4}：x＝3：8$　　　　　□(6)　$3：4＝(x＋2)：12$

> ● キーポイント
> $a：b＝c：d$ ならば，
> $ad＝bc$
> を使って，方程式の形
> にする。
> (6)　$(x＋2)$ は，1つ
> のまとまりと考え
> る。

4 【比例式の利用】ある菓子をつくるには，小麦粉 240 g と砂糖 150 g を混ぜます。同じ菓
子をつくるとき，次の問いに答えなさい。 教科書 p.119 例 3

　□(1)　小麦粉 400 g に対して砂糖何 g を混ぜればよいですか。

　□(2)　砂糖 100 g に対して小麦粉何 g を混ぜればよいですか。

5 【比例式の利用】次の問いに答えなさい。 教科書 p.120 問 7

　□(1)　縦と横の長さの比が 4：7 の長方形の土地があります。この土地の縦の長さが 200 m
のとき，横の長さは何 m ですか。

　□(2)　1：50000 の縮尺の地図上で，A 地点から B 地点までの長さを測ると 6 cm でした。
A 地点から B 地点までの実際の距離は何 km ですか。

例題の答え **1** ①6　②3　③12　④2　**2** ①3　②20

解答 ▶▶ p.22

2　1次方程式の利用　①，②

1 次の問題について，下の問いに答えなさい。

> 長さ 180 cm のリボンを姉と妹で分けたところ，姉は妹より 40 cm 長くなりました。
> 姉と妹のリボンの長さはそれぞれ何 cm ですか。

□(1)　この問題を解くのに次のような方程式をつくりました。何を x で表したのか答えなさい。

$$x+(x-40)=180$$

□(2)　(1)の方程式を解いて，この問題の答えを求めなさい。

2 水そう A には水が 58 L，水そう B には水が 14 L 入っています。いま，A から水をくんで
□ B に移しかえたところ，A の水の量が B の水の量の 3 倍になりました。移しかえた水の量を求めなさい。

よく出る 3 1 個 200 円のももと 1 個 100 円のキウイを合わせて 12 個買ったところ，代金の合計が 1700 円になりました。次の問いに答えなさい。

□(1)　ももを x 個買ったとき，キウイの個数を，x を使った式で表しなさい。

□(2)　ももとキウイをそれぞれ何個買いましたか。代金の関係から方程式をつくり，答えを求めなさい。

4 1 個 200 円の品物を何個か買う予定でしたが，3 割引きで売っていたため，同じ金額で予
□ 定より 6 個多く買うことができました。支払った金額を求めなさい。

5 ケーキを 5 個買おうとしたところ，持っていたお金では 300 円たりなかったので，3 個
□ 買ったら 180 円あまりました。ケーキ 1 個の値段と，持っていた金額を求めなさい。

ヒント　**2** x L 移すと，A は x L 減り，B は x L 増える。
　　　　4 x 個買う予定だったとして方程式をつくるとよい。

よく出る **6** いちごを何人かの子どもに配ります。1人に6個ずつ配ると4個たりません。また，1人に5個ずつ配ると12個あまります。次の問いに答えなさい。

□(1) いちごの個数を x 個として方程式をつくりなさい。

□(2) いちごの個数と子どもの人数を求めなさい。

よく出る **7** 長距離バスがA地点を250km離れたB地点に向かって出発し，その2時間後に乗用車が同じA地点を出発しました。バスの速さを時速50km，乗用車の速さを時速90kmとするとき，乗用車が出発してから何時間後にバスに追いつきますか。

8 家と駅の間を歩いて往復しました。行くときは分速60m，帰りは分速80mで歩いたところ，往復で35分間かかりました。家と駅の間の道のりを求めなさい。

よく出る **9** あるお菓子をつくるとき，バター250gと小麦粉160gを混ぜます。同じお菓子をつくるとき，バター100gに対して小麦粉を何g混ぜればよいですか。

10 高さが5mの電柱の影の長さを測ったところ，6mでした。このとき，影の長さが16mの塔の高さは何mですか。四捨五入して小数第一位まで求めなさい。

11 4時間で560個の製品をつくる機械があります。この機械を何時間作動させれば980個の製品をつくることができますか。

ヒント **6** (1)子どもの人数を2通りの式で表す。いちごがあと4個あると1人に6個ずつ配れる。
8 (時間)＝(道のり)÷(速さ)の関係から方程式をつくる。

解答▶▶ p.23

❶ 次の数量の関係を，等式や不等式で表しなさい。 知

(1) 1個 x 円のもも 6 個と 100 円の箱の代金の合計は 1600 円である。

(2) 1個 a kg の荷物 9 個の重さは，50 kg より重くなる。

(3) 70 cm のリボンから x cm の長さを 3 回とると，残りは 8 cm 以下になる。

❶	点/12点（各4点）
(1)	
(2)	
(3)	

❷ 次の方程式のうち，解が −5 であるものはどれですか。 知

㋐　$x-2=7$ 　　　㋑　$-\dfrac{x}{5}=-1$ 　　　㋒　$x-2=2x+3$

❷	点/4点

❸ 次の方程式を解きなさい。 知

(1) $x-8=6$

(2) $-\dfrac{1}{3}x=8$

(3) $6x-7=11$

(4) $3x-10=5x$

(5) $2x+9=5x-9$

(6) $10x+3=2x+5$

❸	点/24点（各4点）
(1)	
(2)	
(3)	
(4)	
(5)	
(6)	

点UP ❹ 次の方程式を解きなさい。 知

(1) $5(x+3)=3x+7$

(2) $3x-2(4x-1)=12$

(3) $0.9x-5=0.4x$

(4) $0.16x-0.4=0.2x-1$

(5) $\dfrac{1}{3}x-\dfrac{1}{6}=\dfrac{1}{2}x+1$

(6) $\dfrac{5x-1}{6}=\dfrac{x-3}{4}$

❹	点/24点（各4点）
(1)	
(2)	
(3)	
(4)	
(5)	
(6)	

成績評価の観点　知…数量や図形などについての知識・技能　考…数学的な思考・判断・表現

❺ 次の比例式を解きなさい。知

(1) $x:18=20:24$

(2) $8:10=12:(x-3)$

(3) $6:8=x:6$

(4) $\dfrac{1}{3}:x=7:6$

❺ 点/16点（各4点）

(1)	
(2)	
(3)	
(4)	

 ❻ 1個140円のかきと1個180円のなしを合わせて10個買ったところ，代金の合計が1560円になりました。かきとなしをそれぞれ何個買いましたか。考

❻ 点/4点（完答）

かき	
なし	

❼ 鉛筆（えんぴつ）を何人かの生徒に配るのに，1人に4本ずつ配ると7本あまり，1人に5本ずつ配ると8本たりません。生徒の人数と鉛筆の本数を求めなさい。考

❼ 点/4点（完答）

生徒	
鉛筆	

❽ 次の問いに答えなさい。考

(1) 弟は，家から1.5 km 離（はな）れた公園に向かって歩いています。兄は，弟が家を出発してから10分後に家を出発し，同じ道を走って公園に向かいます。弟の速さを分速75 m，兄の速さを分速200 m とするとき，兄は家を出発してから何分後に弟に追いつきますか。

❽ 点/8点（各4点）

(1)	
(2)	

 (2) A町とB町の間を自転車で往復しました。行きは時速15 km，帰りは時速10 km で走り，往復で3時間かかりました。
A町とB町の間の道のりを求めなさい。

❾ オリーブ油280 mL と酢（す）160 mL を混ぜてつくるドレッシングがあります。これと同じ味のドレッシングをつくるとき，オリーブ油350 mL に対して酢を何 mL 混ぜればよいですか。考

❾ 点/4点

知 /80点　考 /20点

（3章 教科書94〜126ページ）

解答▶▶ p.24　69

●**等式と不等式**

等号を使って数量の等しい関係を表した式を**等式**といい，不等号を使って数量の大小関係を表した式を**不等式**という。

●**方程式**

・等式 $4x+2=14$ のように，x の値<ruby>値<rt>あたい</rt></ruby>によって成り立ったり成り立たなかったりする等式を，x についての**方程式**という。

・方程式を成り立たせる文字の値を，方程式の**解**という。

・方程式の解を求めることを，方程式を**解く**という。

●**等式の性質**

1 等式の両辺に同じ数や式 m を加えても，等式は成り立つ。

$A=B$ ならば， $A+m=B+m$

2 等式の両辺から同じ数や式 m をひいても，等式は成り立つ。

$A=B$ ならば， $A-m=B-m$

3 等式の両辺に同じ数 m をかけても，等式は成り立つ。

$A=B$ ならば， $Am=Bm$

4 等式の両辺を同じ数 $m(m \neq 0)$ でわっても，等式は成り立つ。

$A=B$ ならば， $\dfrac{A}{m}=\dfrac{B}{m}$

●**移項**

等式の一方の辺にある<ruby>項<rt>こう</rt></ruby>を，<ruby>符号<rt>ふごう</rt></ruby>を変えて他方の辺に移すことを**移項**という。

(例) $3x-4=2x+1$

$2x$，-4 を移項すると，

$3x-2x=1+4$

$x=5$

●**かっこをふくむ方程式の解き方**

分配法則 $a(b+c)=ab+ac$ を使って，かっこをはずしてから解く。

[注意] かっこをはずすとき，符号に注意。

●**係数に小数をふくむ方程式の解き方**

両辺に 10 や 100 などをかけて，係数を整数にしてから解く。

●**係数に分数をふくむ方程式の解き方**

・両辺に分母の公倍数をかけて，係数を整数に直してから解く。

・方程式の両辺に分母の公倍数をかけて，分数をふくまない方程式に直すことを，**分母をはらう**という。

●**方程式を解く手順**

1 係数に小数や分数をふくむときは，整数に直す。

かっこがあれば，かっこをはずす。

2 文字の項を左辺に，数の項を右辺に移項する。

3 両辺をそれぞれ計算し，$ax=b(a \neq 0)$ の形にする。

4 両辺を x の係数 a でわる。

●**方程式を利用して問題を解く手順**

1 問題の中にある，数量の関係を見つけ，図や表，ことばの式で表す。

2 わかっている数量，わからない数量をはっきりさせ，文字を使って方程式をつくる。

3 方程式を解く。

4 方程式の解が問題に適しているかどうかを確かめ，適していれば問題の答えとする。

●**比例式の性質**

$a:b=c:d$ ならば，$ad=bc$

(例) $x:18=2:3$

比例式の性質から，

$x \times 3=18 \times 2$

$x=12$

4章　比例と反比例

次の学習に入る前に取り組もう。

☐ **比例**　◀ 小学6年

ともなって変わる2つの量 x, y があります。x の値が2倍，3倍，4倍，…になると，y の値は2倍，3倍，4倍，…になります。

関係を表す式は，$y=$ 決まった数 $\times x$　になります。

☐ **反比例**　◀ 小学6年

ともなって変わる2つの量 x, y があります。x の値が2倍，3倍，4倍，…になると，y の値は $\dfrac{1}{2}$ 倍，$\dfrac{1}{3}$ 倍，$\dfrac{1}{4}$ 倍，…になります。

関係を表す式は，$y=$ 決まった数 $\div x$　になります。

① 次の x と y の関係を式に表し，比例するものには〇，反比例するものには△を書きなさい。

　(1)　1000円持っているとき，使ったお金 x 円と残っているお金 y 円

　(2)　分速90mで歩くとき，歩いた時間 x 分と歩いた道のり y m

　(3)　面積 $100\ \text{cm}^2$ の長方形の縦の長さ x cm と横の長さ y cm

◀ 小学6年〈比例と反比例〉

ヒント　一方を何倍かすると，他方は……

② 次の表は，高さが6cmの三角形の底辺を x cm，その面積を $y\ \text{cm}^2$ として，面積が底辺に比例するようすを表したものです。表のあいているところにあてはまる数を答えなさい。

x(cm)	1		3	4	5		7	…
y(cm^2)		6		12		18		…

◀ 小学6年〈比例〉

ヒント　決まった数 を求めて……

③ 次の表は，面積が決まっている平行四辺形の高さ y cm が底辺 x cm に反比例するようすを表したものです。表のあいているところにあてはまる数を答えなさい。

x(cm)	1	2	3		5	6	…
y(cm)			16	12			…

◀ 小学6年〈反比例〉

ヒント　決まった数 を求めて……

章 4

●関数

教科書 p.130〜131

例題 1　次の(1)，(2)で，y は x の関数といえますか。　▶▶**1**

(1)　1個 90 円のクッキーを x 個買うときの代金 y 円

(2)　周の長さが x cm の長方形の横の長さ y cm

考え方　x の値を決めると，それに対応する y の値がただ 1 つ決まるとき，y は x の関数といえる。

答え　(1)　クッキーの個数を決めると，代金が 1 つに決まります。

だから，y は x の関数と ①[　　　　　　　　]。

(2)　周の長さを決めても，横の長さは 1 つに決まりません。

だから，y は x の関数 ②[　　　　　　　　]。

> いろいろな値をとる
> 文字を変数といいます。

例題 2　深さ 60 cm の水そうに 1 分間に 4 cm ずつ水位が増加するように水を入れていきます。水を入れ始めてから x 分後の水位を y cm とするとき，次の問いに答えなさい。

▶▶**2**

(1)　x と y の関係を，次の表にまとめなさい。

x(分)	0	1	2	3	4	5	…
y(cm)	0	4	8	㋐	16	㋑	…

(2)　y を x の式で表しなさい。また，x と y はどんな関係といえますか。

考え方　(2)　$y＝$（決まった数）$×x$ が成り立つとき，y は x に比例する。

答え　(1)　水位は，1 分間に 4 cm ずつ増加するから，3 分後，5 分後は，

㋐　$4×$①[　　　]$＝$②[　　　]　　　㋑　$4×$③[　　　]$＝$④[　　　]

(2)　（水位）$＝4×$（時間）の関係がある。式で表すと，$y＝$⑤[　　　　　]

また，　　　　$y＝$（決まった数）$×x$

の式が成り立つから，y は x に ⑥[　　　　　]する。

●変域

教科書 p.131〜132

例題 3　変数 x の変域が -3 以上 2 以下のとき，x の変域を，不等号を使って表しなさい。　▶▶**3 4**

```
  ├──●──┼──┼──┼──┼──●──┤
 -3 -2 -1  0  1  2  3
```

考え方　変数 x の変域は，不等号 $<$，$>$，$\leqq$，$\geqq$ や数直線を使って表す。

答え　-3 ①[　　　] x ②[　　　] 2

　　　↓　　　　↓
　（x が -3 以上）　（x が 2 以下）

プラスワン　変域

変数のとる値の範囲を変域という。

絶対理解 1 【関数】次の(1)〜(4)で，y は x の関数であるといえますか。

教科書 p.130 問 1

□(1)　1 辺の長さが x cm の正方形の周囲の長さが y cm である。

□(2)　縦の長さが x cm の長方形の周囲の長さが y cm である。

□(3)　周囲の長さが x cm の正方形の面積が y cm² である。

□(4)　8 dL の牛乳を x dL 飲んだとき，残りは y dL である。

●キーポイント
x の値を決めたとき，y の値がただ 1 つに決まるものを選ぶ。

2 【関数】深さ 60 cm の水そうに，1 分間に x cm ずつ水位が増加するように水を入れると y 分間で満水になるとき，次の問いに答えなさい。

教科書 p.131 問 3

□(1)　x と y の関係を，次の表にまとめなさい。

1 分間当たりの水位の増加量 x(cm)	…	1	2	4	6	8	…
満水になるまでの時間 y(分間)	…			15			…

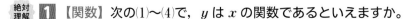

(cm)
60
0

□(2)　y は x の関数であるといえますか。

□(3)　y を x の式で表しなさい。また，x と y はどんな関係といえますか。

3 【変域】水が入っていない深さ 40 cm の水そうに，1 分間に 5 cm ずつ水位が増加するように水を入れます。次の問いに答えなさい。

教科書 p.131 問 2, p.132 問 4

□(1)　水そうは何分間で満水になりますか。

□(2)　水を入れ始めてから x 分後の水位を y cm とします。満水になるまで水を入れたとき，x と y の変域を，不等号を使ってそれぞれ表しなさい。

4 【変域】次のそれぞれの場合について，x の変域を不等号を使って表しなさい。また，数直線上に表しなさい。

教科書 p.132 問 5

□(1)　x の変域が 30 以下である。

□(2)　x の変域が 15 以上である。

□(3)　x の変域が 7 以上 18 未満である。

例題の答え 1 ①いえる　②いえない　**2** ①3　②12　③5　④20　⑤4x　⑥比例　**3** ①≦　②≦

●比例

教科書 p.133〜135

例題 1　1個 120 円のなしを x 個買ったときの代金を y 円とします。次の問いに答えなさい。

▶▶**1**〜**3**

(1)　y を x の式で表しなさい。

(2)　y が x に比例するかどうかを調べ，比例する場合には，比例定数を答えなさい。

考え方 (2)　$y=ax$ という式で表されるとき，y は x に比例するという。

だから，$y=ax$ という式で表されることを示す。

答え (1)　$\underset{y}{(代金)}=\underset{120}{(1 個の値段)}\times\underset{x}{(個数)}$ だから，

$$y = \boxed{①}$$

(2)　$y=120x$ という式で表されるから，

y は x に比例 $\boxed{②}$ 。

比例定数は $\boxed{③}$

y が x に比例する $\Leftrightarrow y=ax$　ここがポイント

$\begin{array}{l} y=\boxed{a}x \\ y=\boxed{120}x \end{array}$

プラスワン　**比例定数**

関数 $y=ax$ の a を比例定数という。

●比例の式の求め方

教科書 p.136

例題 2　y は x に比例し，$x=4$ のとき $y=24$ です。このとき，y を x の式で表しなさい。
また，$x=-3$ のときの y の値を求めなさい。

▶▶**4 5**

考え方 y は x に比例するから，$y=ax$ と表される。

このときの比例定数 a の値を求める。

答え y は x に比例するから，比例定数を a とすると，

$y=ax$ と表すことができる。

$x=4$ のとき $y=24$ だから，

$$24 = a\times\boxed{①}$$

$$a = \boxed{②}$$

$y=ax$ に $x=4$，$y=24$ を代入する

a についての方程式を解く　ここがポイント

したがって，求める式は，

$$y = \boxed{③}$$

この式に $x=-3$ を代入すると，

$$y = \boxed{④}\times\left(\boxed{⑤}\right)$$

$$= \boxed{⑥}$$

絶対理解 **1** 【比例】次の(1)～(4)について，y を x の式で表しなさい。また，y が x に比例するものはどれですか。比例しているものについては，比例定数を答えなさい。 教科書 p.134 問 1

□(1) 分速 60 m で歩く人が，x 分間に進む道のりは y m である。

□(2) 12 dL の牛乳を x 人で分けると，1 人当たり y dL である。

□(3) 1 m 当たり 350 円のリボンの x m の代金は y 円である。

□(4) x 円の 20 % は y 円である。

2 【比例】底辺 x cm，高さ 10 cm の三角形の面積を y cm^2 とするとき，次の問いに答えなさい。 教科書 p.134 例 1

□(1) y を x の式で表しなさい。

□(2) y は x に比例するといえますか。

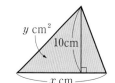

3 【比例】次の式で表すことができる関数のうち，y が x に比例するのはどれですか。
□ また，そのときの比例定数を答えなさい。 教科書 p.135 問 4

　㋐ $y = 12x$　　　　㋑ $y = x - 4$　　　　㋒ $y = -7x$　　　　㋓ $y = \dfrac{x}{5}$

よく出る **4** 【比例の式の求め方】y が x に比例するとき，次の(1)，(2)のそれぞれの場合について，y を x の式で表しなさい。また，$x = -2$ のときの y の値を求めなさい。 教科書 p.136 例 2

□(1) $x = -4$ のとき $y = 12$　　　　□(2) $x = -5$ のとき $y = -20$

5 【比例の式の求め方】20 g のおもりをつるすと 6 mm のびるばねがあります。ばねののびはおもりの重さに比例するとして，次の問いに答えなさい。 教科書 p.136 問 6

□(1) このばねに x g のおもりをつるすと y mm のびるとして，y を x の式で表しなさい。

□(2) このばねに 50 g のおもりをつるすと何 mm のびますか。

□(3) x の変域が $0 \leqq x \leqq 80$ のとき，y の変域を求めなさい。

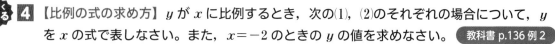

例題の答え **1** ①120x　②する　③120　**2** ①4　②6　③6x　④6　⑤−3　⑥−18

●座標

教科書 p.137〜138

☐ 例題 **1** 右の図の点 A，B，C，D の座標を答えなさい。 ▶▶**1**

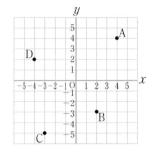

考え方　座標は，（x 座標，y 座標）と表す。

答え　点 A の座標は，（① 　　　， ② 　　　）

点 B の座標は，（③ 　　　， ④ 　　　）

点 C の座標は，（⑤ 　　　， ⑥ 　　　）

点 D の座標は，（⑦ 　　　， ⑧ 　　　）

座標が（4，4）である点 A を
A(4，4)と表します。

プラスワン　**座標**

右の図の点 P は，x 軸上
の −3 と y 軸上の 2 を
組み合わせて，
（−3，2）と表す。
これを点 P の座標，
−3 を点 P の x 座標，
2 を点 P の y 座標という。

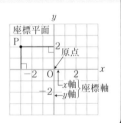

●比例のグラフ

教科書 p.139〜142

☐ 例題 **2** 関数 $y=-3x$ で，x の値が 1 ずつ増加すると，y の
値はどのように変化しますか。 ▶▶**2 3**

x	…	-3	-2	-1	0	1	2	3	…
y	…	9	6	3	0	-3	-6	-9	…

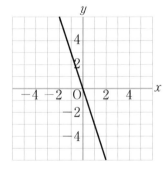

考え方　表やグラフを見て，y の値の変化を考える。

答え　x の値が 1 ずつ増加すると，

y の値は 　　　　 ずつ

減少する。

変化は「増加する」と
「減少する」があります。

プラスワン　**関数 $y=ax$ のグラフ**

原点を通る直線である。
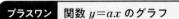
① $a>0$ のとき　　　　　　② $a<0$ のとき

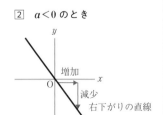

1 【座標】次の問いに答えなさい。 教科書 p.138 問 2, 問 3

□(1) 図1で, 点 A, B, C, D, E, F の座標を答えなさい。

図1

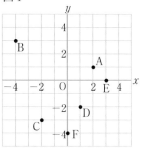

図2

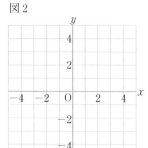

□(2) 次の点を, 図2にかき入れなさい。

P (4, 1)　　　　Q (−3, 2)

R (−3, −3)　　S (3, −4)

T (0, 4)　　　　U (−2.5, 0)

絶対理解 **2** 【比例のグラフ】次の関数⑦, ④のそれぞれについて, 下の問いに答えなさい。 教科書 p.140 問 6, p.141 問 7,8

⑦　$y = 4x$

x	...	−2	−1	0	1	2	...
y	...			0			...

④　$y = -\dfrac{1}{3}x$

x	...	−6	−3	0	3	6	...
y	...			0			...

□(1) x に対応する y の値を求め, 上の表にまとめなさい。また, x の変域をすべての数として, グラフをかき入れなさい。

□(2) x の値が1増加すると, y の値はどのように変化しますか。

●キーポイント
(1)のグラフは, 表の x と y の値の組を座標とする点をとって, その点を通る直線を引く。

よく出る **3** 【比例のグラフ】次の問いに答えなさい。 教科書 p.142 問 9,10

(1) 次の関数のグラフを, 原点ともう1つの点を決めて, 右の図にかき入れなさい。

□① $y = \dfrac{5}{3}x$　　　　　　□② $y = -\dfrac{3}{4}x$

□(2) 右の図の⑦, ④は比例のグラフです。⑦は点 (3, 2) を, ④は点 (1, −3) を通ることを利用して, それぞれ比例定数を求め, y を x の式で表しなさい。

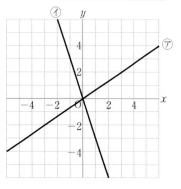

例題の答え **1** ①4　②4　③2　④−3　⑤−3　⑥−5　⑦−4　⑧2　**2** 3

1 次の(1)～(3)で，y は x の関数であるといえますか。

　□(1)　2 L のジュースを x 人で等分するとき，1 人分が y L である。

　□(2)　周囲の長さが 20 cm の長方形の縦の長さが x cm のとき，横の長さが y cm である。

　□(3)　$x>0$ のとき，絶対値が x になる数が y である。

2 12 L の灯油を x L 使った残りを y L とするとき，次の問いに答えなさい。

　□(1)　$x=5$ のときの y の値を求めなさい。

　□(2)　y は x の関数であるといえますか。

　□(3)　x の変域が $0\leqq x\leqq 8$ のときの y の変域を求めなさい。

3 右の図のように，水がいっぱいに入った深さ 40 cm の水そう
　から，1 分間に 5 cm ずつ水位が減少するように水を抜いて
　いきます。現在の水位の基準を 0 cm，x 分後の水位を y cm
　とします。次の問いに答えなさい。

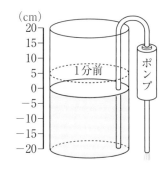

　□(1)　x と y の関係を，次の表にまとめなさい。

x(分)	-4	-3	-2	-1	0	1	2	3	4
y(cm)			5	0					

　□(2)　y は x に比例するといえますか。その理由も説明しなさい。

　□(3)　x の値が増加すると，y の値は増加しますか。それとも減少しますか。

4 高速道路を時速 80 km の自動車で走ります。出発してから x 時間走ったときの道のりを
　y km とするとき，次の問いに答えなさい。

　□(1)　y を x の式で表しなさい。

　□(2)　x の変域を $0\leqq x\leqq 3$ とするとき，y の変域を求めなさい。

ヒント　❶ たとえば，x の値を 3 として，y の値が 1 つ決まるか調べる。
　　　　❸ (2)比例定数 a が負の数の場合でも，$y=ax$ の関係が成り立てば，比例であると考える。

●「$y=ax$ のとき比例」，「比例のとき $y=ax$」をしっかり理解しておこう。
関数や比例では，図形の周の長さや面積，速さ・時間・道のりの関係が題材になることが多いよ。
グラフはかくのも読むのも，x 座標と y 座標がともに整数となる点を見つけることがポイントだ。

 5 y が x に比例するとき，次の(1)，(2)のそれぞれの場合について，y を x の式で表しなさい。
また，$x=-6$ のときの y の値を求めなさい。

□(1)　$x=4$ のとき $y=10$　　　　　　　□(2)　$x=-9$ のとき $y=12$

6 10 分間燃やすと，56 mm 燃える線香があります。線香が燃える長さは燃やす時間に比例
します。x 分間に y mm 燃えるとして，次の問いに答えなさい。

□(1)　y を x の式で表しなさい。

□(2)　15 分間燃やすと，線香は何 mm 燃えますか。

□(3)　この線香の長さは 140 mm です。燃やし始めてから燃えつきるまでについて，x と y
の変域をそれぞれ求めなさい。

7 次の問いに答えなさい。

(1)　次の関数⑦，④のグラフを，右の図に
かき入れなさい。

□⑦　$y=-\dfrac{1}{4}x$

□④　$y=\dfrac{3}{2}x$

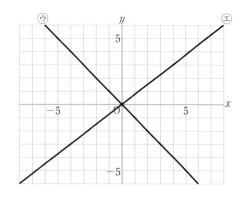

□(2)　右の図の⑰，㊁は比例のグラフです。
それぞれ比例定数を求め，y を x の式
で表しなさい。

8 y が x に比例するとき，比例定数が正の数の場合と負の数の場合で，共通するところと異
□　なるところを答えなさい。
また，グラフについて，共通するところと異なるところを答えなさい。

 ヒント　**7** (2)グラフが通る点のうち，x 座標も y 座標も整数である点を利用する。
8 比例の性質をまとめておく。

解答▶▶ p.28　　79

●反比例

教科書 p.144〜146

例題 1　24 km の道のりを時速 x km で移動すると，y 時間かかります。次の問いに答えなさい。　▸▸ **1**〜**3**

(1)　y を x の式で表しなさい。

(2)　y が x に反比例するかどうかを調べ，反比例する場合には，比例定数を答えなさい。

考え方　(2)　$y=\dfrac{a}{x}$ という式で表されるとき，y は x に反比例するという。

だから，$y=\dfrac{a}{x}$ という式で表されるかどうかを調べる。

答え　(1)　$\underset{y}{(時間)}=\underset{24}{(道のり)}\div\underset{x}{(速さ)}$ だから，$y=\dfrac{24}{\boxed{①}}$

(2)　$y=\dfrac{24}{x}$ という式で表されるから，

y は x に反比例 $\boxed{②\qquad}$ 。

y が x に反比例する⇔$y=\dfrac{a}{x}$　ここがポイント

比例定数は $\boxed{③\qquad}$

プラスワン　比例定数

関数 $y=\dfrac{a}{x}$ の a を<u>比例定数</u>という。

●反比例の式の求め方

教科書 p.147

例題 2　y は x に反比例し，$x=2$ のとき $y=-8$ です。このとき，y を x の式で表しなさい。
▸▸ **4 5**

考え方　y は x に反比例するから，$y=\dfrac{a}{x}$ と表される。

このときの比例定数 a の値を求める。

答え　y は x に反比例するから，比例定数を a とすると，

$y=\dfrac{a}{x}$ と表すことができる。

$x=2$ のとき，$y=-8$ だから，

$-8=\dfrac{a}{\boxed{①}}$

$y=\dfrac{a}{x}$ に $x=2$，$y=-8$ を代入する

a についての方程式を解く　ここがポイント

$a=\boxed{②\qquad}$

したがって，求める式は，$y=-\dfrac{\boxed{③\qquad}}{x}$

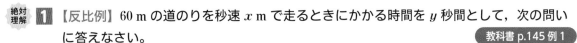

絶対理解 **1** 【反比例】60 m の道のりを秒速 x m で走るときにかかる時間を y 秒間として，次の問いに答えなさい。 教科書 p.145 例 1

□(1) x と y の関係を，次の表にまとめなさい。

x(m/s)	$\cdots$	1	2	3	4	5	6	$\cdots$
y(秒)	$\cdots$	60	30					$\cdots$

□(2) y を x の式で表しなさい。　　　　□(3) y は x に反比例するといえますか。

2 【反比例】関数 $y = -\dfrac{4}{x}$ について，次の問いに答えなさい。 教科書 p.146 問 3

□(1) y は x に反比例するといえますか。その理由も説明しなさい。

□(2) x と y の関係を，次の表にまとめなさい。

x	$\cdots$	-4	-3	-2	-1	0	1	2	3	4	$\cdots$
y	$\cdots$					$\times$					$\cdots$

□(3) x の値が 2 倍，3 倍，$\cdots$ になると，y の値はどうなりますか。
$x>0$, $x<0$ のそれぞれの変域で調べなさい。

3 【反比例】次の式で表すことができる関数のうち，y が x に反比例するのはどれですか。
□ また，そのときの比例定数を答えなさい。 教科書 p.146 問 4

　㋐ $y = \dfrac{20}{x}$ 　　　　㋑ $y = -\dfrac{5}{x}$ 　　　　㋒ $y = \dfrac{x}{8}$ 　　　　㋓ $xy = -18$

よく出る **4** 【反比例の式の求め方】y が x に反比例するとき，次の(1)，(2)のそれぞれの場合について，y を x の式で表しなさい。
また，$x=-6$ のときの y の値を求めなさい。 教科書 p.147 例 2

□(1) $x=3$ のとき $y=4$ 　　　　　　□(2) $x=8$ のとき $y=-9$

よく出る **5** 【反比例の式の求め方】1 分間に 8 L ずつ水を入れると，45 分間で満水になる水そうがあります。次の問いに答えなさい。 教科書 p.147 問 6

□(1) 1 分間に x L ずつ水を入れると y 分で満水になるとするとき，y を x の式で表しなさい。

□(2) 1 分間に 12 L ずつ水を入れると，何分で満水になりますか。

例題の答え **1** ①x 　②する 　③24 　**2** ①2 　②-16 　③16

●反比例のグラフ

教科書 p.148〜150

例題
1

関数 $y=\dfrac{8}{x}$ について，次の問いに答えなさい。　　　▶▶**1 2**

(1)　関数 $y=\dfrac{8}{x}$ について，次の表の⑦，⑦にあてはまる数を答えなさい。

x	…	-8	-4	-2	-1	0	1	2	4	8	…
y	…	-1	⑦	-4	-8	✕	8	4	2	⑦	…

(2)　$x>0$ のとき，x の値が増加すると，
　　y の値は増加しますか，それとも
　　減少しますか。

(3)　$x<0$ のとき，x の値が増加すると，
　　y の値は増加しますか，それとも
　　減少しますか。

右の図は
関数 $y=\dfrac{8}{x}$ の
グラフです。

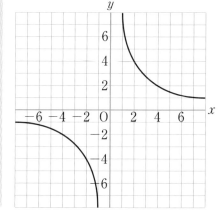

考え方　(2), (3)　表やグラフを見て，y の値の変化を考える。

答え　(1)　⑦　$x=-4$ を代入すると，$y=\dfrac{8}{\boxed{①}}=\boxed{②}$

　　　　　⑦　$x=8$ を代入すると，　$y=\dfrac{8}{\boxed{③}}=\boxed{④}$

(2)　x の値が 1 から 2 に増加すると，y の値は 8 から 4 に減少する。

　　したがって，x の値が増加すると，y の値は $\boxed{⑤}$ する。

(3)　x の値が -2 から -1 に増加すると，y の値は -4 から -8 に減少する。

　　したがって，x の値が増加すると，y の値は $\boxed{⑥}$ する。

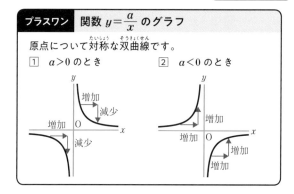

プラスワン　**関数 $y=\dfrac{a}{x}$ のグラフ**

原点について対称な双曲線です。

1　$a>0$ のとき　　　　2　$a<0$ のとき

1 【反比例のグラフ】関数 $y=-\dfrac{8}{x}$ について，次の問いに答えなさい。 教科書 p.149 問 3,4

□(1) x と y の関係を，次の表にまとめなさい。

x	⋯	-8	-4	-2	-1	0	1	2	4	8	⋯
y	⋯					✕					⋯

□(2) 上の表の対応する x，y の値をそれぞれ x 座標，y 座標とする点を，右の図にかき入れなさい。

□(3) 右の図に，関数 $y=-\dfrac{8}{x}$ のグラフをかき入れなさい。

□(4) $x>0$ のときと，$x<0$ のときに分けて，x の値が増加すると，y の値は増加するか，それとも減少するか，調べなさい。

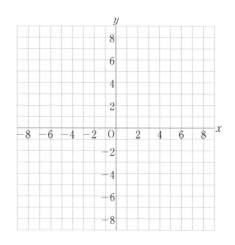

2 【反比例のグラフ】次の関数のグラフを，下の図にかき入れなさい。 教科書 p.149 問 3,4

□(1) $y=\dfrac{18}{x}$

x	⋯	-9	-6	-3	-2	-1	0	1	2	3	6	9	⋯
y	⋯						✕						⋯

□(2) $y=-\dfrac{12}{x}$

x	⋯	-6	-4	-3	-2	-1	0	1	2	3	4	6	⋯
y	⋯						✕						⋯

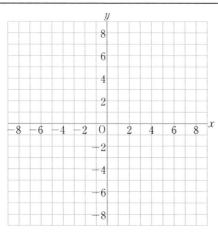

例題の答え **1** ①-4 ②-2 ③$8$ ④$1$ ⑤減少 ⑥減少

4　比例と反比例の利用
① 比例と反比例の利用

●比例と反比例の利用

教科書 p.152〜155

例題1　兄と弟が同時に家を出発して，公園までの 900 m の道のりを走ります。右の図は，2 人が家を出てから x 分間に歩いた道のりを y m として，それぞれの x と y の関係をグラフに表したものです。次の問いに答えなさい。　▶▶1

(1)　兄の走る速さを求めなさい。

(2)　兄が公園に着いたとき，弟は公園の手前何 m の地点にいますか。

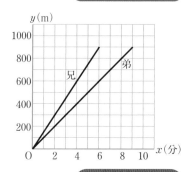

速さはグラフの傾き方にあらわれるよ。急なほど速いんだ。

考え方　進んだ道のりは y 座標で，時間は x 座標で読み取る。

答え　(1)　グラフより，$\boxed{①}$ 分で 600 m 走っていることがわかるから，

(道のり)÷(時間)＝(速さ) より，

$\boxed{②}$ ÷ $\boxed{③}$ ＝ $\boxed{④}$　　　答　分速 $\boxed{④}$ m

(2)　兄が公園に着いた $x=\boxed{⑤}$ のときの，2 つのグラフの y 座標の差は，

$900-\boxed{⑥}=\boxed{⑦}$　　　答　$\boxed{⑦}$ m

例題2　右の図のように，天びんの左側におもり A をつるし，右側におもり B をつるしました。おもり A は支点から 10 cm のところにつるしたままにして，天びんがつり合うときのおもり B の重さと支点からの距離を調べたら，次の表のようになりました。

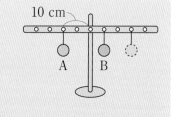

支点からの距離(cm)	5	10	15	20
おもり B の重さ(g)	240	120	$\boxed{}$	60

表の $\boxed{}$ にあてはまる数を求めなさい。　▶▶3

考え方　(支点からの距離)×(おもり B の重さ) が一定だから，反比例の関係があることを使う。

答え　支点から x cm の距離につるしたおもり B の重さを y g とすると，

y は x に反比例するから，$y=\dfrac{a}{x}$ と表すことができる。

$x=5$，$y=240$ を代入して計算すると，$a=\boxed{①}$

よって，$y=\dfrac{1200}{x}$ と表すことができる。

この式に $x=15$ を代入すると，$y=\dfrac{1200}{15}=\boxed{②}$

1 【グラフの利用】兄と弟が同時に家を出発して，駅までの 1400 m の道のりを歩きます。右のグラフは，家を出てから x 分間に歩いた道のりを y m として，兄について，x と y の関係を表したものです。弟は分速 50 m で歩くものとします。 教科書 p.152 問 1

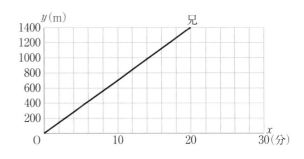

□(1) 兄について，y を x の式で表しなさい。

□(2) 弟のグラフを上の図にかき入れなさい。また，y を x の式で表しなさい。

□(3) 兄が駅に着いたとき，弟は駅の手前何 m の地点にいますか。

2 【反比例の利用】歯車 A，B がかみ合って，それぞれ回転しています。A の歯の数は 35 で，1 秒間に 8 回転します。次の問いに答えなさい。 教科書 p.153 例 1

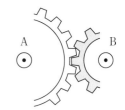

□(1) B の歯の数が 40 のとき，B は 1 秒間に何回転しますか。

□(2) B が 1 秒間に 10 回転するとき，B の歯の数を求めなさい。

3 【反比例の利用】天びんの支点より右にはみかんをつるして固定し，支点より左にはおもりをつるし，おもりの重さ x g と支点からの距離 y cm をいろいろ変えて，左右がつり合うようにします。このとき，x と y の関係は右の表のようになりました。 教科書 p.153 問 2

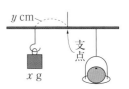

□(1) 45 g のおもりをつるすとき，支点から何 cm の距離でつり合いますか。

x(g)	5	10	15	20	25
y(cm)	36	18	12	9	7.2

□(2) 支点から 30 cm の距離でつり合うのは何 g のおもりですか。

絶対理解 **よく出る** **4** 【比例の利用】小麦粉 120 g でドーナツを 10 個つくることができます。小麦粉 x g でドーナツを y 個つくることができるとします。次の問いに答えなさい。 教科書 p.154 問 3

□(1) y を x の式で表しなさい。

□(2) 小麦粉 300 g でドーナツを何個つくることができますか。

1 面積 $18\,\text{cm}^2$，底辺 $x\,\text{cm}$ の三角形の高さを $y\,\text{cm}$ とするとき，次の問いに答えなさい。

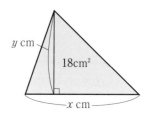

□(1)　x と y の関係を，次の表にまとめなさい。

x(cm)	…	2	3	4	6	9	18	…
y(cm)	…							…

□(2)　y を x の式で表しなさい。

□(3)　y は x に反比例するといえますか。

2 900 m の道のりを分速 60 m で歩いて行きます。A さんは，「歩いた時間が増加すると，残
□ りの道のりは減少する。一方が増加すると，もう一方が減少する関係だから，残りの道の
りは，歩いた時間に反比例する。」と考えました。この考えは，正しいですか，それとも正
しくないですか。その理由も説明しなさい。

3 y が x に反比例するとき，次の(1)，(2)のそれぞれの場合について，y を x の式で表しな
さい。また，$x=-4$ のときの y の値を求めなさい。

□(1)　$x=-5$ のとき $y=8$　　　　　□(2)　$x=-6$ のとき $y=-14$

4 関数 $y=\dfrac{10}{x}$ について，次の問いに答えなさい。

□(1)　グラフを右の図にかき入れなさい。

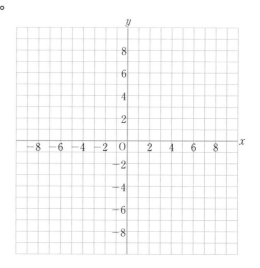

□(2)　x の値が 100，1000 のときの y の値を求
めなさい。また，x の値を大きくしてい
くと，グラフはどのようになりますか。

□(3)　x の値が 0.1，0.01 のときの y の値を求
めなさい。また，$x>0$ のとき，x の値
を 0 に近づけていくと，グラフはどのよ
うになりますか。

ヒント　**2** 変数 x，y を決めて，y を x の式で表してみる。
　　　　4 (2)y の値は限りなく 0 に近づくが，決して 0 や負の数にはならない。

●反比例の「$xy＝a$（一定）」は使いやすい性質だ。大いに利用しよう。
反比例のグラフは，原点について点対称な双曲線。特徴を理解しておこう。文章題では，比例か反比例のどちらの関係かを，まず読み取ろう。式で表すことが基本だが，それぞれの性質も使おう。

定期テスト
予報

 右の図の①，②は反比例のグラフです。それぞれ，y を x の式で表しなさい。

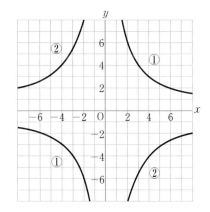

6 関数 $y = \dfrac{a}{x}$ のグラフについて，比例定数 a が正の数のときと負の数のときで，共通するところや異なるところを答えなさい。

7 右の図のような長方形 ABCD があります。点 P は辺 AB 上を，点 Q は辺 AD 上を，三角形 APQ の面積がつねに $12\ \text{cm}^2$ であるように動きます。AP の長さが x cm のときの AQ の長さを y cm として，次の問いに答えなさい。

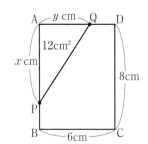

(1) y を x の式で表しなさい。
y は x に比例しますか。それとも反比例しますか。

(2) x と y の変域をそれぞれ求めなさい。

8 右の図は，視力検査のときに使われるランドルト環です。外側の直径が 7.5 mm の環を 5 m 離れたところから見て，すき間の開いた方向を判別できた視力を 1.0 とすると定められています。

実際の大きさ

(1) 右の図のランドルト環1つを使い，距離を変えて視力を調べます。視力 x を検査するときの距離を y m とすると，x と y の関係は，次の表のようになります。y を x の式で表しなさい。

視力 x	…	0.6	0.8	1.0	1.2	1.5	…
距離 y(m)	…	3	4	5	6	7.5	…

(2) 距離は 5 m として，環の大きさを変えて視力を調べます。視力 x を検査するときの，環の外側の直径を y mm とすると，x と y の関係は，次の表のようになります。y を x の式で表しなさい。

視力 x	…	0.1	0.3	0.5	1.0	1.5	…
直径 y(mm)	…	75	25	15	7.5	5	…

ヒント グラフが通る点のうち，x 座標も y 座標も整数である点を利用する。
6 x の値が増加したときの y の値の変わり方などにも注目する。

4 章

教科書
144
〜
159
ページ

4章　比例と反比例

❶ 次の(1)〜(3)について，y が x の関数であるものには○，関数ではないものには×を書きなさい。知

(1) 35人のクラスで欠席者が x 人のとき，出席者が y 人である。

(2) 上底 3 cm，下底 x cm の台形の面積が y cm² である。

(3) 1辺 x cm の立方体の体積が y cm³ である。

❷ 次の関数について，y を x の式で表しなさい。
また，$x=12$ のときの y の値を求めなさい。知

(1) y は x に比例し，$x=-8$ のとき $y=10$

(2) y は x に反比例し，$x=8$ のとき $y=-15$

❸ 次の比例や反比例のグラフを，下の図にかき入れなさい。知

(1) $y=-4x$

(2) $y=\dfrac{3}{5}x$

(3) $y=\dfrac{4}{x}$

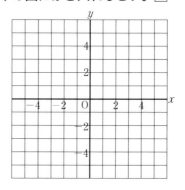

❹ 次の図の(1)〜(4)は，比例や反比例のグラフです。それぞれ y を x の式で表しなさい。知

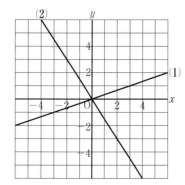
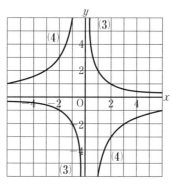

❶ 点/12点(各4点)

(1)	
(2)	
(3)	

❷ 点/16点(各4点)

(1)	式
	y の値
(2)	式
	y の値

❸ 点/12点(各4点)

左の図にかきなさい。

❹ 点/16点(各4点)

(1)	
(2)	
(3)	
(4)	

成績評価の観点　知…数量や図形などについての知識・技能　考…数学的な思考・判断・表現

❺ ある工場では，牛乳パック36枚からティッシュペーパーを4箱つくることができます。牛乳パック x 枚からティッシュペーパーを y 箱つくることができるとして，次の問いに答えなさい。 考

(1) y を x の式で表しなさい。

(2) 牛乳パック234枚からティッシュペーパーを何箱つくることができますか。

❺ 点/10点（各5点）

(1)	
(2)	

❻ 同じくぎ15本の重さを調べたところ，48gでした。くぎ x 本の重さを y g として，次の問いに答えなさい。 考

(1) y を x の式で表しなさい。

(2) このくぎ200本を用意するためには，何gを量り取ればよいですか。

❻ 点/10点（各5点）

(1)	
(2)	

❼ 天びんの支点より左には懐中電灯をつるして固定し，支点より右には重さ x g のおもりを支点から y cm の距離につるして，天びんがつり合うようにします。x と y の関係を調べたところ，次の表のようになりました。下の問いに答えなさい。 考

x(g)	10	20	30	40	50
y(cm)	60	30	20	15	12

(1) y を x の式で表しなさい。

(2) 8gのおもりをつるすとき，支点から何cmの距離でつり合いますか。

(3) 支点から25cmの距離でつり合うのは何gのおもりですか。

❼ 点/12点（各4点）

(1)	
(2)	
(3)	

4
章

教科書128〜164ページ

❽ 右の図のような長方形 ABCD があります。点Pは，Bを出発して，秒速2cmで辺BC上をCまで動きます。点PがBを出発してから x 秒後の三角形 ABP の面積を y cm² として，次の問いに答えなさい。 考

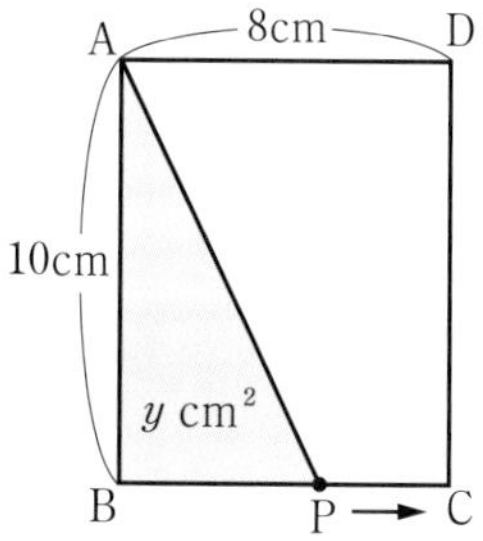

(1) y を x の式で表しなさい。

(2) x と y の変域をそれぞれ求めなさい。

❽ 点/12点（各4点）

(1)	
(2)	x の変域 y の変域

●関数

ともなって変わる2つの変数 x, y があって，x の値を決めると，それに対応する y の値がただ1つ決まるとき，y は x の関数であるという。

●変域

変数のとる値の範囲を，その変数の**変域**といい，不等号 $<$，$>$，$\leqq$，$\geqq$ を使って表す。

●比例の式

y が x の関数であり，$y=ax$（a は0でない定数）という式で表せるとき，y は x に比例するといい，a を**比例定数**という。

●比例の関係

比例の関係 $y=ax$ では，

① x の値が2倍，3倍，4倍，…になると，対応する y の値も2倍，3倍，4倍，…になる。

② $x \neq 0$ のとき，対応する x と y の商 $\dfrac{y}{x}$ の値は一定で，比例定数 a に等しい。

●座標

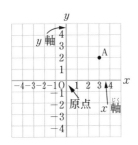

・x 軸と y 軸を合わせて**座標軸**という。
・上の図の点 A を表す数の組 $(3, 2)$ を点 A の**座標**という。
・座標軸を使って，点の位置を座標で表すようにした平面を**座標平面**という。

●関数 $y=ax$ のグラフ

原点を通る直線である。

$a>0$ のとき　　　　　$a<0$ のとき

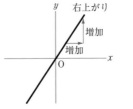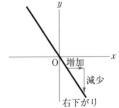

●反比例の式

y が x の関数であり，$y=\dfrac{a}{x}$（a は0でない定数）という式で表せるとき，y は x に反比例するといい，a を**比例定数**という。

●反比例の関係

反比例の関係 $y=\dfrac{a}{x}$ では，

① x の値が2倍，3倍，4倍，…になると，対応する y の値は $\dfrac{1}{2}$ 倍，$\dfrac{1}{3}$ 倍，$\dfrac{1}{4}$ 倍，…になる。

② 対応する x と y の積 xy の値は，一定で比例定数 a に等しい。

●関数 $y=\dfrac{a}{x}$ のグラフ

原点について対称な双曲線である。

$a>0$　　　　　　　$a<0$

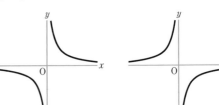

ぴたトレ
0
スタートアップ

5章　平面図形

次の学習に
入る前に
取り組もう。

□線対称な図形の性質

・対応する2点を結ぶ直線は，対称の軸と垂直に交わります。

・その交わる点から，対応する2点までの長さは等しくなります。

◀ 小学6年

□点対称な図形の性質

・対応する2点を結ぶ直線は，対称の中心を通ります。

・対称の中心から，対応する2点までの長さは等しくなります。

◀ 小学6年

❶ 右の図は，線対称な図形です。次の問いに答えなさい。

(1)　対称の軸を図にかき入れなさい。

(2)　点BとDを結ぶ直線BDと，対称の軸とは，どのように交わっていますか。

(3)　直線AHの長さが3cmのとき，直線EHの長さは何cmになりますか。

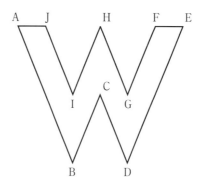

◀ 小学6年〈対称な図形〉

ヒント

2つに折ると，両側がぴったりと重なるから……

❷ 右の図は，点対称な図形です。次の問いに答えなさい。

(1)　対称の中心Oを図にかき入れなさい。

(2)　点Bに対応する点はどれですか。

(3)　右の図のように，辺AB上に点Pがあります。この点Pに対応する点Qを図にかき入れなさい。

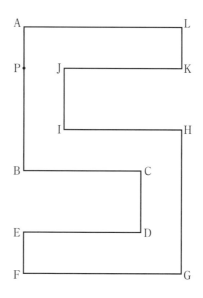

◀ 小学6年〈対称な図形〉

ヒント

対応する点を結ぶ直線をかくと……

5
章

5章　平面図形

1　いろいろな角の作図
① 90°の角の作図

●ひし形　　　　　　　　　　　　　　　　　　　　　　教科書 p.168〜169

例題 **1**　右の図のひし形について，次の問いに答えなさい。▶▶**1 2**

　(1)　辺 AB と辺 BC の長さが等しいことを，記号を使って
　　　表しなさい。

　(2)　対角線 AC と BD が垂直であることを，記号を使って
　　　表しなさい。

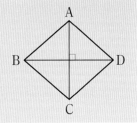

考え方　(2)　垂直は，記号⊥を使って表す。

答え　(1)　AB $\boxed{①}$ BC　　　　(2)　AC $\boxed{②}$ BD

●垂直二等分線の作図　　　　　　　　　　　　　　　　教科書 p.170〜171

例題 **2**　線分 AB の垂直二等分線 PQ の作図のしかたを説明しな
　　　さい。　　　　　　　　　　　　　　　　　　　　▶▶**3**

A━━━━━━━B

答え　1　点 A を中心とする円をかく。

　　　2　点 $\boxed{}$ を中心として，1と等しい半径の

　　　　円をかき，それらの交点を P，Q とする。

　　　3　直線 PQ を引く。

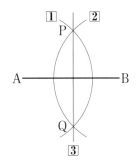

●垂線の作図　　　　　　　　　　　　　　　　　　　　教科書 p.172〜173

例題 **3**　直線 ℓ 上にない点 P を通る直線 ℓ の垂線の作図のしかたを
　　　説明しなさい。　　　　　　　　　　　　　　　　▶▶**4**

答え　1　点 P を中心とする円をかき，その円と直線 ℓ との交点を
　　　　A，B とする。

　　　2　点 A，B をそれぞれ中心とする等しい半径の円をかき，
　　　　その交点を Q とする。

　　　3　直線 $\boxed{}$ を引く。

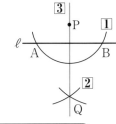

┌──┐
│ **プラスワン**　直線 ℓ 上にない点 P を通る直線 ℓ の垂線の作図（別解）
│
│ 1　直線 ℓ 上に適当な点 A をとり，半径 AP の円をかく。
│ 2　直線 ℓ 上に適当な点 B をとり，半径 BP の円をかいて，
│ 　　点 P 以外の1の円との交点を Q とする。
│ 3　直線 PQ を引く。
└──┘

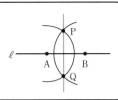

1 【直線，線分，半直線】次の図のように，平面上に 4 点 A，B，C，D があります。直線
☐ AB，線分 CD，半直線 BC，半直線 DB をかき入れなさい。 教科書 p.168

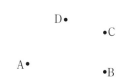

●キーポイント
「線分 AB」は，2 点 A，B を端にもつ直線の一部である。

D•
　　　　•C

A•
　　　•B

 2 【距離】次の ☐ にあてはまる記号やことばを答えなさい。 教科書 p.169
☐ 右の図で，点 A から点 B に引いた⑦～⑤の線のうち，もっ
とも短い線は ①☐ であり，この ②☐ AB の長

さを，2 点 A，B 間の ③☐ という。

3 【垂直二等分線の作図】次の点を作図によって求めなさい。 教科書 p.170 問 3，
p.171 問 4

☐(1)　右の図の線分 AB の中点 M

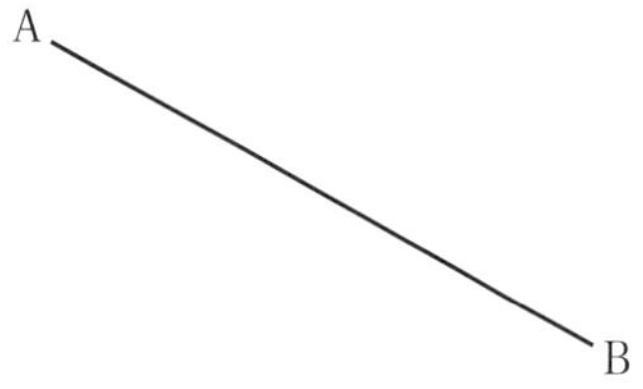

A

B

5
章

教科書
168
～
173
ペ
ー
ジ

☐(2)　右の図で，2 点 A，B から等しい距離に
ある直線 ℓ 上の点 P

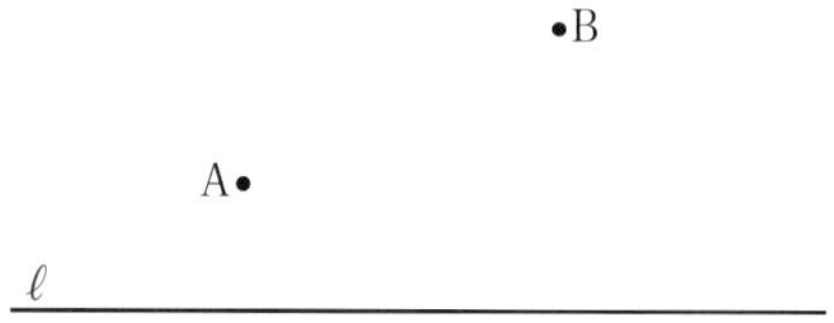

•B

A•

ℓ

4 【垂線の作図】次の図で，点 P を通る直線 ℓ の垂線を作図しなさい。ただし，(1)では，直
線 ℓ 上に適当な 2 点 A，B をとり，たこ形の性質を利用して作図しなさい。

教科書 p.172 例 2，
p.173 例 3

☐(1)　　　　　　　P•

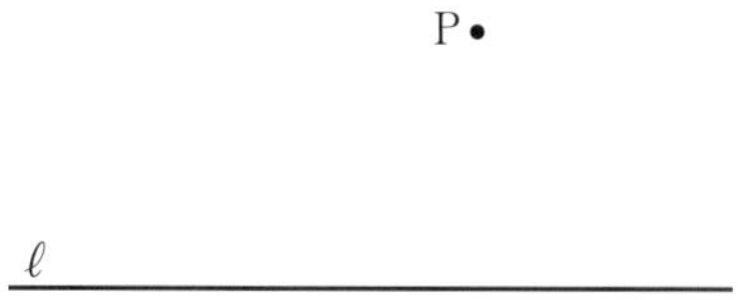

☐(2)

ℓ

ℓ

•P

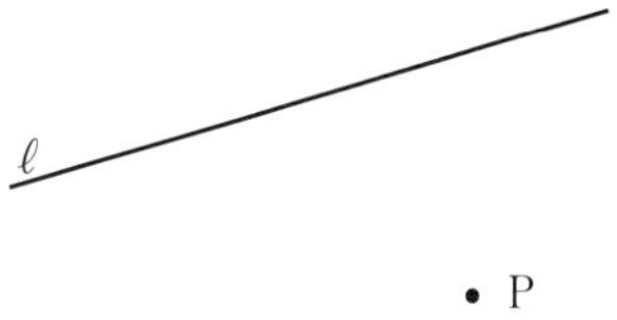

例題の答え **1** ①＝　②⊥　**2** B　**3** PQ

●角の表し方

教科書 p.174

例題 1　右の図の色をつけた部分の角 ∠x と ∠y を，それぞれ
角の記号と A，B，C，D を使って表しなさい。　▶▶**1**

考え方　頂点を真ん中に書く。

答え　∠x は，頂点が ①[＿＿＿] で，辺が AB と AC であるから，

記号∠を使って ②[＿＿＿] と表す。

∠y は，頂点が ③[＿＿＿] で，辺が CB と ④[＿＿＿] であるから，

記号∠を使って ⑤[＿＿＿] と表す。

●角の二等分線の作図

教科書 p.175〜176

例題 2　右の図の ∠XOY の二等分線の作図のしかたを説明しな
さい。　▶▶**2 3**

答え　1　点 O を中心とする円をかき，その円と辺 OX，OY と
の交点をそれぞれ A，B とする。

2　点 A，[＿＿＿] をそれぞれ中心とする等しい半径の
円をかき，それらの交点を P とする。

3　半直線 OP を引く。

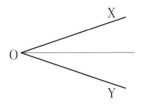

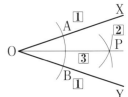

プラスワン　**角の二等分線**

∠XOY の二等分線 ℓ 上に点 P をとると，点 P から 2 辺 OX，
OY までの距離は等しくなる。
また，∠XOY の内部にあって，2 辺 OX，OY までの距離が
等しい点 P は，∠XOY の二等分線上にある。

作図のときに
かいた線は，
残しておきましょう。

●平行な直線

教科書 p.177

例題 3　右の図で，2 直線 ℓ，n の位置関係を，記号を使って表
しなさい。　▶▶**4**

考え方　垂直は記号⊥，平行は記号∥を使って表す。

答え　2 直線 ℓ，n は，それぞれ直線 m に ①[＿＿＿] であるから，

ℓ と n は ②[＿＿＿] であり，ℓ ③[＿＿＿] n と表す。

1 【角の表し方】右の図の ∠a, ∠b, ∠c を，それぞれ角の記号
□ と P, Q, R, S を使って表しなさい。 教科書 p.174

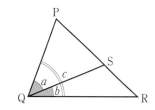

 2 【角の二等分線の作図】次の図で，∠XOY の二等分線をそれぞれ作図しなさい。
教科書 p.175 例 2

□(1)

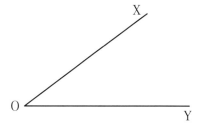

□(2)

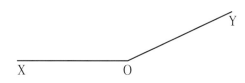

 3 【角の作図】1 つの辺を，次の直線 ℓ 上にとって，150° の角を作図しなさい。
□ 教科書 p.176 問 4

ℓ _____

4 【平行な直線の作図】点 P を通り直線 ℓ に平行な直線 n を作図しなさい。
□ また，2 直線 ℓ と n の位置関係を，記号を使って表しなさい。 教科書 p.177 問 1

P

ℓ _____

5
章

教科書
174
〜
177
ページ

例題の答え **1** ①A ②∠BAC(∠CAB) ③C ④CD ⑤∠BCD(∠DCB) **2** B **3** ①垂直 ②平行 ③∥

●平行線と面積

教科書 p.178〜179

 例題1 AD∥BC である台形 ABCD の 2 つの対角線の交点を O とします。このとき，次の三角形と面積が等しい三角形を答えなさい。 ▶▶**1**

(1) △ABC (2) △ABO

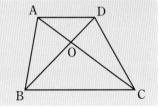

考え方 底辺が共通で，その底辺に平行な直線上に頂点をもつ三角形の面積はすべて等しい。
△ABO の面積は，△ABC−△OBC である。

答え (1) 辺 BC を共通の底辺とすると，AD∥BC より，△ABC＝△[①⬚]

(2) △ABO＝△ABC−△OBC   △DCO＝△DBC−△OBC

したがって，△ABO＝△[②⬚]

●円

教科書 p.179〜180

 例題2 右の図の円 O について，次の問いに答えなさい。 ▶▶**2**

(1) 2 点 A，B を両端とする弧を，記号を使って表しなさい。

(2) 円の弦がもっとも長くなるのは，どんなときですか。

(3) 直線 ℓ は，円 O 上の点 C を通る円の接線です。直線 ℓ と半径 OC の位置関係を，記号を使って表しなさい。

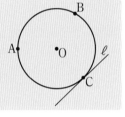

考え方 (3) 円の接線は，接点を通る半径に垂直であることを使う。
└ 円と直線が接する点

答え (1) [①⬚]

(2) 弦 AB が [②⬚] になるとき

(3) ℓ [③⬚] OC

プラスワン 弧，弦，中心角

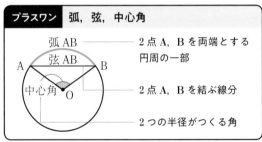

弧 AB ── 2 点 A，B を両端とする円周の一部

弦 AB ── 2 点 A，B を結ぶ線分

中心角 ── 2 つの半径がつくる角

●円の接線の作図

教科書 p.182

 例題3 右の図で，円周上の点 M を通る円 O の接線の作図のしかたを説明しなさい。 ▶▶**3 4**

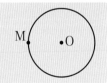

考え方 円の接線は，接点を通る円の半径に垂直である。

答え ① 2 点 O，M を通る直線 ℓ を引く。

② M を通る ℓ の [⬚] を引く。

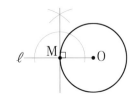

1 【平行線と面積】右の図の四角形 ABCD と面積
□ の等しい三角形を，対角線 AC を利用する形で，
作図しなさい。 教科書 p.179 例 2

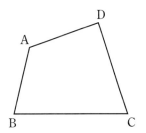

 2 【円】右の図のように，円 O の周上に 2 点 A，B があります。次
の問いに答えなさい。 教科書 p.180

□(1) 円 O 上に，直径 AC となる点 C をかき入れなさい。

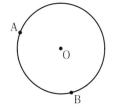

□(2) 2 点 A，B を両端とする円周の一部分を，記号を使って表し
なさい。

□(3) 上の図に，弦 AB をかき入れなさい。

 3 【円と直線の作図】右の図は円 O の一部分です。
□ 円の中心 O を，作図によって求めなさい。
 また，円を完成しなさい。 教科書 p.181〜182

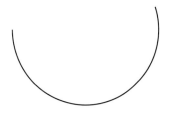

4 【円の接線の作図】次の図で，点 O を中心とし，
□ 直線 ℓ と点 T で接する円 O を作図しなさい。
教科書 p.182 例 3

•O

ℓ

例題の答え **1** ①DBC ②DCO **2** ①AB ②直径 ③⊥ **3** 垂線

5章 平面図形

2 図形の移動
① 図形の移動

● 平行移動

教科書 p.185

例題 **1**

右の図で，△A'B'C' は，△ABC を矢印の方向に，その長さだけ平行移動したものです。次の問いに答えなさい。 ▶▶ **1** **4**

(1) 線分 AA' と長さの等しい線分を答えなさい。

(2) 線分 AA' と平行な線分を答えなさい。

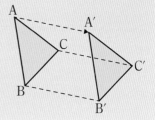

考え方 平行移動では，対応する2点を結ぶ線分は，平行で長さが等しい。
└ 図形をある方向に，ある距離だけずらす移動

答え (1) 線分 BB'，線分 [①   ]

AA'＝BB'＝CC'

(2) 線分 BB'，線分 [②   ]

AA' ∥ BB' ∥ CC'

● 回転移動

教科書 p.186

例題 **2**

右の図で，△A'B'C' は，△ABC を，点 O を回転の中心として，反時計回りの方向に回転移動したものです。次の問いに答えなさい。 ▶▶ **2** **4**

(1) 線分 OA と長さの等しい線分を答えなさい。

(2) ∠BOB' と大きさの等しい角を答えなさい。

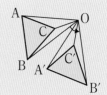

考え方 (1) 回転の中心は，対応する2点から等しい距離にある。

(2) 対応する2点と回転の中心を結んでできる角の大きさはすべて等しい。

答え (1) 線分 [①   ]

OA＝OA'

(2) ∠AOA'，∠[②   ]

∠AOA'＝∠BOB'＝∠COC'

● 対称移動

教科書 p.187

例題 **3**

右の図で，△A'B'C' は，△ABC を直線 ℓ を対称の軸として対称移動したものです。線分 AA'，BB'，CC' と直線 ℓ との交点をそれぞれ P，Q，R とします。次の問いに答えなさい。 ▶▶ **3** **4**

(1) 線分 AA' と直線 ℓ との関係を，記号を使って表しなさい。

(2) 線分 AP と線分 A'P との関係を，記号を使って表しなさい。

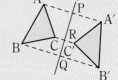

考え方 対称の軸は，対応する2点を結ぶ線分の垂直二等分線である。

答え (1) AA' [①   ] ℓ

(2) AP [②   ] A'P

よく出る **1** 【平行移動】次の問いに答えなさい。 教科書 p.185 問 1,2

□(1) 右の図で，△ABC を，矢印の方向に矢印の長さ
だけ平行移動した △DEF をかきなさい。

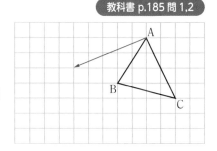

□(2) 対応する辺 AB と DE，BC と EF，CA と FD の間
には，それぞれどんな関係がありますか。

□(3) 対応する角 ∠A と ∠D，∠B と ∠E，∠C と ∠F
の間には，それぞれどんな関係がありますか。

2 【回転移動】次の問いに答えなさい。 教科書 p.186 問 3

□(1) △ABC を，点 O を回転の中心として反時計回りの
方向に 90° 回転移動した △DEF をかきなさい。

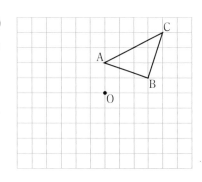

□(2) △ABC を，点 O を回転の中心として点対称移動し
た △GHI をかきなさい。

絶対理解 **3** 【対称移動】次の問いに答えなさい。 教科書 p.187 問 4,5

□(1) △ABC を，直線 ℓ を対称の軸として対称移動した
△DEF をかきなさい。

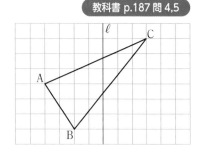

□(2) 直線 ℓ は，線分 AD，CF と，それぞれどのように
交わっていますか。記号を使って表しなさい。

よく出る **4** 【図形の移動】右の図は，正方形を 8 つの合同な直角二等辺三角
形に分けたものです。次の問いに答えなさい。ただし，回転の中
心や対称の軸は，三角形の頂点や辺とします。 教科書 p.188 問 6

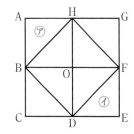

□(1) ㋐を，点 B を回転の中心として回転移動したとき，重なる
三角形はどれですか。

□(2) ㋐を，1 回の移動で㋑に重ねるためには，どのように移動す
ればよいですか。

□(3) ㋐を，2 回の移動で㋑に重ねるためには，どのように移動すればよいですか。2 通りの
方法を答えなさい。

例題の答え **1** ①CC′ ②CC′ **2** ①OA′ ②COC′ **3** ①⊥ ②＝

1 右の図は，$\ell // m$ です。

□ このとき，2直線 ℓ，m 間の距離を示す
線分を作図しなさい。

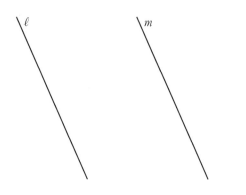

 2 右の図の △ABC で，次の線分や点を，
作図によって求めなさい。

□(1) 辺 BC を底辺と考えたときの高さ AH

□(2) 辺 AC の中点 M

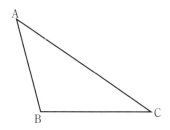

3 右の図は，直線 XY 上の点 A から半直線 AB
を引いたものです。次の問いに答えなさい。

□(1) ∠BAX の二等分線 AP と，∠BAY の二
等分線 AQ を作図しなさい。

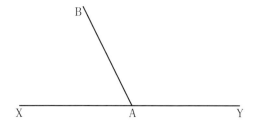

□(2) ∠PAQ の大きさを求めなさい。

 4 1つの辺を，次の直線 ℓ 上にとって，
□ 75° の角を作図しなさい。

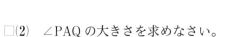

---

 1 一方の直線上の点から他方の直線へ垂線を引く。

2 (1)半直線 CB を引き，作図をしやすくする。

●垂直二等分線，垂線，角の二等分線の作図法は「公式」のように覚えておこう。
応用として，垂直二等分線の性質，角の二等分線の性質を使う作図も練習しよう。円の接線には
垂線の作図だ。平行，回転，対称の3つの移動には，それぞれの特徴がある。理解しておこう。

5 右の図のように，土地が折れ線PQRを境界線として，
□ 2つの部分⑦，⑦に分かれています。それぞれの土地
の面積を変えずに点Pを通る直線で境界線を引き直し
なさい。

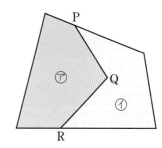

6 次の図のように，△ABCがあります。下の問いに答えなさい。

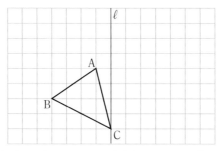

□(1) △ABCを，点Bを回転の中心として反時計回りの方向に90°回転移動した△DBEを
かきなさい。

□(2) △DBEを，直線ℓを対称の軸として対称移動した△FGHをかきなさい。

7 次の図は，三角形を⑦→⑦→⑦→⑦と移動したことを示しています。下の問いに答えなさい。

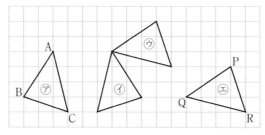

□(1) ⑦を⑦，⑦を⑦，⑦を⑦に移すとき，それぞれどのような移動をしましたか。

□(2) ⑦の辺BCに対応するのは，⑦のどの辺ですか。

8 右の図で，線分CDは，線分ABを回転移動した
□ ものです。このとき，回転の中心Oを，作図に
よって求めなさい。

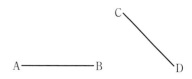

ヒント　**5** 点Qを通り，PRに平行な直線を引く。
　　　　8 OA＝OC，OB＝ODの関係がある。

時間 30分　／100点　合格 70点

① 右の図は，長方形 ABCD に対角線を
かき入れ，その交点を O としたもの
です。次の(1)～(5)を，記号を使って表
しなさい。[知]

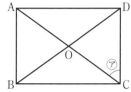

(1) 3点 A，B，O を頂点とする三角形

(2) ⑦の角

(3) 対角線の長さは等しい。

(4) 向かい合う辺は平行である。

(5) 辺 AB と辺 BC は垂直である。

① 点/20点（各4点）

(1)	
(2)	
(3)	
(4)	
(5)	

② 次の問いに答えなさい。[知]

(1) 次の図の線分 OA を 1 つの半径として，中心角が 30° のおう
ぎ形を作図しなさい。

② 点/32点（各8点）

(1)	左の図にかきなさい。	
(2)	①	左の図にかきなさい。
	②	左の図にかきなさい。
(3)	左の図にかきなさい。	

O ————————— A

(2) 次の図の四角形 ABCD で，次の点を作図によって求めなさい。

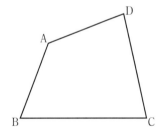

① ∠B の二等分線と辺 CD の交点 P

② 2点 B，C から等しい距離にある辺 AD 上の点 Q

(3) 次の図の円 O で，4 つの頂点がすべて円 O の周上にある正方
形 ABCD を作図しなさい。

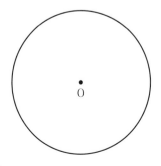

成績評価の観点　[知]…数量や図形などについての知識・技能　[考]…数学的な思考・判断・表現

❸ 次の問いに答えなさい。考

(1) 次の図のように，3点 A，B，C があります。

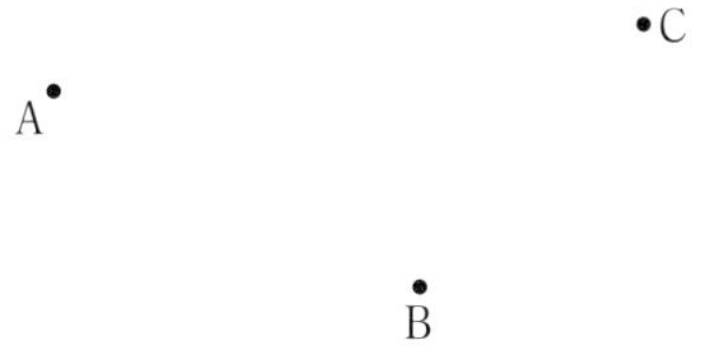

•C

A•

•B

① 3点 A，B，C を通る円の中心 O を作図によって求め，円 O をかきなさい。

② ①の円 O で，円周上の点 A を通る円 O の接線を作図しなさい。

(2) 次の図のように，直線 ℓ と，ℓ について同じ側に2点 A，B があります。ℓ 上に点 P をとり，線分の長さの和 AP＋PB が最短になるようにします。このとき，点 P を作図によって求めなさい。

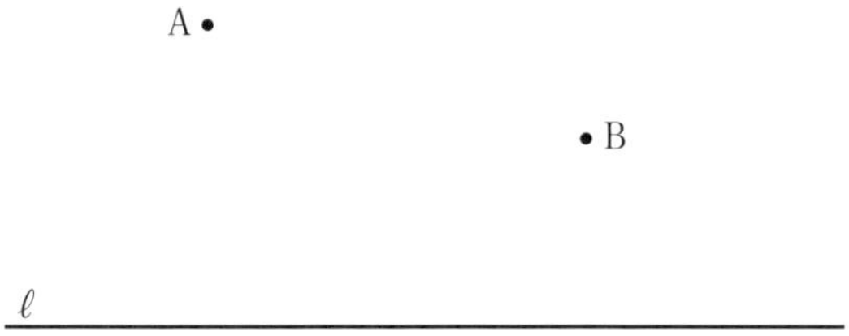

A •

•B

ℓ ——————————————

5
章

教科書
166
〜
193
ペ
ー
ジ

❹ 右の図は，長方形を8つの合同な直角三角形に分けたものです。次の問いに答えなさい。

(1)(2)知，(3)(4)考

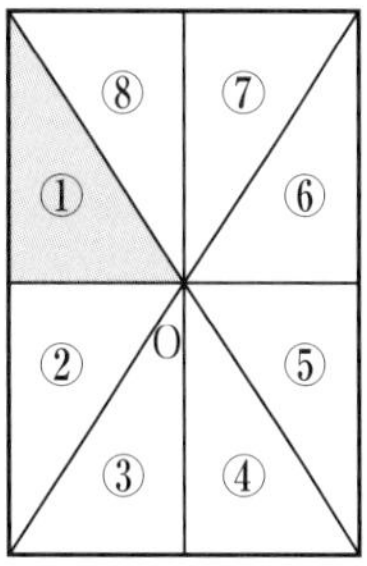

(1) ①を点 O を中心に回転移動するだけで重なる三角形はどれですか。番号で答えなさい。

(2) ①を対称移動するだけで重なる三角形は，全部で何個ありますか。

(3) ①を，2回の移動で③に重ねるためには，どのように移動すればよいですか。移動の方法の1つを，（　）には移動の種類，□には移動先の三角形の番号を書いて示しなさい。

(4) ①を，2回の移動で⑧に重ねるためには，どのように移動すればよいですか。移動の方法の1つを，（　）には移動の種類，□には移動先の三角形の番号を書いて示しなさい。

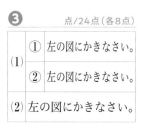

❸ 点/24点（各8点）

(1)	① 左の図にかきなさい。
	② 左の図にかきなさい。
(2)	左の図にかきなさい。

❹ 点/24点（各6点）

(1)	
(2)	
(3)	① ↓ （　）移動 □ （　）移動 ↓ ③
(4)	① ↓ （　）移動 □ （　）移動 ↓ ⑧

（(3)(4)各完答）

知 　/64点　 考 　/36点

解答▶▶ p.38　103

●垂直二等分線の作図

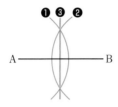

●垂線の作図

・直線 ℓ 上にない点 P を通る直線 ℓ の垂線

方法 1	方法 2

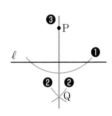 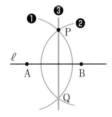

・直線 ℓ 上の点 P を通る垂線

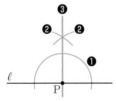

●角の二等分線の作図

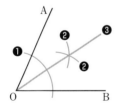

●円の接線

円の接線は，接点を通る半径に垂直である。

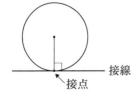

●平行移動

対応する2点を結ぶ線分はすべて平行で長さは等しい。

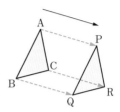

●回転移動

・回転の中心は，対応する2点から等しい距離(きょり)にある。

・対応する2点と回転の中心を結んでできる角の大きさはすべて等しい。

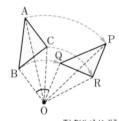

・180°の回転移動を点対称移動(てんたいしょういどう)という。

●対称移動

対称の軸(じく)は，対応する2点を結ぶ線分の垂直二等分線である。

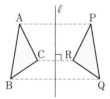

●平行線と面積

線分 BC を共通の底辺とする △ABC と △A′BC において，AA′∥BC ならば，△ABC＝△A′BC である。

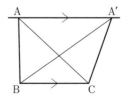

ぴたトレ
0
スタートアップ

6章　空間図形

次の学習に
入る前に
取り組もう。

□**見取図と展開図** ◀ 小学4年

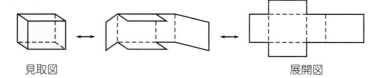

見取図　　　　　　　　　　　　展開図

□**角柱，円柱の体積の公式** ◀ 小学6年

角柱の体積＝底面積×高さ　　　円柱の体積＝底面積×高さ

❶ 次の展開図からできる立体の名称を答えなさい。 ◀ 小学5年〈角柱と円柱〉

(1)

(2)

> **ヒント**
> (2)三角形を底面と考えると……

❷ 右の展開図を組み立てて，立方体をつくります。 ◀ 小学4年〈直方体と立方体〉

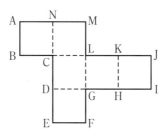

(1) 辺EFと重なる辺はどれですか。

(2) 頂点Eと重なる頂点をすべて答えなさい。

> **ヒント**
> たとえば，CDGLを底面と考えて，組み立てると……

❸ 次の立体の体積を求めなさい。ただし，円周率を3.14とします。 ◀ 小学6年〈立体の体積〉

> **ヒント**
> 底面はどこか考えると……

(1) 直方体

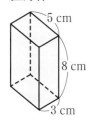
5 cm
8 cm
3 cm

(2) 三角柱

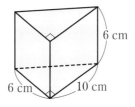
6 cm
6 cm　10 cm

(3) 円柱

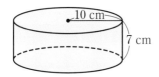
10 cm
7 cm

(4) 円柱

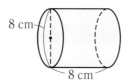
8 cm
8 cm

6
章

6章　空間図形

1　空間図形の見方
① 　いろいろな立体

●角錐・円錐

教科書 p.196〜197

例題 1 次の 2 つの立体で，共通する点と異なる点を答えなさい。　▶▶**1**
(1)　三角柱と三角錐　　　　　　　　(2)　円柱と円錐

考え方　底面の形や数，側面について比べる。

| プラスワン | 角錐，円錐 |

頂点
側面
底面
角錐　　　円錐

答え　(1)　共通する点　底面の形が ①□ で同じ。

　　　　　異なる点　　底面の数が三角柱は ②□ つ，

　　　　　　　　　　　三角錐は ③□ つ。

　　　　　　　　側面の形が三角柱は ④□ ，三角錐は ⑤□ 。

　　　(2)　共通する点　底面の形が ⑥□ で同じ。

　　　　　異なる点　　底面の数が円柱は ⑦□ つ，円錐は ⑧□ つ。

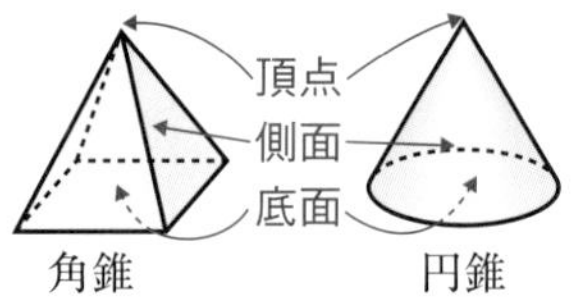

●立体の投影図

教科書 p.198〜199

例題 2 右の投影図から考えられる立体の名称を次の
㋐〜㋖から選び，記号で答えなさい。　▶▶**2**
　　㋐　三角柱　　㋑　四角柱　　㋒　円柱
　　㋓　三角錐　　㋔　四角錐　　㋕　円錐
　　㋖　球

(1)　　　(2)

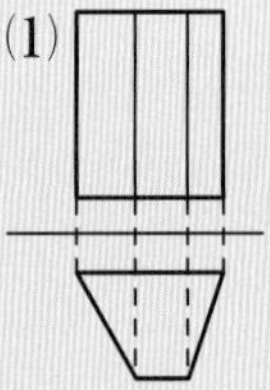

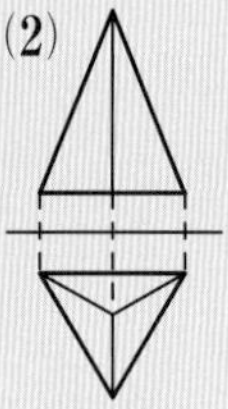

考え方　(1)　平面図が四角形だから，底面の形は四角形だ
　　　　　　とわかる。立面図が長方形だから，角柱だと
　　　　　　わかる。
　　　　(2)　平面図が三角形だから，底面の形は三角形だ
　　　　　　とわかる。立面図が三角形だから，角錐だと
　　　　　　わかる。

| プラスワン | 立面図，平面図 |

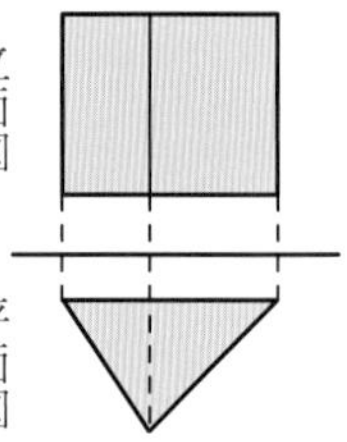

立体を正面
から見た図 → 立面図

立体を上か
ら見た図 → 平面図

答え　(1)　①□　　　　(2)　②□

●多面体

教科書 p.200

例題 3 正六面体について，1 つの頂点に集まる面の数を答えなさい。
また，頂点の数と辺の数を求めなさい。　▶▶**3 4**

考え方　正六面体は立方体である。

答え　正六面体の 1 つの頂点に集まる面の数は ①□ ，頂点の数は ②□ ，

辺の数は ③□ である。

1 【角錐・円錐】次のそれぞれの立体の名称を答えなさい。　　教科書 p.196〜197

□(1) 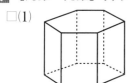　　　　□(2)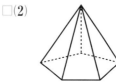

絶対理解 **2** 【立体の投影図】次の立体の投影図をかきなさい。　　教科書 p.198 問 4

□(1)　円柱　　　　　　　　　　　　　□(2)　正四角錐

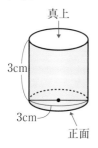

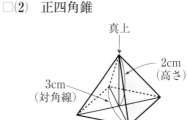

絶対理解 **よく出る** **3** 【角錐・円錐，多面体】次の⑦〜⑰の立体について，下の問いに答えなさい。

⑦	三角柱	⑦	三角錐	⑦	四角柱
⑦	四角錐	⑦	円柱	⑦	円錐

教科書 p.197 問 2,
p.200 問 9

□(1)　多面体はどれですか。また，それは何面体ですか。すべて答えなさい。

□(2)　底面が 1 つだけある立体はどれですか。すべて答えなさい。

よく出る **4** 【多面体】正多面体について，次の問いに答えなさい。　　教科書 p.200 問 10

□(1)　正多面体はどのような多面体ですか。

□(2)　空欄をうめて，表を完成しなさい。

	面の形	1つの頂点に集まる面の数	面の数	頂点の数	辺の数
正四面体	正三角形	3	4	4	6
正六面体	正方形	3	6	8	12
正八面体	正三角形	4	8	6	12
正十二面体	①	②	12	③	④
正二十面体	⑤	⑥	20	⑦	⑧

例題の答え **1** ①三角形　②2　③1　④長方形　⑤(二等辺)三角形　⑥円　⑦2　⑧1　**2** ①⑦　②⑦
3 ①3　②8　③12

6章 空間図形

1 空間図形の見方
② 直線や平面の位置関係

● 平面の決定，直線と直線，直線と平面 教科書 p.201〜204

例題 1 右の三角柱について，次の(1)〜(4)にあてはまる辺を答えなさい。 ▶▶ **1**〜**3**

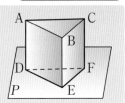

(1) 辺 AB と平行な辺

(2) 辺 AB とねじれの位置にある辺

(3) 平面 P と平行な辺

(4) 平面 P 上にある辺

考え方 (2) 辺 AB と平行でなく，交わらない位置にある辺がねじれの位置にある辺である。

答え (1) 辺 ^{①} ☐

(2) 辺 CF，辺 DF，辺 ^{②} ☐

(3) 辺 AB，辺 BC，辺 ^{③} ☐

(4) 辺 DE，辺 ^{④} ☐ ，辺 DF

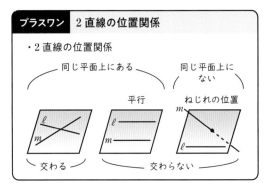

● 平面と平面 教科書 p.204〜205

例題 2 右の直方体で，次の2つの面の位置関係を，記号を使って表しなさい。 ▶▶ **4 5**

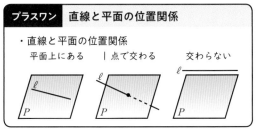

(1) 面 ABCD と面 EFGH

(2) 面 AEFB と面 BFGC

考え方 (2) 2つの面のつくる角を調べる。

答え (1) 面 ABCD と面 EFGH は ^{①} ☐ から，

面 ABCD ^{②} ☐ 面 EFGH

(2) 2つの面の交線は辺 ^{③} ☐ であり，

2つの面のつくる角は，∠ABC = ^{④} ☐ °

であるから，面 AEFB ^{⑤} ☐ 面 BFGC

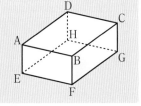

1 【平面の決定】植木ばちを置く台をつくります。3本の脚<ruby>脚<rt>あし</rt></ruby>をつ
けた㋐の台と，4本の脚をつけた㋑の台とでは，がたがたしな
いで安定するのはどちらの台ですか。その理由も説明しなさい。

教科書 p.201

2 【直線と直線】右の正四角錐で，辺 OA とねじれの位置にある辺
はどれですか。

教科書 p.202 問 1

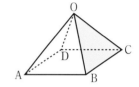

3 【直線と平面】右の三角柱について，次の問いに答えなさい。

教科書 p.204 問 5

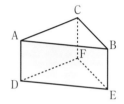

□(1)　辺 AD と平行な面はどれですか。

□(2)　辺 CF と垂直な面はどれですか。

4 【平面と平面】平行な2平面P，Qに別の平面Rが交わってでき
るそれぞれの交線を ℓ，m とすると，$\ell / / m$ となります。その理
由を説明しなさい。

教科書 p.205 問 7

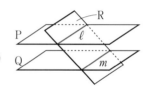

5 【平面と平面】右の図で，直線 m は平面Pと点Aで交わるPの
垂線です。直線 m をふくむ平面をQとすると，P⊥Qとなります。
図を使って，その理由を説明しなさい。

教科書 p.205 問 8

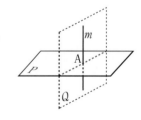

6 【空間内での距離】次の立体に，高さを示す線分をかき入れなさい。

教科書 p.206

□(1)

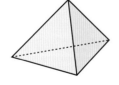

□(2)

● キーポイント
角柱や円柱では，2つ
の底面間の距離を高さ
といい，角錐や円錐で
は，頂点と底面との距
離を，その角錐や円錐
の高さという。

例題の答え **1** ①DE　②EF　③AC　④EF　**2** ①交わらない（平行である）　②//　③BF　④90　⑤⊥

解答▶▶ p.40

● 面が動いてできる立体 　　　　　　　　　　　　　　教科書 p.207〜208

☐ | 例題 **1** | 右の直角三角形 ABC を(1)，(2)のように動かしてできる立体の名称^{めいしょう}を答えなさい。　　　　　▶▶ **1 2**

(1) 直角三角形 ABC と垂直な方向に動かす。

(2) 直線 AB を軸^{じく}として 1 回転させる。

考え方 | (1) 角柱や円柱は，底面をそれと垂直な方向に動かしてできた立体とみることができる。

答え | (1) ①[　　　　　]　　　　　　　(2) ②[　　　　　]

底面が直角三角形

> (2)のような立体を
> 回転体^{かいてんたい}といいます。

プラスワン **面を動かしてできる立体**

・底面をそれと垂直な方向に動かす　　　・面をある直線のまわりに回転させる

  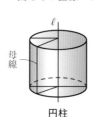 

母
線　　　　　母
線

角柱　　　　　円柱　　　　　　円柱　　　　　円錐^{えんすい}

● 立体の展開図 　　　　　　　　　　　　　　　　　教科書 p.209〜210

☐ | 例題 **2** | 次の図は，立体の展開図です。立体の名称を次の⑦〜⑦から選び，記号で答えなさい。　　　　　▶▶ **3 4**

⑦ 三角柱　　④ 四角柱　　⑦ 円柱　　② 三角錐^{さんかくすい}　　⑦ 円錐

(1) 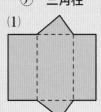　(2) 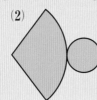　(3) 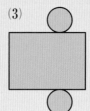　(4)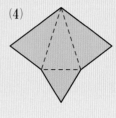

考え方 | 底面や側面の形を考えたり，組み立てたときに重なる点や辺を考えたりする。

答え | (1) 底面が三角形の角柱になるから ①[　　　]

(2) 底面が円，側面がおうぎ形だから ②[　　　]

(3) 底面が円，側面が長方形だから ③[　　　]

> 底面が円のときは，
> 円柱か円錐になります。

(4) 底面が三角形の角錐になるから ④[　　　]

1 【面が動いてできる立体】右の正方形を，それと垂直な方向に 6 cm 動かしてできる立体の見取図をかきなさい。見取図には長さもかきなさい。 教科書 p.207 問 1

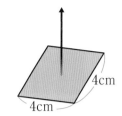

2 【回転体】右の直角三角形 ABC を，直線 ℓ を軸として 1 回転させてできる回転体について，次の問いに答えなさい。 教科書 p.208 例 1

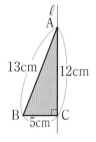

□(1) 回転体の見取図をかきなさい。（長さはかかなくてよい。）

□(2) 回転体の母線の長さは何 cm ですか。

3 【立体の展開図】右の正四角錐で，それぞれの辺を切り開いてできる展開図をかきなさい。 教科書 p.209 問 1

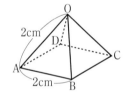

□(1) 辺 OA，AB，AD，BC

□(2) 辺 OA，OB，OC，OD

4 【立体の展開図】円錐の側面を母線で切り開くと，右の図のようなおうぎ形になります。次の問いに答えなさい。 教科書 p.210 問 2

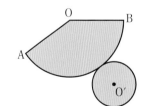

□(1) 母線は，展開図のどの部分になりますか。

□(2) 底面の円周の長さは，展開図のどの部分の長さと等しいですか。

例題の答え 1 ①三角柱 ②円錐 2 ①㋐ ②㋔ ③㋒ ④㋓

1　空間図形の見方　①〜④

① 次の立体はどんな立体ですか。名称を答えなさい。

□(1)　七面体の角柱

□(2)　八面体の角錐

□(3)　辺の数が 18 の角柱

□(4)　辺の数が 16 の角錐

② 右の図1は，立方体をある平面で切って
□ できた立体の投影図です。図2は，この
立体の見取図を途中までかいたものです。
必要な線をかき入れて，見取図を完成さ
せなさい。

図1

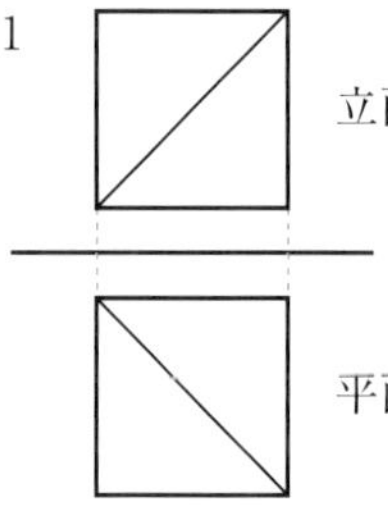

立面図

平面図

図2

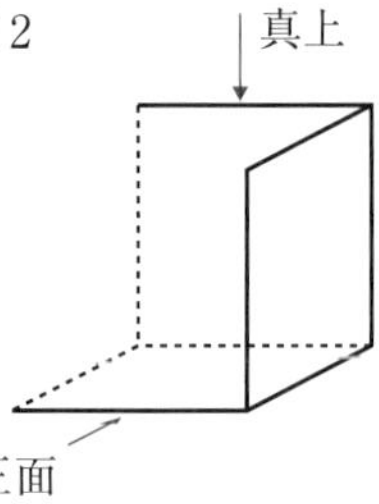

真上

正面

③ 右の投影図で，立面図と平面図は合同な正方形です。この投影図
□ は，どんな立体を表していると考えられますか。3通り答え，そ
れぞれ真横から見た図はどんな図形であるか，名称を答えなさい。

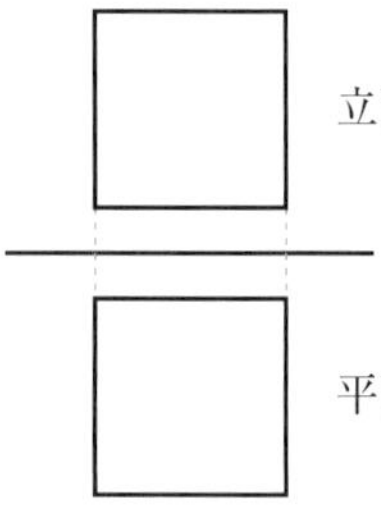

よく
出る

立面図

平面図

④ 正多面体について，次の [　] にあてはまる数を答えなさい。

□(1)　面の形が正三角形のとき，1つの頂点に集まる面の数は，

小さい順に，[　　　]，[　　　]，[　　　] の3通りあり，

それぞれ，正[　　　]面体，正[　　　]面体，正[　　　]面体である。

□(2)　面の形が正方形のとき，1つの頂点に集まる面の数は [　　　] で，正 [　　　]
面体である。

□(3)　正五角形の1つの角は 108° です。面の形が正五角形のとき，1つの頂点に集まる面
の数は [　　　] で，正 [　　　] 面体である。

⑤ 次の⑦〜⑨のような平面は，それぞれ1つに決まりますか。1つに決まるものをすべて選
□ び，記号で答えなさい。

　⑦　2点をふくむ平面

　⑦　直線 ℓ と ℓ 上にない点をふくむ平面

　⑦　平行な2直線をふくむ平面

　⑨　交わる2直線をふくむ平面

ヒント　**①** 角柱には底面が2つあり，角錐には底面は1つしかない。

　　　　② 正面から見た図が，投影図の立面図（上側の図）になる。

定期テスト
予報

●見取図，投影図，展開図のそれぞれの立体の見方に慣れておこう。
角錐や円錐と角柱，円柱とのちがいを，投影図に結びつけておこう。直線と平面の位置関係は見取図で調べることが多いが，展開図の場合もある。ねじれの位置など，見落としがないように注意。

6 右の図は，正六角柱です。次の問いに答えなさい。

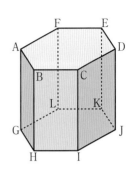

□(1) 平行な面は，全部で何組ありますか。

□(2) 辺 AB と平行な辺はどれですか。すべて答えなさい。

□(3) 辺 BH と平行な面はいくつありますか。

□(4) 辺 DJ とねじれの位置にある辺は何本ありますか。

□(5) 辺 AG と垂直な面はどれですか。すべて答えなさい。

7 次の図形を，直線 ℓ を軸として1回転してできる立体の見取図をかきなさい。また，投影図をかきなさい。

□(1)

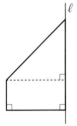

□(2)

8 右の図は，ある立体の展開図です。立体の名称を答えなさい。
□

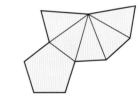

9 右の図は直方体の展開図です。この展開図から直方体をつくるとき，次の面を答えなさい。

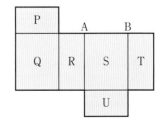

□(1) 面 P と平行な面

□(2) 辺 AB と平行な面

□(3) 辺 AB と垂直な面

ヒント 正六角形には平行な辺の組が3組ある。(1)〜(5)それぞれ，見落としがないように注意する。
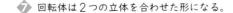 回転体は2つの立体を合わせた形になる。

6章　空間図形
2　図形の計量
①　立体の表面積 ── (1)

● 角柱，円柱の表面積　　　　　　　　　　　　　　　　教科書 p.213〜214

□ 例題 **1**　底面の円の半径が 4 cm，高さが 8 cm の円柱の表面積を求めなさい。　▶▶ **1**〜**3**

考え方　展開図をかいて考える。

答え　底面積は，

$$\pi \times \boxed{①}^2 = \boxed{②}$$

側面積は，$8 \times \left(2\pi \times \boxed{①}\right) = \boxed{③}$

したがって，表面積は，

$$\boxed{②} \times 2 + 64\pi = \boxed{④}$$

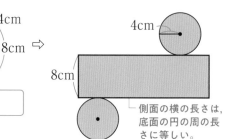

側面の横の長さは，底面の円の周の長さに等しい。

● おうぎ形の弧の長さと面積　　　　　　　　　　　　　　教科書 p.216

□ 例題 **2**　半径が 8 cm，中心角が 45° のおうぎ形の弧（こ）の長さと面積を求めなさい。　▶▶ **5**

考え方　半径 r，中心角 $a°$ のおうぎ形の弧の長さを ℓ，面積を S とすると，

弧の長さは，$\ell = 2\pi r \times \dfrac{a}{360}$　　　　面積は，$S = \pi r^2 \times \dfrac{a}{360}$

答え　おうぎ形の弧の長さは，$2\pi \times \boxed{①} \times \dfrac{\boxed{②}}{360} = \boxed{③}$ (cm)

おうぎ形の面積は，$\pi \times \boxed{①}^2 \times \dfrac{\boxed{②}}{360} = \boxed{④}$ (cm²)

● おうぎ形の中心角　　　　　　　　　　　　　　　　　教科書 p.217

□ 例題 **3**　半径が 6 cm，弧の長さが 5π cm のおうぎ形の中心角の大きさを求めなさい。　▶▶ **6**

考え方　中心角を $x°$ として，おうぎ形の弧の長さの公式にあてはめる。

x についての方程式を解く。

答え　中心角を $x°$ とすると，

$$\underset{\text{弧の長さ}}{\boxed{①}} = 2\pi \times \underset{\text{半径}}{\boxed{②}} \times \dfrac{x}{360}$$

これを解くと，$x = \boxed{③}$

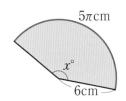

5πcm

$x°$

6cm

1 【円周の長さと円の面積】半径 8 cm の円の円周の長さと面積を求めなさい。

教科書 p.214 問 2

2 【角柱の表面積】右の図は，三角柱の見取図と
展開図です。これらの図をもとにして，底面積，
側面積，表面積をそれぞれ求めなさい。

教科書 p.214 問 3

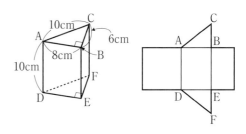

よく出る **3** 【角柱，円柱の表面積】次の立体の表面積を求めなさい。

教科書 p.214 問 4

□(1)　正四角柱　　　□(2)　三角柱　　　□(3)　円柱

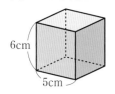
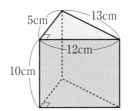

4 【角錐の表面積】右の正四角錐の底面積，側面積，表面積を
それぞれ求めなさい。

教科書 p.215 問 5

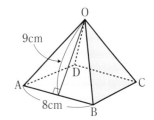

絶対理解 **5** 【おうぎ形の弧の長さと面積】次のおうぎ形の弧の長さと面積を求めなさい。

教科書 p.216 問 7

□(1)　半径 4 cm，中心角 45°　　　　□(2)　半径 10 cm，中心角 144°

6 【おうぎ形の中心角】次のおうぎ形の中心角の大きさを求めなさい。

教科書 p.217

□(1)　半径が 5 cm，弧の長さが 4π cm のおうぎ形

□(2)　半径が 12 cm，弧の長さが 16π cm のおうぎ形

●キーポイント
中心角の大きさの求め
方は，次の2通りある。
① おうぎ形の弧の長
　さの公式を使う。
② 中心角が弧の長さ
　に比例することを
　使う。

6章

教科書 212〜217ページ

例題の答え **1** ①4　②$16\pi$　③$64\pi$　④$96\pi$　**2** ①8　②45　③$2\pi$　④$8\pi$　**3** ①$5\pi$　②6　③150

解答▶▶ p.43 115

●円錐の表面積

教科書 p.218

例題 1 底面の円の半径が 2 cm，母線の長さが 6 cm の円錐の表面積を求めなさい。 ▶▶1

考え方 母線にそって切り開いた展開図をかいて考える。

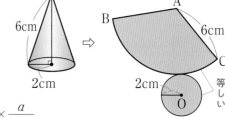

答え 底面積は，$\pi \times \boxed{①}^2 = \boxed{②}$

また，右の展開図で，$\overset{\frown}{BC}$ の長さは底面の
円の周の長さに等しいから，

$$\overset{\frown}{BC} = 2\pi \times \boxed{①} = \boxed{③}$$

おうぎ形の中心角を $a°$ とすると，$4\pi = 2\pi \times 6 \times \dfrac{a}{360}$

これを解くと，$a = \boxed{④}$

よって，おうぎ形の面積は，$\pi \times 6^2 \times \dfrac{120}{360} = \boxed{⑤}$

表面積は，$4\pi + 12\pi = \boxed{⑥}$　　　　答 $\boxed{⑥}$ cm^2

●球の表面積

教科書 p.220

例題 2 次の立体の表面積を求めなさい。 ▶▶2~4

(1)　半径 5 cm の球

(2)　右の図のような半径 6 cm，中心角 90° のおうぎ形を，
　　　直線 ℓ を軸として 1 回転してできる立体

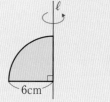

考え方 (2)　見取図をかいて，どんな面があるかを調べる。

答え (1)　球の表面積の公式を使うと，

$$\boxed{①} \times \pi \times \boxed{②}^2 = \boxed{③}$$　　答 $\boxed{③}$ cm^2

(2)　立体の見取図は，右の図のようになる。
　　　円の面と，半球面の 2 つの面がある。

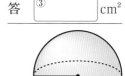

円の面積は，$\pi \times \boxed{④}^2 = \boxed{⑤}$

半球面の面積は，球の表面積の公式を利用すると，

$$\boxed{⑥} \times \pi \times \boxed{⑦}^2 \times \dfrac{1}{2} = \boxed{⑧}$$

したがって，立体の表面積は，

$$\boxed{⑤} + \boxed{⑧} = \boxed{⑨}$$　　答 $\boxed{⑨}$ cm^2

1 【円錐の表面積】次の円錐の表面積を求めなさい。 教科書 p.218

□(1)

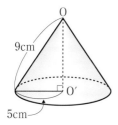

9cm
5cm

□(2)

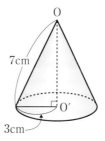

7cm
3cm

2 【球の表面積】次の球の表面積を求めなさい。 教科書 p.220 問 10

□(1)　半径 7 cm の球

□(2)　半径 11 cm の球

●キーポイント
半径が r の球の表面積
を S とすると，
$S = 4\pi r^2$

3 【球の表面積】半径 8 cm の球と，底面の半径が 8 cm，高さが 16 cm の円柱があります。次の問いに答えなさい。 教科書 p.214 問 4，p.220 問 10

□(1)　球の表面積を求めなさい。

□(2)　円柱の側面積を求めなさい。

8cm

□(3)　(1)と(2)から，どんなことがわかりますか。

4 【球の表面積】次の図形を，直線 ℓ を軸として 1 回転させてできる立体の表面積を求めなさい。 教科書 p.220 問 11
□

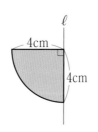

ℓ
4cm
4cm

⚠ミスに注意
半球の断面部分の面積
を忘れないように！

例題の答え **1** ①2　②4π　③4π　④120　⑤12π　⑥16π
2 ①4　②5　③100π　④6　⑤36π　⑥4　⑦6　⑧72π　⑨108π

解答▶▶ p.43

●角柱，円柱，角錐，円錐の体積　　　　　　　　　　　　　　教科書 p.221〜222

例題 1 次の立体の体積を求めなさい。　　　　　　　　　▶▶ 1 〜 3

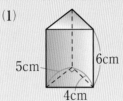

(1)　　　　　　　(2)　　　　　　　(3)

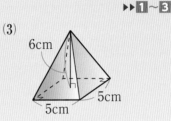

考え方　角柱，円柱の体積を V，底面積を S，高さを h とすると，$V=Sh$

かくすい
　　　角錐，円錐の体積を V，底面積を S，高さを h とすると，$V=\dfrac{1}{3}Sh$

答え (1) 底面が底辺が 5 cm，高さが 4 cm の三角形で，高さが 6 cm の三角柱だから，

$$\underbrace{\dfrac{1}{2}\times5\times4}_{\text{底面積}}\times\underbrace{\boxed{①}}_{\text{高さ}}=\boxed{②}\qquad\qquad 答 \underline{\boxed{②}}\ \text{cm}^3$$

(2) 底面が半径が 3 cm の円で，高さが 7 cm の円柱だから，

$$\pi\times\underbrace{\boxed{③}}_{\text{底面積}}{}^2\times\underbrace{7}_{\text{高さ}}=\boxed{④}\qquad\qquad 答 \underline{\boxed{④}}\ \text{cm}^3$$

円の面積は πr^2

(3) 底面が 1 辺 5 cm の正方形で，高さが 6 cm の正四角錐だから，

$$\dfrac{1}{3}\times5^2\times\boxed{⑤}=\boxed{⑥}\qquad\qquad 答 \underline{\boxed{⑥}}\ \text{cm}^3$$

●球の体積　　　　　　　　　　　　　　　　　　　　　　　教科書 p.222〜223

例題 2 半径が 3 cm の球の体積を求めなさい。　　　　　▶▶ 4

考え方　半径が r の球の体積を V とすると，$V=\dfrac{4}{3}\pi r^3$

答え $\dfrac{4}{3}\times\pi\times\boxed{①}{}^3=\boxed{②}\qquad\qquad 答 \underline{\boxed{②}}\ \text{cm}^3$

体積の公式は
覚えておきましょう。

1 【角柱，円柱の体積】次の立体の体積を求めなさい。 教科書 p.222 問 1

□(1)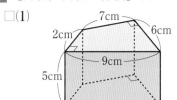

□(2)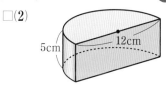

絶対理解 **2** 【角錐の体積】次の角錐の体積を求めなさい。 教科書 p.222 問 1

□(1) 正四角錐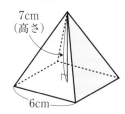

□(2) 正四角錐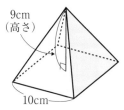

 3 【円錐の体積】次の円錐の体積を求めなさい。 教科書 p.222 問 1

よく出る

□(1)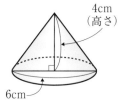

□(2)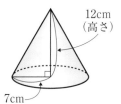

4 【球の体積】底面の半径が 4 cm，高さが 8 cm の円錐と，半径 4 cm の球と，底面の半径が 4 cm，高さが 8 cm の円柱があります。次の問いに答えなさい。 教科書 p.222 問 1，p.223 問 2

□(1) 円錐の体積を求めなさい。

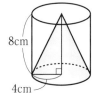 

□(2) 球の体積を求めなさい。

□(3) 円柱の体積を求めなさい。

□(4) 球の体積，円柱の体積は，それぞれ円錐の体積の何倍ですか。

例題の答え **1** ①6 ②60 ③3 ④63π ⑤6 ⑥50 **2** ①3 ②36π

2　図形の計量　①，②

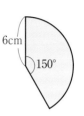

1 半径 6 cm，中心角 150° のおうぎ形について，次の問いに答えなさい。

　□(1)　このおうぎ形の面積は，同じ半径の円の面積の何倍ですか。

　□(2)　弧の長さと面積を求めなさい。

 2 半径が r cm のおうぎ形の弧の長さ ℓ cm，面積を S cm² とします。次の問いに答えなさい。

　□(1)　半径 8 cm，中心角 225° のおうぎ形について，ℓ，S の値を求めなさい。

　□(2)　(1)の ℓ，S の値において，$S=\dfrac{1}{2}\ell r$ が成り立つことを確かめなさい。

　(3)　(2)の等式 $S=\dfrac{1}{2}\ell r$ は，一般のおうぎ形で成り立ちます。次のおうぎ形の面積を求めなさい。

　　□①　半径 6 cm，弧の長さ 10π cm　　　　　□②　半径 10 cm，弧の長さ 5π cm

よく出る **3** 右の円錐とその展開図について，次の問いに答えなさい。

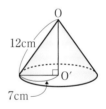 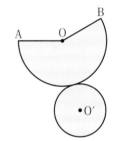

　□(1)　展開図で，$\overarc{AB}$ の長さを求めなさい。

　□(2)　展開図で，おうぎ形 OAB の中心角の大きさを求めなさい。

　□(3)　円錐の表面積を求めなさい。

4 次の図は，体積が 600 cm³ の立方体の一部を切り取ってできた立体です。体積を求めなさい。

　□(1)　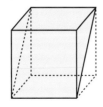　　　□(2)　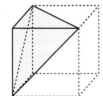　　　□(3)　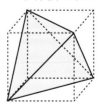

ヒント **3** (2)おうぎ形の弧の長さは中心角の大きさに比例する。
　　　 4 (2)三角錐と考えて，(1)の立体と比べる。

●表面積は円柱と円錐，体積は角錐と円錐がよく出題される。球は両方だ。公式を覚えよう。表面積の計算は考え方を理解しておこう。側面積は底面の周の長さに注目だ。展開図にすると，どの部分の長さになるかがポイントだ。体積の公式は，角錐，円錐の「$\frac{1}{3}$」，球の「$\frac{4}{3}$」を忘れずに。

5 次の立体の表面積と体積を求めなさい。

□(1)
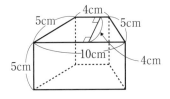

□(2)
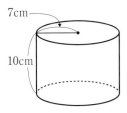

□(3) 正四角錐
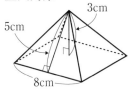

□(4)
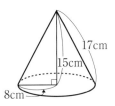

□(5) 半径 10 cm の球

6 右の図のような中心角が 90° のおうぎ形と長方形を合わせた図形があります。この図形を，直線 ℓ を軸として 1 回転してできる立体について，次の問いに答えなさい。

□(1) 表面積を求めなさい。

□(2) 体積を求めなさい。

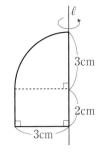

7 右の図 1 のような底面の半径が 10 cm，高さが 24 cm，母線の長さが 26 cm の円錐があります。次の問いに答えなさい。

□(1) この円錐の側面積を求めなさい。

□(2) 図 2 のように，この円錐を切り分け，上の部分を取り除くと，高さがちょうど半分になりました。残った立体の体積は，取り除いた部分の体積の何倍ですか。

図 1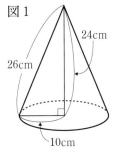

図 2

ヒント ⑥(1)半球と円柱を合わせた立体になる。3種類の面がある。
⑦(2)残った立体の体積は，大小の円錐の体積の差として求める。

❶ 次の㋐～㋕の立体から，(1)～(3)にあてはまるものをすべて選び，記号で答えなさい。知

㋐ 三角錐　　㋑ 三角柱　　㋒ 円柱
㋓ 直方体　　㋔ 円錐　　㋕ 球

(1) 多面体であるもの

(2) 回転体であるもの

(3) 平行な面をもつもの

❶ 点／12点（各4点）

(1)	
(2)	
(3)	

❷ 右の図は，正四面体を2つ合わせた形をしている立体です。6つの面はすべて合同な正三角形ですが，この立体は正多面体とはいいません。その理由を説明しなさい。知

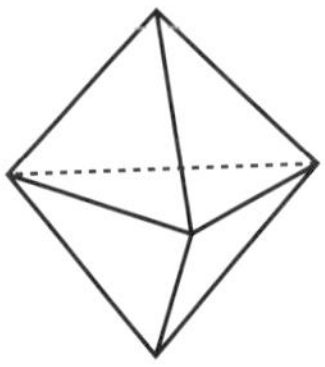

❷ 点／5点

❸ 次の図は立方体です。次の問いに答えなさい。知

(1) 辺 BF とねじれの位置にある辺はいくつありますか。

(2) 辺 AB と平行な面はいくつありますか。

(3) 辺 BC と垂直な面はいくつありますか。

(4) 面 AEHD と平行な面はどれですか。

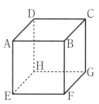

❸ 点／16点（各4点）

(1)	
(2)	
(3)	
(4)	

❹ 次の問いに答えなさい。知

(1) 図1は，ある立体の投影図です。この立体の名称（めいしょう）を答えなさい。

(2) 図2は，立方体をある平面で切ってできた立体の投影図です。図3に必要な線をかき入れて，見取図を完成させなさい。

❹ 点／8点（各4点）

(1)	
(2)	左の図3にかきなさい。

図1 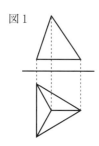　　図2 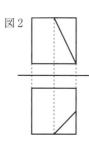　　図3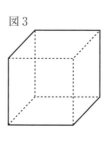

成績評価の観点　知…数量や図形などについての知識・技能　考…数学的な思考・判断・表現

5 次のおうぎ形の面積を求めなさい。[知]

(1) 半径 3 cm，中心角 100° のおうぎ形

(2) 半径 9 cm，弧の長さ 4π cm のおうぎ形

5 　　　　点/8点（各4点）

(1)	
(2)	

6 次の立体の表面積，体積を求めなさい。[知]

(1) 円柱

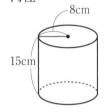

8cm

15cm

(2) 正四角錐

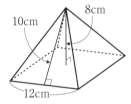

8cm

10cm

12cm

(3) 半径 2 cm の球

6 　　　　点/24点（各4点）

(1)	表面積	
	体積	
(2)	表面積	
	体積	
(3)	表面積	
	体積	

7 右の △ABC を，辺 AC を軸（じく）として 1 回転してできる立体について，次の問いに答えなさい。[知]

(1) 見取図をかきなさい。

(2) 体積を求めなさい。

(3) 表面積を求めなさい。

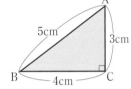

A

5cm

3cm

B

4cm

C

7 　　　　点/15点（各5点）

(1)	
(2)	
(3)	

8 右の図は，ある立体の展開図です。次の問いに答えなさい。[知]

(1) この立体の見取図をかきなさい。

(2) 円 O′ の半径を求めなさい。

(3) この立体の表面積を求めなさい。

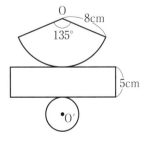

O

8cm

135°

5cm

•O′

8 　　　　点/12点（各4点）

(1)	
(2)	
(3)	

[知] 　　　／100点

●投影図

正面から見た図を**立面図**,
真上から見た図を**平面図**,
これらをあわせて**投影図**
という。

●平面が1つに決まる条件

・1直線上にない3点

・1直線とその直線上にない1点

・平行な2直線

・交わる2直線

●2直線の位置関係

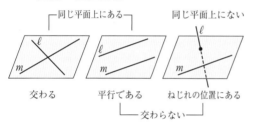

●直線と平面の位置関係

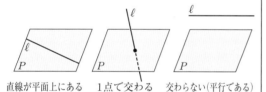

●2平面の位置関係

●回転体

・平面図形を,同じ平面上の直線ℓを軸と
　して1回転してできる立体を**回転体**といい,
　直線ℓを**回転の軸**という。

・円錐や円柱で側面を
　えがく線分を,円錐
　や円柱の**母線**という。

●円周の長さと円の面積

半径r cm の円の円周の長さをℓ cm,面積
をS cm² とすると,

$$\ell = 2\pi r \qquad S = \pi r^2$$

●おうぎ形の弧の長さと面積

半径r cm,中心角$a°$ のおうぎ形の弧の長
さをℓ cm,面積をS cm² とすると,

$$\ell = 2\pi r \times \frac{a}{360}$$

$$S = \pi r^2 \times \frac{a}{360}$$

●展開図

円錐の展開図は,側面はおうぎ形でその半径
は円錐の母線の長さに等しい。

また,そのおうぎ形の弧の長さは,底面の円
周の長さに等しい。

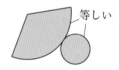

●角柱,円柱の体積

底面積S cm²,高さh cm の角柱,円柱の体
積をV cm³ とすると,

$$V = Sh$$

●角錐,円錐の体積

底面積S cm²,高さh cm の角錐,円錐の体
積をV cm³ とすると,

$$V = \frac{1}{3}Sh$$

●球の体積

半径r cm の球の体積をV cm³ とすると,

$$V = \frac{4}{3}\pi r^3$$

●球の表面積

半径がr cm の球の表面積をS cm² とすると,

$$S = 4\pi r^2$$

ぴたトレ
0
スタートアップ

7章　データの活用

次の学習に
入る前に
取り組もう。

□**平均値，中央値，最頻値**　　　　　　　　　　　　　　　◀ 小学6年

（平均値）＝（データの値の合計）÷（データの個数）

中央値……データの値を大きさの順に並べたとき，ちょうど真ん中の値
　　　　　データの数が偶数のときは，真ん中の2つの値の平均を中央値とします。

最頻値……データの値の中で，いちばん多い値

❶ あるクラスのソフトボール投げの記録を，次のようなドットプ　　◀ 小学6年〈データの整
　ロットに表しました。下の問いに答えなさい。　　　　　　　　　　　理〉

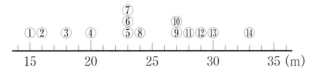

(1) 平均値を求めなさい。

(2) 中央値を求めなさい。

ヒント
データの数が偶数だ
から……

(3) 最頻値を求めなさい。

(4) ちらばりのようすを，
　　表に表しなさい。

距離(m)	人数(人)
以上　　未満 15 〜 20	
20 〜 25	
25 〜 30	
30 〜 35	
計	

(5) ちらばりのようすを，
　　ヒストグラムに表し
　　なさい。

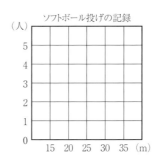

ヒント
横軸は区間を表すか
ら……

解答▶▶ p.47　　125

7章 データの活用
1 データの傾向の調べ方
① データの整理

●代表値

教科書 p.234〜235

例題 1 次のデータは，10 人の生徒の，あるゲームの得点です。下の問いに答えなさい。

$$1, \quad 2, \quad 2, \quad 2, \quad 3, \quad 4, \quad 6, \quad 7, \quad 8, \quad 10 \quad (点)$$

(1) 平均値，中央値，最頻値を求めなさい。

(2) 得点の範囲を求めなさい。

考え方 (2) 範囲は，データのとる値のうち，最大値から最小値をひいたものである。

答え (1) 平均値は，データの値の合計 45 を ①□ でわって，②□ 点。

中央値は，(③□ + ④□) ÷ 2 = ⑤□ (点)

最頻値は，もっとも多く 3 回出ている ⑥□ 点。

> 平均値，中央値，最頻値は，近いけれど，同じではないね。

(2) $\dfrac{10 - \boxed{⑦}}{\text{最大値} \quad \text{最小値}} = \boxed{⑧}$ (点)

●度数分布表，ヒストグラム

教科書 p.236〜239

例題 2 右の表は，1 組の生徒 32 人が，ある日のそれぞれの通学時間を記録し，度数分布表に整理したものです。次の問いに答えなさい。 ▶▶**2 3**

(1) 通学時間が 20 分である生徒は，どの階級に入りますか。

(2) 最頻値を答えなさい。

(3) ヒストグラムをかきなさい。

1 組の通学時間

階級(分)	度数(人)
以上　　未満	
5 〜 10	3
10 〜 15	8
15 〜 20	11
20 〜 25	6
25 〜 30	4
計	32

考え方 度数がもっとも多い階級の階級値が最頻値である。

答え (1) 20 分をふくむ階級であり，①□ 分以上 ②□ 分未満。

(2) 度数が ③□ 人の階級値であるから，④□ 分。

(3) 5 分以上 10 分未満の階級は，

横 ⑤□ (分)，縦 ⑥□ (人)の

10 分以上 15 分未満の階級は，

横 ⑦□ (分)，縦 ⑧□ (人)の

それぞれ長方形で表す。同じように各階級の長方形をかくと，右の図のようになる。

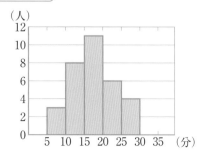

1 【代表値】1年生が，あるゲームをしました。次の表は，A，B 2 つのグループの得点の
データを小さい順に示したものです。下の問いに答えなさい。

教科書 p.234 問 1

A	42	45	47	49	49	56	58	61	79	
B	44	46	46	47	51	52	54	56	62	67	(点)

□(1)　A と B の，それぞれの平均値を求めなさい。

□(2)　A と B の，それぞれの中央値を求めなさい。

□(3)　A と B の，それぞれの最頻値を求めなさい。

2 【度数分布表】A 組の生徒 24 人と B 組の生徒 24 人の，ある日のそれぞれの通学時間を記
録しました。次の ▢ は，それぞれの記録を時間の短い順に並べたものです。下の問い
に答えなさい。

教科書 p.235 問 3, p.236 問 4

A 組
(分)
3, 4, 4, 5, 5, 6,
8, 8, 9, 10, 11, 12,
12, 12, 12, 14, 15, 17,
18, 19, 21, 22, 24, 26

B 組
(分)
4, 5, 8, 8, 9, 10,
11, 12, 13, 14, 15, 16,
16, 17, 17, 17, 17, 19,
20, 21, 24, 25, 25, 28

階級(分)	度数(人)	
	A 組	B 組
以上　未満 0 ～ 5	3	
5 ～ 10	6	
10 ～ 15	7	
15 ～ 20	4	
20 ～ 25	3	
25 ～ 30	1	
計	24	

□(1)　A 組，B 組の記録の最大値，最小値，範囲を求めなさい。

□(2)　右の度数分布表に，B 組の記録について，各階級の度数
と総度数をかき入れなさい。

□(3)　それぞれの組で，通学時間が 10 分未満の人数を求めな
さい。

3 【度数分布表，ヒストグラム】右の表は，男子 40 名の 50 m
走の記録を度数分布表に整理したものです。次の問いに答え
なさい。

教科書 p.237～238

階級(秒)	度数(人)
以上　未満 6.4 ～ 7.0	2
7.0 ～ 7.6	5
7.6 ～ 8.2	11
8.2 ～ 8.8	10
8.8 ～ 9.4	8
9.4 ～ 10.0	3
10.0 ～ 10.6	1
計	40

□(1)　階級の幅は何秒ですか。

□(2)　記録が 7.0 秒の生徒は，どの階級に入りますか。

□(3)　最頻値を求めなさい。

□(4)　度数分布表をもとにして，ヒストグラムと度数折れ線を，
次の図にかき入れなさい。

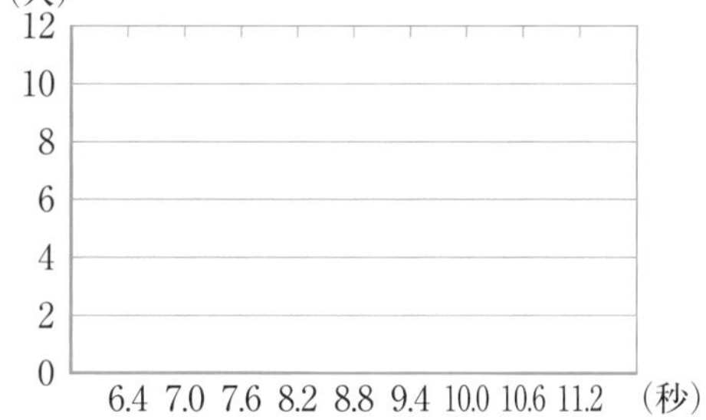

(人)
12
10
8
6
4
2
0
6.4 7.0 7.6 8.2 8.8 9.4 10.0 10.6 11.2 (秒)

例題の答え **1** ①10　②4.5　③3　④4　⑤3.5　⑥2　⑦1　⑧9　(③と④は順不同可)
2 ①20　②25　③11　④17.5　⑤5　⑥3　⑦5　⑧8

7章　データの活用
1　データの傾向の調べ方
②　相対度数 ──(1)

●相対度数

教科書 p.240〜241

例題1
右の表は，ある中学校の1年1組の男子20人の握力の記録を整理してまとめた度数分布表です。次の問いに答えなさい。 ▶▶**1**

(1) 表の㋐，㋑にあてはまる数を求めなさい。

(2) 握力が22kg以上30kg未満の生徒の割合を求めなさい。

1年1組の男子の握力

階級(kg)	度数(人)	相対度数
以上　　未満		
18 〜 22	4	0.20
22 〜 26	6	0.30
26 〜 30	5	0.25
30 〜 34	3	㋐
34 〜 38	2	㋑
計	20	1.00

考え方 ある階級の度数を，度数の総和(総度数)でわった値を，その階級の相対度数という。

(1) (ある階級の相対度数)$= \dfrac{(その階級の度数)}{(総度数)}$ で求める。

(2) 22kg以上26kg未満の階級と26kg以上30kg未満の階級の相対度数の合計である。

答え (1) 度数の合計は20人である。

㋐ $\dfrac{3}{20} =$ ①[　　　　]　　　　㋑ $\dfrac{2}{20} =$ ②[　　　　]

(2) $0.30+0.25 =$ ③[　　　　]

●累積度数・累積相対度数

教科書 p.242

例題2
例題1の表で，次の問いに答えなさい。 ▶▶**2**

(1) 18kg以上22kg未満の階級から26kg以上30kg未満の階級までの累積度数を求めなさい。

(2) 18kg以上22kg未満の階級から26kg以上30kg未満の階級までの累積相対度数を求めなさい。

考え方 (1) 26kg以上30kg未満の階級までの度数の合計を求める。

(2) 26kg以上30kg未満の階級までの相対度数の合計を求める。

答え (1) $4+6+5 =$ ①[　　　　]

(2) $0.20+0.30+0.25 =$ ②[　　　　]

累積相対度数は，
$\dfrac{(累積度数)}{(度数の合計)}$ で
求めることもできます。

プラスワン 累積度数，累積相対度数

累積度数…最小の階級から各階級までの度数を加えたもの
累積相対度数…最小の階級から各階級までの相対度数を加えたもの

1 【相対度数】1年生と全校生徒の通学時間を調べて，度数分布表に整理しました。下の問いに答えなさい。

教科書 p.241 問 1,2

階級(分)	度数(人)	
	1年生	全校生徒
以上　未満 5 〜 10	4	12
10 〜 15	12	40
15 〜 20	23	63
20 〜 25	16	50
25 〜 30	9	15
計	64	180

階級(分)	相対度数	
	1年生	全校生徒
以上　未満 5 〜 10	0.06	③
10 〜 15	0.19	④
15 〜 20	0.36	⑤
20 〜 25	①	0.28
25 〜 30	②	0.08
計	1.00	1.00

□(1)　①〜⑤に入る相対度数を，小数第二位まで求めなさい。

□(2)　通学時間が20分未満の生徒の割合は，1年生と全校生徒のどちらが多いですか。

2 【相対度数，累積度数・累積相対度数】次の表は，生徒40人の身長を調べてまとめたものです。下の問いに答えなさい。

教科書 p.242 例 1,問 5

身長調べ

階級(cm)	度数(人)	相対度数	累積度数(人)	累積相対度数
以上　未満 130 〜 140	6	0.150	6	0.150
140 〜 150	10	①	16	0.400
150 〜 160	12	0.300	28	④
160 〜 170	9	0.225	③	0.925
170 〜 180	3	0.075	40	⑤
計	40	②		

□(1)　①〜⑤にあてはまる数を求めなさい。

□(2)　中央値がふくまれる階級を答えなさい。

●キーポイント
(2) 累積相対度数が0.500のときの値がふくまれる階級を考える。

□(3)　全体の70％の生徒の身長は，何cm未満ですか。

7章
教科書 240 〜 242 ページ

例題の答え **1** ①0.15 ②0.10 ③0.55 **2** ①15 ②0.75

● ことがらの起こりやすさ

教科書 p.243〜245

例題 **1**

箱の中に，重さも大きさも同じ赤玉と白玉が何個かずつ入っています。この箱の中から 1 個の玉を取り出し，その色を確かめて，また箱の中に戻す実験を行いました。次の表は，玉を取り出す回数と，白玉が出た回数を記録し，まとめたものです。下の問いに答えなさい。　▶▶ **1**

実験回数	500	1000	1500	2000
白玉の出た回数	237	434	657	884
白玉が出る相対度数	0.474	㋐	0.438	㋑

(1)　表の㋐，㋑にあてはまる数を求めなさい。

(2)　白玉が出る確率は，およそどのくらいと考えられますか。
小数第三位を四捨五入して求めなさい。

考え方　(1)　相対度数＝ $\dfrac{(あることがらが起こった回数)}{(全体の回数)}$ で求める。

(2)　あることがらの起こる相対度数がある一定の値に近づくとき，その値を，
あることがらの起こる確率という。

答え　(1)　㋐　$\dfrac{434}{\boxed{①}}=\boxed{②}$

㋑　$\dfrac{\boxed{③}}{2000}=\boxed{④}$

(2)　実験回数が 1500 回のときの白玉が出る相対度数は，0.438

2000 回のときの白玉が出る相対度数は，0.442 　　　小数第三位を四捨五入すると，
どちらも 0.44

したがって，白玉が出る確率は，およそ $\boxed{⑤}$

● データの活用

教科書 p.248〜253

例題 **2**

右の表は，握力検査の 30 人の記録を度数分布表に整理したものです。平均値を求めなさい。　▶▶ **2**

階級(kg)	階級値(kg)	度数(人)	(階級値)×(度数)
以上　　未満 16 〜 20	18	3	54
20 〜 24	22	8	176
24 〜 28	26	10	260
28 〜 32	30	7	㋐
32 〜 36	34	2	㋑
計		30	㋒

考え方　度数分布表から平均値を求めるには，
階級値と度数を使う。

答え　㋐…$\boxed{①}$ ，㋑…$\boxed{②}$

(階級値)×(度数)の総和は，

㋒…54＋176＋260＋$\boxed{①}$＋$\boxed{②}$＝$\boxed{③}$

これを総度数でわって，平均値を求めると，

$\boxed{③}$÷$\boxed{④}$＝$\boxed{⑤}$ (kg)

1 【ことがらの起こりやすさ】次の表は，ジュースの王冠を投げて，表が出る回数を調べた
ものです。下の問いに答えなさい。

教科書 p.243 問 6

投げた回数	表が出た回数	表が出る相対度数
500	198	①
1000	392	0.392
1500	586	0.391
2000	782	②

●キーポイント

相対度数 = 表が出た回数 / 投げた回数

で求める。

□(1)　表の①，②にあてはまる数を，小数第三位まで求めなさい。

□(2)　王冠の表が出る確率は，およそどのくらいと考えられますか。
小数第二位までの数で答えなさい。

2 【データの傾向の読み取り方】1 組の女子 20 人と 2
組の女子 20 人の 50 m 走の記録を調べ，階級の幅
を 0.5 秒として，度数分布表に表しました。次の問
いに答えなさい。

教科書 p.248〜250

階級(秒)	度数(人)	
	1 組女子	2 組女子
以上　　未満		
6.5 〜 7.0	1	3
7.0 〜 7.5	2	2
7.5 〜 8.0	6	3
8.0 〜 8.5	4	2
8.5 〜 9.0	3	4
9.0 〜 9.5	2	3
9.5 〜 10.0	1	2
10.0 〜 10.5	1	1
計	20	20

□(1)　1 組の女子，2 組の女子のそれぞれについて，
平均値を求めなさい。

□(2)　1 組の女子，2 組の女子のそれぞれについて，
ヒストグラムをかきなさい。

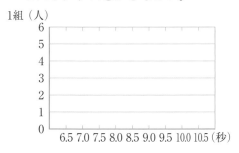

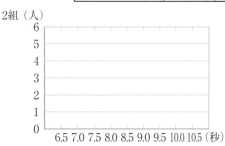

□(3)　地区の中学校対抗運動会の女子の部のリレーには，次の(A)，(B) 2 種目があり，組単位
で出場することができます。

(A)　1000 m を 20 人でリレーする。

(B)　200 m を 4 人でリレーする。

1 組と 2 組が別の種目に出場して，それぞれがよい成績をおさめるためには，1 組と
2 組は，(A)，(B)どちらの種目に出場すればよいですか。ヒストグラムの特徴を比較し
て説明しなさい。

例題の答え **1** ①1000　②0.434　③884　④0.442　⑤0.44　**2** ①210　②68　③768　④30　⑤25.6

1 あるサッカーチームの選手の平均年齢は 27 歳です。このことについて，次の⑴～⑶の考えは，それぞれ正しいか正しくないかを答えなさい。

□⑴　このチームの選手の半数は，27 歳以上である。

□⑵　このチームには，27 歳の選手がもっとも多い。

□⑶　25 歳の選手は，このチームでは若い方の半数に入っている。

 2 次の　　　は 1 組の男子 20 人，2 組の男子 20 人の垂直跳びのデータです。下の問いに答えなさい。

1 組　　単位(cm)
27，26，39，43，37，
43，28，31，37，38，
33，34，39，39，47，
36，32，45，38，34

2 組　　単位(cm)
55，28，39，38，43，
31，35，34，29，30，
52，27，28，53，31，
34，31，52，30，39

□⑴　1 組と 2 組の，それぞれの平均値，中央値，最頻値を求めなさい。

□⑵　1 組の A さんの記録は 36.5 cm でした。A さんの記録は，2 組では長い方ですか，短い方ですか。その理由も説明しなさい。

3 次の表は，18 人の男子生徒の 50 m 走の記録を，度数分布表に整理したものです。下の問いに答えなさい。

表
階級(秒)	度数(人)
以上　　　未満	
6.5 ～ 7.0	1
7.0 ～ 7.5	3
7.5 ～ 8.0	6
8.0 ～ 8.5	3
8.5 ～ 9.0	2
9.0 ～ 9.5	2
9.5 ～ 10.0	1
計	18

□⑴　平均値，最頻値を小数第二位まで求めなさい。

□⑵　中央値がふくまれる階級を求めなさい。

□⑶　度数分布表をもとに，ヒストグラムを上の図にかきなさい。

ヒント　**1** 平均値は極端な値に大きく影響される。
　　　　3 ⑴わりきれないときは，四捨五入して小数第二位まで求める。

定期テスト
予報

●データの傾向を，代表値を求めたり，表やグラフを用いて読み取れるようになろう。
3つの代表値(平均値，中央値，最頻値)の意味を理解し，度数分布表，ヒストグラムをかいたり読んだりできるようにしよう。相対度数を使った度数折れ線も，複数のデータの比較に役立つよ。

❹ 次の表は，A 中学校と B 中学校の 1 年女子が行ったハンドボール投げの記録を，度数分布表に整理したものです。下の問いに答えなさい。

階級(m)	A 中学校		B 中学校	
	度数(人)	相対度数	度数(人)	相対度数
以上　未満 6 〜 9	2	①	8	⑥
9 〜 12	6	②	16	⑦
12 〜 15	10	③	12	⑧
15 〜 18	8	④	9	⑨
18 〜 21	4	⑤	5	⑩
計	30	1.00	50	1.00

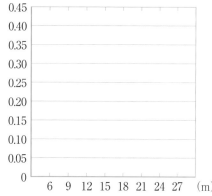

□(1) 相対度数の空欄①〜⑩にあてはまる数を小数第二位まで求めなさい。

□(2) A 中学校と B 中学校のそれぞれについて，相対度数の分布を度数折れ線で表しなさい。

□(3) 6 m 以上 9 m 未満の階級から 12 m 以上 15 m 未満の階級までの累積相対度数を比べて，わかることを答えなさい。

❺ 右の表は，画びょうを投げて，上向きになった回数を調べたものです。次の問いに答えなさい。

□(1) 表の①，②にあてはまる数を，小数第二位まで求めなさい。

□(2) 画びょうが上向きになる確率は，およそのくらいと考えられますか。
小数第一位までの数で答えなさい。

投げた 回数	上向きに なった回数	上向きになる 相対度数
100	58	0.58
300	184	0.61
500	305	①
800	476	0.60
1000	596	②

□(3) この画びょうについて，次の⑦〜⑨のうち正しいといえるものを選び，記号で答えなさい。
⑦ 上向きになる方が起こりやすいと考えられる。
④ 下向きになる方が起こりやすいと考えられる。
⑨ 上向きになることと下向きになることの起こりやすさは同じであると考えられる。

7
章

教科書
234
〜
253
ページ

ヒント ❹ (1)わりきれないときは，四捨五入して小数第二位まで求める。
❺ (3)確率が 0.5 より大きいか小さいかを考える。

1 次の(1)～(3)の場合，代表値として何を用いるとよいですか。[考]

(1) 帽子メーカーが，今年 1 年間に売れた帽子のサイズごとの
データをもとにして，来年，どのサイズの帽子をもっとも多
く製造するかを決める。

(2) クラスの男子 20 人の 50 m 走の記録をもとに，自分の記録
がクラスの男子の中で速い方か遅い方かを調べる。

(3) クラス対抗全員リレーの勝敗を，各クラスの全員の 50 m 走
の記録をもとに予想する。

1 点／21点（各7点）

(1)	
(2)	
(3)	

2 次の表は，1 年男子 36 人のハンドボール投げの記録を，度数分布
表に整理したものです。下の問いに答えなさい。[知]

表

階級(m)	度数(人)
以上　　未満 9 ～ 13	3
13 ～ 17	6
17 ～ 21	10
21 ～ 25	13
25 ～ 29	4
計	36

図

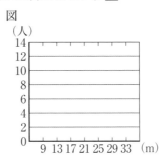

(1) 最頻値を求めなさい。

(2) 中央値をふくむ階級の階級値を求めなさい。

(3) ヒストグラムを上の図にかきなさい。

2 点／21点（各7点）

(1)	
(2)	
(3)	左の図にかきなさい。

3 次の図は，ある中学校の女子のハンドボール投げの記録をヒスト
グラムに表したものです。表は，図の各階級の相対度数をまとめ
たものです。このとき，表の x，y の値を，小数第三位を四捨五
入して，小数第二位まで求めなさい。[知]

図

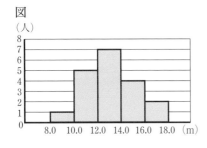

表

階段(m)	相対度数
以上　　未満 8.0 ～ 10.0	0.05
10.0 ～ 12.0	x
12.0 ～ 14.0	y
14.0 ～ 16.0	0.21
16.0 ～ 18.0	0.11
計	1.00

3 点／14点（各7点）

x の値
y の値

　成績評価の観点　[知]…数量や図形などについての知識・技能　[考]…数学的な思考・判断・表現

❹ 次の度数分布表は A さんがボーリングのゲームを 10 回行ったときの得点をまとめたものです。得点の平均値を求めなさい。知

階級(点)	度数(回)
以上 　 未満 140 〜 160	3
160 〜 180	6
180 〜 200	1
計	10

❺ 次の図は，1 組 32 人と 2 組 32 人の垂直跳びの記録の度数折れ線を重ねてかいたものです。2 つのデータの分布にはどんなちがいがありますか。考

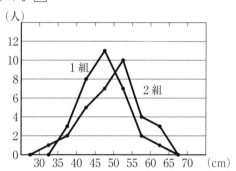

❻ データの分布のようすをヒストグラムや度数折れ線に表したとき，右の図のように山が中央にある分布の場合，平均値，中央値，最頻値はほぼ同じ値になります。
次の(1)，(2)のような分布の場合，それぞれの ① 〜 ③ にあてはまるものは，平均値，中央値，最頻値のどれですか。考

平均値
中央値
最頻値

(1)
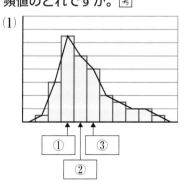

(2)
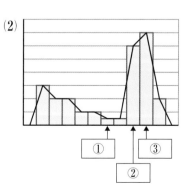

知　　　/45点　　考　　　　/55点

●度数の分布

・階級の区間の幅を**階級の幅**という。

・度数分布表を用いて，階級の幅を横，度数を縦とする長方形を順に並べてかいたグラフを**ヒストグラム**または柱状グラフという。

●散らばり

$$(範囲)＝(最大値)－(最小値)$$

●階級値

・度数分布表の階級の中央の値を**階級値**という。

(例) 「20 m 以上 30 m 未満」の階級の階級値は，

$$\frac{20＋30}{2}＝25(m)$$

・度数分布表で最頻値を考える場合は，度数分布表の各階級に入っているデータはすべてその階級の階級値をとるものとみなして，度数がもっとも多い階級の階級値を最頻値とする。

●相対度数

ある階級の度数を，度数の総和(総度数)でわった値を，その階級の**相対度数**という。

$$(ある階級の相対度数)＝\frac{(その階級の度数)}{(総度数)}$$

●累積度数

最小の階級から各階級までの度数を加えたものを**累積度数**という。

●累積相対度数

・最小の階級から各階級までの相対度数を加えたものを**累積相対度数**という。

・$(累積相対度数)＝\dfrac{(累積の度数)}{(総度数)}$ と求めることもできる。

・累積相対度数を使うと，ある階級未満，あるいは，ある階級以上の度数の全体に対する割合を知ることができる。

●確率

多数回の実験の結果，あることがらの起こる相対度数がある一定の数値に近づくとき，その数を，そのことがらの起こる**確率**という。

●データの活用

①調べたいことを決める。

↓

②データの集め方の計画を立てる。

[注意]

・調査に協力してくれる人の気持ちを大切にする。

・相手に迷惑がかからないようにする。

・調査で知った情報は，調査の目的以外には使用しない。

↓

③データを集め，目的に合わせて整理する。

・度数分布表を使う。

・分布のようすを知りたいときは，ヒストグラムや度数折れ線に表す。

・相対度数を使って比較する。

↓

④データの傾向をとらえて，どんなことがいえるか考える。

↓

⑤調べたことやわかったことをまとめて，発表する。

↓

⑥発表したあとに，学習をふり返る。

\\ 定期テスト //

予想問題

チェック!

- テスト本番を意識し，時間を計って解きましょう。
- 取り組んだあとは，必ず答え合わせを行い，まちがえたところを復習しましょう。
- 観点別評価を活用して，自分の苦手なところを確認しましょう。

テスト前に解いて，わからない問題やまちがえた問題は，もう一度確認しておこう!

1章　正の数・負の数

時間30分　／100点　合格70点

❶ 数量を正の符号，負の符号を使って表すとき，次の問いに答えなさい。知

(1) 「800円の支出」を −800円と表すとき，「300円の収入」は，どのように表すことができますか。

(2) 「気温が現在より4℃上がること」を +4℃と表すとき，−2℃はどんなことを表していますか。

教科書 p.14～16

❶　点/8点（各4点）

(1)	
(2)	

❷ 次の問いに答えなさい。知

(1) 次の数直線上の点A，Bに対応する数を答えなさい。

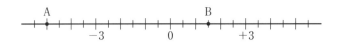

(2) 次の数の大小を，不等号を使って表しなさい。

+3，　−5，　−4，　0

教科書 p.17～19

❷　点/12点（各4点）

(1)	A B
(2)	

❸ 次の計算をしなさい。知

(1) $(+3)+(-8)$　　　(2) $(-15)+(+15)$

(3) $(-9)-(+12)$　　　(4) $0-(-7)$

(5) $-5+12+8-9$　　　(6) $2+(-9)-(+5)$

教科書 p.21～33

❸　点/12点（各2点）

(1)	
(2)	
(3)	
(4)	
(5)	
(6)	

❹ 次の計算をしなさい。知

(1) $(+5)\times(-7)$　　　(2) -8^2

(3) $(+18)\div(-6)$　　　(4) $(-54)\div(-14)$

教科書 p.36～45

❹　点/8点（各2点）

(1)	
(2)	
(3)	
(4)	

　成績評価の観点　知…数量や図形などについての知識・技能　考…数学的な思考・判断・表現

⑤ 次の計算をしなさい。知

(1) $(-3) \div 9 \times (-12)$

(2) $-\dfrac{1}{4} \div \dfrac{1}{6} \times 9$

教科書 p.46

⑤　点/6点（各3点）

(1)

(2)

⑥ 次の計算をしなさい。知

(1) $9 - (-5)^2$

(2) $5 + (-4) \times 2$

(3) $-7 + 15 \div (-2 - 3)$

(4) $20 - 3^2 \times (-1)^3$

(5) $\dfrac{1}{6} - \left(-\dfrac{2}{3}\right)^2 \times \dfrac{3}{4}$

(6) $-5^2 \times \{-8 \div (2 - 4)\}$

教科書 p.47～48

⑥　点/18点（各3点）

(1)

(2)

(3)

(4)

(5)

(6)

⑦ 次の表は，ほのかさんの中間テストの結果で，5教科について，理科の得点を基準としてまとめたものです。

教科	国語	社会	数学	理科	英語
得点	72	83	90	80	73
理科を基準とした得点	①	②	③	0	④

理科の得点を基準として，5教科の平均点を求めます。①～⑥にあてはまる数を答えなさい。①～④は符号もつけること。考

$80 + (\boxed{①} \quad \boxed{②} \quad \boxed{③} + 0 \quad \boxed{④}) \div \boxed{⑤} = \boxed{⑥}$

教科書 p.50～52

⑦　点/18点（各3点）

①

②

③

④

⑤

⑥

⑧ a, b, c が自然数のとき，次の㋐～㋔のうち，計算結果がいつでも自然数になるとは限らないものを2つ選び，自然数にならない例を示しなさい。考

㋐　$a + b - c$

㋑　$(a + b) \times c$

㋒　$(a + b) \div c$

㋓　$a + b + c$

教科書 p.54～55

⑧　点/10点（各5点）（各完答）

記号	例
記号	例

⑨ 56にできるだけ小さい自然数をかけて，その積がある自然数の2乗になるようにします。どんな数をかければよいですか。知

教科書 p.56～57

⑨　点/8点

知 　/72点　　考 　/28点

解答▶▶ p.50

時間
30分

／100点

合格
70点

1 次の数量を，文字式で表しなさい。知

(1) 1辺が x cm の正方形の周の長さ

(2) 長さ a cm のひもから長さ 3 cm のひもを b 本切り取ったときの残りの長さ

教科書 p.68〜70

1 点/8点（各4点）

(1)	
(2)	

2 次の式を，文字式の表し方にしたがって表しなさい。知

(1) $(a-b)\times 7$　　　　(2) $x\times(-2)+1\times y$

(3) $a\times(-3)\times a\times a$　　　　(4) $a\div 15$

(5) $y\div(-x)$　　　　(6) $(a+y)\div 8$

教科書 p.71〜73

2 点/18点（各3点）

(1)	
(2)	
(3)	
(4)	
(5)	
(6)	

3 $x=-4$，$y=3$ のとき，次の式の値を求めなさい。知

(1) $-3x+1$　　　　(2) $(-x)^2+4y$

教科書 p.72〜73

3 点/8点（各4点）

(1)	
(2)	

4 次の数量を，文字式で表しなさい。知

(1) 1500 m の道のりを分速 a m で歩いたときにかかる時間

(2) x 人の 9 %

教科書 p.74〜75

4 点/8点（各4点）

(1)	
(2)	

5 右の図のような正三角形があります。次の式は，この正三角形のどんな数量を表していますか。考

(1) $3a$　　　　(2) $\dfrac{ah}{2}$

教科書 p.76〜77

5 点/8点（各4点）

(1)	
(2)	

　成績評価の観点　知…数量や図形などについての知識・技能　考…数学的な思考・判断・表現

6 次の計算をしなさい。🔲知

(1)　$x+4-8x-2$

(2)　$(7a-1)-(2a+10)$

教科書 p.79〜82

6　点/8点（各4点）

(1)	
(2)	

7 次の計算をしなさい。🔲知

(1)　$2x\times(-5)$

(2)　$\dfrac{3}{2}\left(18x-\dfrac{5}{9}\right)$

(3)　$\dfrac{6a+4}{3}\times(-6)$

(4)　$(28x-35)\div(-7)$

教科書 p.82〜84

7　点/16点（各4点）

(1)	
(2)	
(3)	
(4)	

8 次の計算をしなさい。🔲知

(1)　$6x+4(-5x+2)$

(2)　$-3(2a-1)-2(a+4)$

(3)　$\dfrac{1}{4}(2x+3)+\dfrac{3}{8}(-4x-5)$

(4)　$\dfrac{1}{3}(5a-1)-\dfrac{1}{4}(a+7)$

教科書 p.84

8　点/16点（各4点）

(1)	
(2)	
(3)	
(4)	

9 次の図のように，碁石を並べて正三角形を横につないだ形をつくります。1辺に並べる碁石を4個として正三角形を x 個つくるとき，碁石は何個必要ですか。

また，どのように考えて求めたかを，図を使って説明しなさい。

🔲考

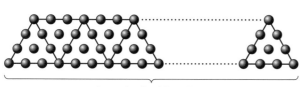

x 個の正三角形をつくる。

教科書 p.85〜86

9　点/10点（完答）

碁石の数

説明

🔲知　　/82点　　🔲考　　/18点

解答▶▶ p.50

3章　1次方程式

時間30分 ／100点　合格70点

❶ 次の数量の関係を，等式または不等式で表しなさい。知

(1) 1本 a 円の鉛筆 4 本と 1 個 b 円の消しゴムを 2 個買ったときの代金の合計は 520 円だった。

(2) 50 個のりんごを a 人に 3 個ずつ分けたら，りんごがいくつかたりなくなった。

(3) 5000 円の品物を p % 引きで買ったら，4000 円以下になった。

教科書 p.96〜99

❶ 点/12点（各4点）

(1)	
(2)	
(3)	

❷ a L の水が入る水そう A と，b L の水が入る水そう B があります。次の等式や不等式が，どんな数量の関係を表しているか答えなさい。考

(1) $a - b = 3$

(2) $a + b \geqq 12$

教科書 p.99

❷ 点/10点（各5点）

(1)	
(2)	

❸ 次の方程式のうち，解が -4 であるものはどれですか。知

⑦ $3x - 7 = -1$

⑦ $4x + 12 = x$

⑦ $2(x - 3) = x + 5$

⑦ $\dfrac{1}{2}x + 2 = x + 4$

教科書 p.100〜101

❸ 点/4点

❹ 次の方程式を解きなさい。知

(1) $-\dfrac{x}{3} = 4$

(2) $2x = -6x + 16$

(3) $3x - 5 = -2x + 25$

(4) $13 - 9x = 7x + 3$

教科書 p.102〜107

❹ 点/16点（各4点）

(1)	
(2)	
(3)	
(4)	

❺ 次の方程式を解きなさい。知

(1) $5x + 4 = 3(x - 2)$

(2) $0.4x - 3 = 1.2x - 0.6$

(3) $\dfrac{3}{4}x - \dfrac{2}{3} = \dfrac{1}{2}x$

(4) $\dfrac{x+2}{2} = \dfrac{3x+1}{5}$

教科書 p.107〜109

❺ 点/16点（各4点）

(1)	
(2)	
(3)	
(4)	

成績評価の観点　知…数量や図形などについての知識・技能　考…数学的な思考・判断・表現

6 1冊50円のノートと1冊60円のノートを合わせて10冊買ったところ，代金の合計が560円になりました。それぞれ何冊ずつ買いましたか。考

教科書 p.112～113

6 点/4点（完答）

1冊50円のノート
1冊60円のノート

7 みかんを何人かの子どもに配ります。1人に5個ずつ配ると2個たりません。また，1人に4個ずつ配ると6個あまります。次の問いに答えなさい。考

(1) 子どもの人数を x 人として，方程式をつくり，子どもの人数とみかんの個数を求めなさい。

(2) みかんの個数を x 個として，方程式をつくりなさい。

教科書 p.114

7 点/10点（各5点）

(1)	方程式
	子どもの人数
	みかんの個数
(2)	

（(1)完答）

8 弟は，8時に家を出発して学校へ向かって歩いています。姉は8時5分に家を出発して弟を追いかけました。弟の歩く速さを分速60 m，姉の歩く速さを分速80 mとするとき，姉は家を出発してから何分後に弟に追いつきますか。考

教科書 p.115～116

8 点/4点

9 比例式の性質を使って，次の比例式を解きなさい。知

(1) $3 : x = 27 : 45$

(2) $6 : 5 = 24 : x$

(3) $7 : 2 = (x-3) : 6$

(4) $\dfrac{1}{7} : \dfrac{1}{5} = 10 : x$

教科書 p.117～119

9 点/16点（各4点）

(1)	
(2)	
(3)	
(4)	

10 コーヒー90 mLと牛乳150 mLを混ぜてつくったコーヒー牛乳があります。これと同じ濃さのコーヒー牛乳をつくるとき，牛乳250 mLに対してコーヒー何 mLを混ぜればよいですか。考

教科書 p.119

10 点/4点

11 1：200000の縮尺の地図上で，A地点からB地点までの長さを測ると8 cmでした。A地点からB地点までの実際の距離は何 kmですか。考

教科書 p.120

11 点/4点

知	/64点	考	/36点

解答▶▶ p.51

1 次の㋐～㋒のうち，y が x の関数であるものはどれですか。知

㋐　1000円持って，x 円の買い物をしたとき，おつりは y 円である。

㋑　長方形の横の長さが x cm のとき，周の長さは y cm である。

㋒　正三角形の1辺の長さが x cm のとき，周の長さは y cm である。

教科書 p.130

1 点/4点

2 次のそれぞれの場合について，x の変域を不等号を使って表しなさい。知

(1)　x の変域が 24 以下である。

(2)　x の変域が 9 より大きい。

(3)　x の変域が 20 以上 32 未満である。

教科書 p.131～132

2 点/12点（各4点）

(1)	
(2)	
(3)	

3 36 L の水が入った水そうから，一定の割合で水を抜きます。2分間で 8 L の水が水そうから抜けました。抜ける水の量は抜いた時間に比例するとして，次の問いに答えなさい。知

(1)　x 分間で y L の水が水そうから抜けるとして，y を x の式で表しなさい。

(2)　7分間水を抜くと何 L の水が水そうから抜けますか。

(3)　x の変域を求めなさい。

教科書 p.133～136

3 点/12点（各4点）

(1)	
(2)	
(3)	

4 次の問いに答えなさい。知

(1)　次の関数のグラフをかき入れなさい。

①　$y = \dfrac{1}{3}x$

②　$y = -2.5x$

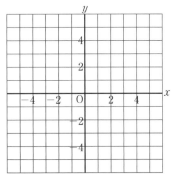

(2)　次の①，②は，比例のグラフです。それぞれについて，y を x の式で表しなさい。

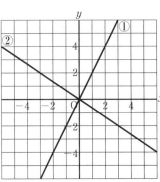

教科書 p.141～142

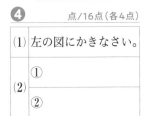

4 点/16点（各4点）

(1) 左の図にかきなさい。	
(2)	①
	②

　成績評価の観点　知…数量や図形などについての知識・技能　　考…数学的な思考・判断・表現

⑤ 次の問いに答えなさい。知

(1) y は x に反比例し，$x=2$ のとき $y=50$ です。
y を x の式で表しなさい。また，$y=-25$ のときの x の値を求めなさい。

(2) 次の関数のグラフを，右の図にかき入れなさい。

① $y=\dfrac{4}{x}$ ② $y=-\dfrac{6}{x}$

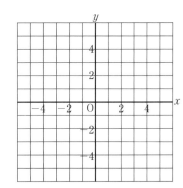

教科書 p.147〜150

⑤　点／16点（各4点）

	式
(1)	x の値
(2)	左の図にかきなさい。

⑥ 兄と弟が同時に家を出て，図書館までの 1800 m の道のりを歩きます。2 人が家を出てから x 分間に歩いた道のりを y m とします。右の図は，兄と弟それぞれについて x と y の関係をグラフに表したものです。次の問いに答えなさい。考

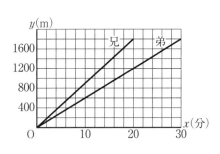

教科書 p.152

⑥　点／15点（各5点）

	兄
(1)	弟
(2)	

(1) 兄と弟について，それぞれ y を x の式で表しなさい。

(2) 兄が図書館に着いたとき，弟は図書館の手前何 m の地点にいますか。

⑦ 歯の数が 24 の歯車 A と，歯の数が x の歯車 B がかみ合って回転しています。歯車 A が 1 分間に 50 回転すると，歯車 B は 1 分間に y 回転するとして，次の問いに答えなさい。考

(1) y を x の式で表しなさい。

(2) 歯車 B の歯の数が 100 のとき，歯車 B は 1 分間に何回転しますか。

教科書 p.153

⑦　点／10点（各5点）

(1)	
(2)	

⑧ 右の図のような長方形 ABCD があります。点 P は，B を出発して，秒速 4 cm で辺 BC 上を C まで動きます。点 P が B を出発してから x 秒後の △ABP の面積を y cm² として，次の問いに答えなさい。考

(1) y を x の式で表しなさい。

(2) x と y の変域をそれぞれ求めなさい。

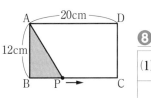

教科書 p.155

⑧　点／15点（各5点）

(1)	
(2)	x の変域 y の変域

知 ／60点　考 ／40点

❶ 次の問いに答えなさい。知

(1) 線分 AB をかきなさい。

A・　　B・

(2) 直線 AB をかきなさい。

A・　　B・

(3) 半直線 AB をかきなさい。

A・　　B・

教科書 p.168

❶　点/18点（各6点）

(1)	左の図にかきなさい。
(2)	左の図にかきなさい。
(3)	左の図にかきなさい。

❷ 次の △ABC で，辺 AC を底辺と考えたとき，高さを示す線分 BH を作図しなさい。知

A

B　　　　　　C

教科書 p.172〜173

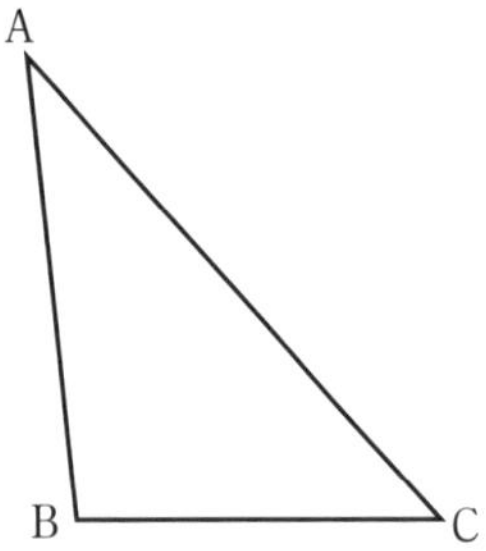

❷　点/8点

左の図にかきなさい。

❸ 次の線分 AB で，∠BAP＝45° になるような半直線 AP を作図しなさい。考

教科書 p.175〜176

❸　点/8点

左の図にかきなさい。

A　　　　　B

❹ 次の四角形 ABCD で，点 A を通り，この四角形の面積を 2 等分する直線 AP を作図しなさい。考

教科書 p.179

❹　点/8点

左の図にかきなさい。

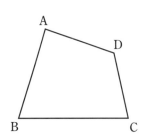

A

D

B　　　　C

成績評価の観点　知…数量や図形などについての知識・技能　考…数学的な思考・判断・表現

❺ 右の図について，次の問いに答えなさい。知

(1) 円周上の2点A，Bを結ぶ線分を何といいますか。

(2) 円周上の2点AからBまでの円周の一部分(ア)を何といいますか。また，記号を使って表しなさい。

(3) 直線ℓは点Bを接点とする円Oの接線です。このとき，ℓと半径OBの位置関係を，記号を使って表しなさい。

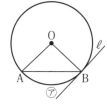

教科書 p.180

❺	点/24点（各6点）
(1)	
(2) 記号	
(3)	

❻ 次の図は，3点A，B，Cを通る円Oの一部です。円Oの中心Oを作図によって求め，円Oを作図しなさい。考

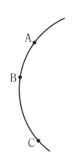

教科書 p.181～182

❻	点/8点
左の図にかきなさい。	

❼ 次の図で，△DEFは，△ABCを回転移動した図形です。このとき，回転の中心Oを，作図によって求めなさい。考

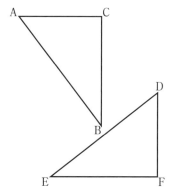

教科書 p.186

❼	点/8点
左の図にかきなさい。	

❽ 右の図は，長方形ABCDの中にひし形EFGHをかき，ひし形EFGHの対角線をかき入れたものです。次の問いに答えなさい。知

(1) △EFOを，平行移動するだけで重なる三角形を答えなさい。

(2) △EFOを，点Oを回転の中心として回転移動するだけで△GHOに重ねるには，何度回転させればよいですか。

(3) △EFOを対称移動して△GFOに重ねるときの対称の軸を答えなさい。

教科書 p.185～188

❽	点/18点（各6点）
(1)	
(2)	
(3)	

| 知 | /68点 | 考 | /32点 |

定期テスト予想問題

教科書166〜193ページ

解答▶▶ p.53

❶ 次の立体について，下の問いに答えなさい。知

 ⑦
 ⑦
 ⑦
 ⑦
 ⑦

教科書 p.196〜197,200

❶　点/15点（各5点）

(1)	
(2)	記号
	名称

⑴　⑦〜⑤のうち，2つの底面が平行で合同な形の立体はどれですか。

⑵　⑦〜⑰のうち，正多面体はどれですか。
また，その名称を答えなさい。

❷ 次の投影図は，四角柱，四角錐，円柱，円錐，球のうち，どの立体を表していますか。知

教科書 p.198〜199

❷　点/10点（各5点）

(1)	
(2)	

⑴
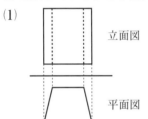
立面図
平面図

⑵
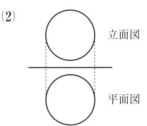
立面図
平面図

❸ 右の正五角柱について，次の問いに答えなさい。知

⑴　辺 AB とねじれの位置にある辺はどれですか。

⑵　面 ABGF と垂直な面はどれですか。

教科書 p.202〜205

❸　点/12点（各6点）

(1)	
(2)	

❹ 右の直角三角形 ABC を，直線 ℓ を軸として1回転してできる立体について，次の問いに答えなさい。知

⑴　この立体の見取図をかきなさい。

⑵　立体の名称を答えなさい。

教科書 p.208

❹　点/10点（各5点）

(1)	
(2)	

　成績評価の観点　知…数量や図形などについての知識・技能　考…数学的な思考・判断・表現

5 右の図は，ある立体の展開図です。この立体の名称を答えなさい。 考

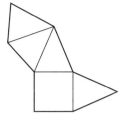

教科書 p.209〜210

5 　　　　　点/5点

6 次の立体の表面積を求めなさい。 知

教科書 p.213〜218

(1)

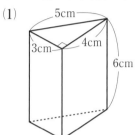

(2)

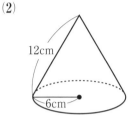

6 　　　　　点/12点（各6点）

(1)

(2)

7 次の立体の体積を求めなさい。 知

教科書 p.221〜222

(1) 四角柱

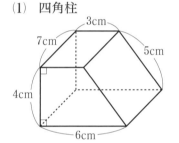

(2) 正四角錐

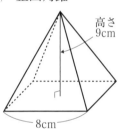

高さ
9cm

7 　　　　　点/12点（各6点）

(1)

(2)

8 右の図のように，半径 6 cm の球が円柱の中にぴったり入っています。次の問いに答えなさい。 知

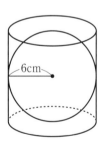

6cm

教科書 p.221〜223

8 　　　　　点/18点（各6点）

(1) 球の表面積を求めなさい。また，この球の表面積は円柱の何と等しいですか。

(1) | 表面積

(2) 球の体積を求めなさい。

(2)

9 立方体の対角線を引くと，1点で交わります。右の図のように，1辺の長さが 8 cm の立方体の対角線の交点を O とするとき，O を頂点とし，立方体の面を底面とする立体の体積を求めなさい。 考

O

8cm

8cm

8cm

教科書 p.224

9 　　　　　点/6点

7章　データの活用

❶ 次のデータは，生徒 20 人の通学時間を調べた結果を短い順に並べたものです。平均値，中央値，最頻値をそれぞれ求めなさい。

教科書 p.234～235

(単位：分) 知

```
 3,   5,   5,   6,   7,  10,  10,  10,  12,  13
15,  16,  16,  16,  16,  18,  20,  22,  25,  30
```

❶ 点/15点(各5点)

平均値	
中央値	
最頻値	

❷ 次の表は，あるクラスの女子 15 名の垂直跳びの記録を度数分布表に整理したものです。下の問いに答えなさい。知

教科書 p.236～239

❷ 点/20点(各5点)

表

階級(cm)	度数(人)
以上　　未満 36 ～ 40	2
40 ～ 44	4
44 ～ 48	5
48 ～ 52	3
52 ～ 56	1
計	15

図

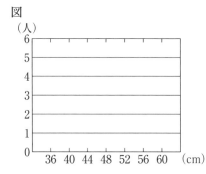

(1)	
(2)	左の図にかきなさい。
(3)	
(4)	

(1) 階級の幅を答えなさい。

(2) ヒストグラムと度数折れ線を上の図にかき入れなさい。

(3) 最頻値を求めなさい。

(4) 中央値をふくむ階級の階級値を求めなさい。

❸ 次の表は，A 中学校の 1 年生と B 中学校の 1 年生の 50 m 走の記録を，度数分布表に整理したものです。下の問いに答えなさい。

教科書 p.240～241

(1)知，(2)考

階級(秒)	A 中学校		B 中学校	
	度数(人)	相対度数	度数(人)	相対度数
以上　　未満 6.5 ～ 7.0	1	0.02	3	0.02
7.0 ～ 7.5	4	0.07	10	③
7.5 ～ 8.0	15	0.25	32	0.21
8.0 ～ 8.5	24	①	60	0.40
8.5 ～ 9.0	9	0.15	21	0.14
9.0 ～ 9.5	5	②	18	0.12
9.5 ～ 10.0	2	0.03	6	0.04
計	60	1.00	150	1.00

❸ 点/20点(各5点)

(1)	①
	②
	③
(2)	わけ

(1) 上の表の　①　～　③　にあてはまる数を求めなさい。

(2) 全体の傾向として，A 中学校と B 中学校のどちらの記録がよかったといえますか。また，そのわけを説明しなさい。

成績評価の観点　知…数量や図形などについての知識・技能　考…数学的な思考・判断・表現

④ 男子 10 人と女子 10 人の合わせて 20 人が 1 つのチームをつくり，大縄跳びで連続して跳んだ回数を競います。1 チームが 3 度ずつ試み，そのうちの連続して跳んだ最高回数をチームの記録とします。20 人は 1 列に並びますが，男女の並び方は自由です。

はやとさんのチームは，男女が交互に並ぶ並び方 A と女子 10 人が続いて並び，その前後に男子が 5 人ずつ並ぶ並び方 B の 2 通りの並び方で練習してみました。

表 1 は，その練習で連続して跳べた回数の記録です。ここまでの練習では，A，B どちらの並び方の方がよい記録を出せますか。表 2 の度数分布表を利用して説明しなさい。[考]

教科書 p.234〜249

④ 点/15点

表 1

A
8	7	11	16	19
15	13	26	21	17
18	14	23	28	22

B
7	10	16	14	21	17
26	18	23	15	14	28
16	19	19	24	31	27

表 2

階級(回)	度数(回)	
	並び方 A	並び方 B
以上　　　未満		
5 〜 10		
10 〜 15		
15 〜 20		
20 〜 25		
25 〜 30		
30 〜 35		
計	15	18

教科書 232 〜 258 ページ

⑤ 次の図は，ある都市の，今年の 9 月と 15 年前の 9 月の毎日の平均気温を調べ，ヒストグラムに表したものです。下の問いに答えなさい。(1)〜(4)[知]，(5)[考]

教科書 p.234〜253

⑤ 点/30点(各6点)

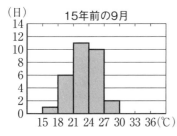
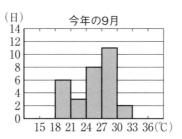

(1) それぞれの平均値を求めなさい。

(2) それぞれの最頻値を求めなさい。

(3) それぞれの中央値をふくむ階級の階級値を求めなさい。

(4) それぞれについて，27 ℃ 以上の相対度数を小数第二位まで求めなさい。

(5) (1)〜(4)で答えたことをもとにして，2 つのデータの分布のちがいを 2 つ答えなさい。

(1)　15 年前　今年
(2)　15 年前　今年
(3)　15 年前　今年
(4)　15 年前　今年
(5)

((1)〜(5)各完答)

定期テスト予想問題

知　/74点　考　/26点

教科書ぴったりトレーニング

〈 学校図書版・中学数学１年 〉

この解答集は取り外してお使いください。

1章　正の数・負の数

p.6～7　ぴたトレ0

①

$$0 \quad \frac{3}{10} \quad 0.6 \quad 1.2 \quad \frac{3}{2} \quad 1 \quad 2 \quad 2\frac{1}{5}$$

小さい順　$\dfrac{3}{10}$，0.6，1.2，$\dfrac{3}{2}$，$2\dfrac{1}{5}$

解き方 数直線の小さい１目もりは，$0.1\left(\dfrac{1}{10}\right)$ である。

分数を小数に直して考えると，

$\dfrac{3}{10}=0.3$，$\dfrac{3}{2}=1.5$，$2\dfrac{1}{5}=2.2$

② (1)＞　(2)＜　(3)＜　(4)＞

解き方 (2)分母をそろえると，$\dfrac{8}{4}<\dfrac{9}{4}$

(4)分母をそろえると，$\dfrac{20}{12}>\dfrac{15}{12}$

③ (1)$\dfrac{5}{6}$　(2)$\dfrac{17}{15}$　$\left(1\dfrac{2}{15}\right)$　(3)$\dfrac{1}{20}$

(4)$\dfrac{1}{6}$　(5)$\dfrac{49}{12}$　$\left(4\dfrac{1}{12}\right)$　(6)$\dfrac{5}{12}$

解き方 通分して計算する。

答えが約分できるときは，約分しておく。

(2)$\dfrac{5}{6}+\dfrac{3}{10}=\dfrac{25}{30}+\dfrac{9}{30}=\dfrac{\overset{17}{\cancel{34}}}{\underset{15}{\cancel{30}}}=\dfrac{17}{15}$

(4)$\dfrac{9}{10}-\dfrac{11}{15}=\dfrac{27}{30}-\dfrac{22}{30}=\dfrac{\overset{1}{\cancel{5}}}{\underset{6}{\cancel{30}}}=\dfrac{1}{6}$

(6)$3\dfrac{1}{3}-2\dfrac{11}{12}=\dfrac{10}{3}-\dfrac{35}{12}=\dfrac{40}{12}-\dfrac{35}{12}=\dfrac{5}{12}$

④ (1)3.1　(2)10.3　(3)2.3　(4)4.5

解き方 位をそろえて，計算する。

(2)　$\begin{array}{r} 4.5 \\ +\ 5.8 \\ \hline 10.3 \end{array}$　(4)　$\begin{array}{r} \overset{6}{\cancel{7}}.1 \\ -\ 2.6 \\ \hline 4.5 \end{array}$

⑤ (1)15　(2)$\dfrac{1}{9}$　(3)$\dfrac{2}{5}$　(4)$\dfrac{1}{16}$　(5)$\dfrac{2}{5}$　(6)$\dfrac{1}{5}$

解き方 計算の途中で約分できるときは約分する。

わり算はわる数の逆数をかけて，かけ算に直す。

(5)$\dfrac{1}{6}\times 3\div\dfrac{5}{4}=\dfrac{1}{6}\times\dfrac{3}{1}\times\dfrac{4}{5}=\dfrac{1\times\cancel{3}\times\cancel{4}^{2}}{\cancel{6}\times 1\times 5}=\dfrac{2}{5}$

(6)$\dfrac{3}{10}\div\dfrac{3}{5}\div\dfrac{5}{2}=\dfrac{3}{10}\times\dfrac{5}{3}\times\dfrac{2}{5}$

$=\dfrac{\cancel{3}\times\cancel{5}\times\cancel{2}}{\cancel{10}\times\cancel{3}\times\cancel{5}}=\dfrac{1}{5}$

⑥ (1)22　(2)6　(3)10　(4)18

解き方 （　）があるときは（　）の中を先に計算する。

＋，－と×，÷とでは，×，÷を先に計算する。

(3)$(3\times 8-4)\div 2=(24-4)\div 2=20\div 2=10$

(4)$3\times(8-4\div 2)=3\times(8-2)=3\times 6=18$

⑦ (1)12.8　(2)560　(3)7　(4)180

解き方 (3)$10\times\left(\dfrac{1}{5}+\dfrac{1}{2}\right)=10\times\dfrac{1}{5}+10\times\dfrac{1}{2}$

$=2+5=7$

(4)$18\times 7+18\times 3=18\times(7+3)$

$=18\times 10=180$

⑧ (1)①100　②1　③5643

(2)①4　②8　③800

解き方 (1)$99=100-1$ だから，

$57\times 99=57\times(100-1)$

$=57\times 100-57\times 1=5643$

(2)$32=4\times 8$ と考えて，$25\times 4=100$ を利用する。

$25\times 32=(25\times 4)\times 8=100\times 8=800$

p.9　ぴたトレ1

① (1)＋15℃　(2)－1.4℃

解き方 0℃より高ければ正（＋）の符号を，0℃より低ければ負（－）の符号を使って表す。

② (1)－300 m

(2)＋200 m…駅から西へ200 mの地点

－400 m…駅から東へ400 mの地点

解き方 西と東は反対の向きだから，駅から西の地点を正の符号を使って「＋● m」と表すとき，東の地点は，負の符号を使って「－● m」と表すことができる。

(もし，駅から東の地点を「＋● m」と表すとすれば，西の地点は「－● m」と表されることになる。)

3 (1)−500 円　(2)＋3776 m

解き方 反対の性質をもつ量は，正の符号，負の符号を使って表すことができる。
一方を正の符号を使って表すことを決めると，他方は負の符号を使って表される。
(1)収入(正)↔支出(負)
(2)海面より低い(負)↔海面より高い(正)

4 (1)＋4，＋9　(2)＋2.5　(3)−8　(4)0

解き方 (1)自然数とは正の整数のことである。
(4)数は，負の数，0，正の数からできている。
0 は，正の数にも負の数にも入らない。

p.11　　　　　　ぴたトレ **1**

1

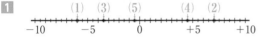

A…−8，B…−2.5　$\left(-\dfrac{5}{2}, \ -2\dfrac{1}{2}\right)$

C…＋0.5　$\left(+\dfrac{1}{2}\right)$，D…＋3.5　$\left(+\dfrac{7}{2}, \ +3\dfrac{1}{2}\right)$

E…＋9

解き方 大きい1目盛りは1，小さい1目盛りは0.5$\left(\dfrac{1}{2}\right)$を表している。
負の数は，0から左の方へ順に
−1，−2，−3，…となっているので注意する。

2 (1)−7＜＋8　（＋8＞−7）
(2)−12＜−8　（−8＞−12）
(3)−9＜0＜＋10　（＋10＞0＞−9）
(4)−6＜−4＜＋5　（＋5＞−4＞−6）

解き方 負の数＜0＜正の数である。
不等号の向きは，⑪＜⑥ または，⑥＞⑪ のように書く。
(3)では，＋10＞−9＜0 と書くと，＋10 と 0 の大小がわからないので，誤り。
(4)では，−4＜＋5＞−6 と書くと，−4 と −6 の大小がわからないので，誤り。

3 (1)6　(2)12　(3)0　(4)0.7　(5)2.4　(6)$\dfrac{3}{4}$

解き方 絶対値とは，数直線上での原点からの距離だから，符号をとった数を答えればよい。
0 の絶対値は 0 である。

4 30…＋30，−30
0.5…＋0.5，−0.5

解き方 絶対値が●である数は，＋● と −●

5 (1)−12＜−10　（−10＞−12）
(2)−35＜−27　（−27＞−35）
(3)$-\dfrac{5}{4}$＜−1　$\left(-1＞-\dfrac{5}{4}\right)$
(4)−1.3＜−0.75　（−0.75＞−1.3）

解き方 負の数は，絶対値が大きいほど小さい。
数直線の左へいくほど小さい。

p.12〜13　　　　　　ぴたトレ **2**

1 (1)(現在から) 3 日前　(2)150 円の値下がり
(3)1.6 m/s の向かい風

解き方 反対の性質をもつ量は，一方を正の数で表すと，他方は負の数で表される。

2 (1)−12 m　(2)−3 時間　(3)＋9 km

(1)高い(正)↔低い(負)
(2)後(正)↔前(負)
(3)西(負)↔東(正)

3 (1)

(2)A…−3.5，B…−2，C…＋2.5，D…＋4

解き方 大きい1目盛りは1，小さい1目盛りは0.5を表している。
(1)分数は小数に直して考えるとよい。

4 (1)−3＜0＜＋2　（＋2＞0＞−3）
(2)$-\dfrac{1}{2}＜-\dfrac{1}{4}＜+\dfrac{1}{3}$　$\left(+\dfrac{1}{3}＞-\dfrac{1}{4}＞-\dfrac{1}{2}\right)$
(3)−0.2＜−0.02＜＋0.1
　　（＋0.1＞−0.02＞−0.2）

解き方 まず，負の数＜0＜正の数から考え，次に，負の数が複数あるときには，絶対値を求めて，
絶対値大＜絶対値小 と考える。
3つ以上の数を並べるときは，小さい数から順に並べるか，大きい数から順に並べるかして，不等号の向きがそろうようにする。
(2)$-\dfrac{1}{4}$ の絶対値 $\dfrac{1}{4}$ と，$-\dfrac{1}{2}$ の絶対値 $\dfrac{1}{2}$ の大きさを比べるときには，通分する必要はなく，分子が同じ分数は，分母が大きいほど小さいことから考える。

5 (1)−14　(2)＋3　(3)−0.5と ＋$\dfrac{1}{2}$　(4)−0.5

解き方 (3)−0.5 の絶対値は 0.5，＋$\dfrac{1}{2}$ の絶対値は $\dfrac{1}{2}$＝0.5
(4)負の数の中で，絶対値のもっとも小さい数。

⑥ (1)$\dfrac{7}{4}$ (2)-7, $+7$, (3)9個

解き方 (2)絶対値が同じである数は，0以外は2つずつある。

(3)-4, -3, -2, -1, 0, $+1$, $+2$, $+3$, $+4$

⑦ $-\dfrac{13}{2}$, -6.25, $-\dfrac{1}{4}$, 0, $+1$, $+5.5$

解き方

理解のコツ

・数の大小は，正の数，0，負の数を，数直線上の点と対応させて考えよう。
・小数，分数の大小は，分数を小数に直して考えるといいよ。

p.15 ぴたトレ**1**

① (1)-6

(2)$+2$

解き方 正の数のときは，正の向きへ，負の数のときは，負の向きへ動かして考える。

(1)0から負の向きへ4動き，さらに負の向きへ2動く。

動いた結果は，-6となる。

(2)0から正の向きへ6動き，さらに負の向きへ4動く。

動いた結果は，$+2$となる。

② (1)$+12$ (2)-18 (3)$+28$ (4)-43
(5)$+2$ (6)-6 (7)$+2$ (8)-14

解き方 同符号の2数の和は，絶対値の和に，共通の符号をつける。

異符号の2数の和は，絶対値の大きい方から小さい方をひいた差に，絶対値の大きい方の符号をつける。

(1)$(+4)+(+8)=+(4+8)=+12$
(2)$(-10)+(-8)=-(10+8)=-18$
(3)$(+18)+(+10)=+(18+10)=+28$
(4)$(-15)+(-28)=-(15+28)=-43$
(5)$(-13)+(+15)=+(15-13)=+2$
(6)$(+18)+(-24)=-(24-18)=-6$
(7)$(-15)+(+17)=+(17-15)=+2$
(8)$(+21)+(-35)=-(35-21)=-14$

③ (1)0 (2)0

解き方 異符号で絶対値の等しい2数の和は，0である。

④ (1)-6 (2)-9

解き方 $●+0=●$，$0+●=●$ である。

⑤ (1)-5.7 (2)-4.5 (3)$+2$ (4)$-\dfrac{11}{18}$

解き方 小数や分数の加法も，整数の加法と同じ方法でできる。

(1)$(-4.8)+(-0.9)=-(4.8+0.9)=-5.7$
(2)$(+0.8)+(-5.3)=-(5.3-0.8)=-4.5$
(3)$\left(+\dfrac{4}{3}\right)+\left(+\dfrac{2}{3}\right)=+\left(\dfrac{4}{3}+\dfrac{2}{3}\right)=+\dfrac{6}{3}=+2$
(4)$\left(-\dfrac{5}{6}\right)+\left(+\dfrac{2}{9}\right)=\left(-\dfrac{15}{18}\right)+\left(+\dfrac{4}{18}\right)$
$\qquad=-\left(\dfrac{15}{18}-\dfrac{4}{18}\right)$
$\qquad=-\dfrac{11}{18}$

⑥ (1)$+14$ (2)-6

解き方 加法の交換法則や結合法則を使って，数の順序や組み合わせを変え，計算しやすい方法を考える。

(1)$(+15)+(-6)+(+9)+(-4)$
$=(+15)+(+9)+(-6)+(-4)$
$=(+24)+(-10)=+14$
(2)$(-18)+(+11)+(-6)+(+7)$
$=(-18)+(+11)+(+7)+(-6)$
$=(-18)+(+18)+(-6)$
$=0+(-6)$
$=-6$

p.17 ぴたトレ**1**

① (1)$+7$

(2)-10

解き方 ひく数から，ひかれる数までは，正の向きへ動くのか，負の向きへ動くのかを考える。

(1)$+5$ は，-2 から正の向きへ7動いた位置にあるから，$(+5)-(-2)=+7$
(2)-7 は，$+3$ から負の向きへ10動いた位置にあるから，$(-7)-(+3)=-10$

②

-9 は，-4 から負の向きへ5動いた位置にあるから，$(-9)-(-4)=-5$ になる。

解き方 -9 は -4 から負の向きにどれだけ動いたかを考える。

3 (1)-1 (2)$+7$ (3)0 (4)-7
　(5)$+13$ (6)-29 (7)-45 (8)$+56$

解き方 正の数，負の数の減法では，ひく数の符号を変えて加えればよい。
(1)$(+8)-(+9)=(+8)+(-9)=-1$
(2)$(-3)-(-10)=(-3)+(+10)=+7$
(3)$(-7)-(-7)=(-7)+(+7)=0$
(4)$(-24)-(-17)=(-24)+(+17)=-7$
(5)$(+5)-(-8)=(+5)+(+8)=+13$
(6)$(-14)-(+15)=(-14)+(-15)=-29$
(7)$(-20)-(+25)=(-20)+(-25)=-45$
(8)$(+28)-(-28)=(+28)+(+28)=+56$

4 (1)-13 (2)-18

解き方 0からある数をひくと，差はひく数の符号を変えた数になる。
また，ある数から0をひいても，差はもとの数のままである。
(1)$0-(+13)=-13$

5 (1)-0.2 (2)-0.7 (3)$+12.4$ (4)$-\dfrac{3}{2}$
　(5)$+\dfrac{15}{14}$ (6)$+\dfrac{13}{5}$

解き方 小数や分数の減法も，整数の減法と同じ方法でできる。
(1)$(+0.5)-(+0.7)=(+0.5)+(-0.7)$
　　　　　　　　　　$=-(0.7-0.5)=-0.2$
(2)$(-2)-(-1.3)=(-2)+(+1.3)$
　　　　　　　　$=-(2-1.3)=-0.7$
(3)$(+4.9)-(-7.5)=(+4.9)+(+7.5)$
　　　　　　　　　$=+(4.9+7.5)=+12.4$
(4)$\left(+\dfrac{5}{4}\right)-\left(+\dfrac{11}{4}\right)=\left(+\dfrac{5}{4}\right)+\left(-\dfrac{11}{4}\right)$
　　　　　　　　　$=-\left(\dfrac{11}{4}-\dfrac{5}{4}\right)$
　　　　　　　　　$=-\dfrac{6}{4}$
　　　　　　　　　$=-\dfrac{3}{2}$　約分
(5)$\left(+\dfrac{3}{7}\right)-\left(-\dfrac{9}{14}\right)=\left(+\dfrac{3}{7}\right)+\left(+\dfrac{9}{14}\right)$　通分
　　　　　　　　　$=\left(+\dfrac{6}{14}\right)+\left(+\dfrac{9}{14}\right)$
　　　　　　　　　$=+\left(\dfrac{6}{14}+\dfrac{9}{14}\right)$
　　　　　　　　　$=+\dfrac{15}{14}$

(6)$\left(-\dfrac{2}{5}\right)-(-3)=\left(-\dfrac{2}{5}\right)+(+3)$　通分
　　　　　　　$=\left(-\dfrac{2}{5}\right)+\left(+\dfrac{15}{5}\right)$
　　　　　　　$=+\left(\dfrac{15}{5}-\dfrac{2}{5}\right)$
　　　　　　　$=+\dfrac{13}{5}$

p.19 **ぴたトレ1**

1 (1)$(-2)+(+3)+(+8)$
　　正の項…$+3$，$+8$
　　負の項…-2
　(2)$(+9)+(+8)+(-11)$
　　正の項…$+9$，$+8$
　　負の項…-11

解き方
(1)$(-2)+(+3)-(-8)$
　$=(-2)+(+3)+(+8)$
　　　負の項　　正の項
(2)$(+9)-(-8)-(+11)$
　$=(+9)+(+8)+(-11)$
　　　正の項　　負の項

2 (1)$(-4)+(+5)+(-12)=-4+5-12$
　(2)$(+6)+(-1)+(+7)=6-1+7$

解き方 (2)式の最初の項が正の数のときは，正の符号$+$を省くことができる。

3 (1)$(+7)+(-3)+(+1)$
　(2)$(-10)+(+4)+(-7)$

解き方 それぞれの項が，正の項なのか負の項なのかを考える。
(1)$7-3+1$　正の項…7，$+1$
　　　　　　　負の項…-3

4 (1)-17 (2)9

解き方 加法の交換法則や結合法則を使って，数の順序や組み合わせを変え，計算しやすい方法を考える。
(1)$-15+4-6=4-15-6$　←　正の項，負の項をそれぞれまとめる
　　　　　　　$=4-21$
　　　　　　　$=-17$
(2)$5-9+8-5+10=5-5+8+10-9$
　　異符号で絶対値　　$=0+18-9$
　　の等しい2数の　　$=9$
　　和は0

5 (1) 5　(2) 10　(3) −45　(4) 9

解き方

(1) $(-1)-(-1)+5=(-1)+(+1)+5$
$=-1+1+5$
$=0+5$
$=5$

(2) $8+(-3)-5-(-10)$
$=8+(-3)-5+(+10)$ 〉項を並べた式に直す
$=8-3-5+10$ 〉数の順序を変える
$=8+10-3-5$ 〉正の数の和，負の数の和
$=18-8$ 　をそれぞれ求める
$=10$

(3) $(-14)+(-32)-(-17)-16$
$=(-14)+(-32)+(+17)-16$
$=-14-32+17-16$
$=17-14-32-16$
$=17-62=-45$

(4) $5-13-(-25)-0-8$
$=5-13+(+25)-0-8$
$=5-13+25-0-8$
$=5+25-13-0-8$
$=30-21=9$

6 (1) −1.1　(2) −7.2　(3) −0.3　(4) −9.9

(5) $-\dfrac{47}{36}$　(6) $\dfrac{103}{60}$　(7) $\dfrac{5}{12}$　(8) $-\dfrac{1}{24}$

解き方

小数や分数の加法・減法も，整数の加法・減法と同じ方法でできる。

(3)，(4)，(7)，(8)かっこのついた加法や減法の形で書かれた部分を，項を並べた形に直す。

(5)〜(8)分母の最小公倍数で通分するとよい。

p.20〜21　ぴたトレ2

1 (1) −61　(2) −19　(3) −26　(4) +52

(5) +1.7　(6) −10　(7) −2.6　(8) −2

(9) $-\dfrac{1}{6}$　(10) $-\dfrac{13}{30}$　(11) $+\dfrac{1}{6}$　(12) $+\dfrac{5}{3}$

(13) $-\dfrac{1}{12}$　(14) $+\dfrac{11}{30}$　(15) $+\dfrac{7}{3}$　(16) $-\dfrac{41}{28}$

解き方

(1)同符号の2つの数の和は，絶対値の和に共通の符号をつける。
$(-28)+(-33)=-(28+33)=-61$

(2)異符号の2つの数の和は，絶対値の大きい方から小さい方をひき，絶対値の大きい方の符号をつける。
$(-38)+(+19)=-(38-19)=-19$

(3)，(4)の減法は，ひく数の符号を変え，加法に直して計算する。
$(3)(+16)-(+42)=(+16)+(-42)=-26$

---

(4) $(+25)-(-27)=(+25)+(+27)=+52$

(9)〜(12)分母の最小公倍数で通分するとよい。

(13)〜(16)小数を分数に直して計算する。

2 (1) −9　(2) +12　(3) −100　(4) 0　(5) −1.4

(6) −1.3

解き方

3つ以上の正の数，負の数の加法は，加法の交換法則や結合法則を使って，数の順序や組み合わせを変えて，くふうして計算する。

(1)，(3)は，絶対値の等しい異符号の2つの数の和は0であることを利用するとよい。

(1) $(+5)+(-9)+(-5)=(+5)+(-5)+(-9)$
$=0+(-9)$
$=-9$

ほかは，正の数どうし，負の数どうしをまとめるようにするとよい。

3 (1) −13　(2) −46　(3) −3.3　(4) 0.8

(5) $\dfrac{1}{24}$　(6) $-\dfrac{13}{9}$　(7) −54　(8) −14

(9) 1.7　(10) $\dfrac{1}{7}$　(11) $-\dfrac{53}{60}$　(12) −1.25　$\left(-\dfrac{5}{4}\right)$

解き方

(7) $-15+24+15-78=24-78=-54$

(8) $14-30+17-0-15=14+17-30-0-15$
$=31-45$
$=-14$

(9) $-0.6+1.2-0.9+2=1.2+2-0.6-0.9$
$=3.2-1.5$
$=1.7$

(10) $\dfrac{1}{7}-\dfrac{1}{6}+\dfrac{1}{3}-\dfrac{1}{6}=\dfrac{1}{7}+\dfrac{1}{3}-\dfrac{1}{6}-\dfrac{1}{6}$
$=\dfrac{1}{7}+\dfrac{1}{3}-\dfrac{1}{3}=\dfrac{1}{7}$

(11) $0-1.8+\dfrac{1}{6}+0.75=0-\dfrac{9}{5}+\dfrac{1}{6}+\dfrac{3}{4}$
$=0-\dfrac{108}{60}+\dfrac{10}{60}+\dfrac{45}{60}$
$=-\dfrac{108}{60}+\dfrac{55}{60}=-\dfrac{53}{60}$

(12) $2-3.5-\dfrac{1}{4}+\dfrac{1}{2}=2-3.5-0.25+0.5$
$=2+0.5-3.5-0.25$
$=2.5-3.75=-1.25$

4 (1) 23　(2) 26　(3) −11.25　(4) $\dfrac{11}{12}$

解き方

まず，かっこと加法の記号＋を省き，項だけを並べた式に直す。

(1) $12-(-8)-4+7=12+8-4+7$
$=12+8+7-4$
$=27-4=23$

(2) $15-(-4)+12+(-5) = \underline{15+4}+12\underline{-5}$
$= \underline{31-5} = 26$

(3) $-2.7+(-1.25)-(+7.3)$
$= \underline{-2.7-1.25-7.3} = -11.25$

(4) $-0.25-\left(-\dfrac{4}{3}\right)-(+1.5)+\dfrac{4}{3}$

$= -\dfrac{1}{4}+\dfrac{4}{3}-\dfrac{3}{2}+\dfrac{4}{3}$

$= \dfrac{4}{3}+\dfrac{4}{3}-\dfrac{1}{4}-\dfrac{3}{2}$

$= \dfrac{8}{3}-\dfrac{7}{4}$

$= \dfrac{32}{12}-\dfrac{21}{12} = \dfrac{11}{12}$

⑤ (1) 7.5 kg

(2) A…+2, B…−2.5, C…+3.5, D…+5

解き方

(1) もっとも重いのは D，もっとも軽いのは B だから，
$(+3)-(-4.5)$
$=(+3)+(+4.5)$
$=3+4.5=7.5(\text{kg})$

(2)
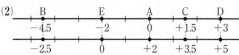

理解のコツ

・「15−28」のような式をみるとき，小学校までのように「15 ひく 28」とみるのではなく，項は「+15」と「−28」であるととらえて，「+15 と −28 の和」という見方をするのが大切だよ。

p.23 ぴたトレ1

① (1)+18 (2)+45 (3)+98 (4)+36 (5)−20
(6)−35 (7)−36 (8)−56

解き方

2つの数の積を求めるには，
・同符号の数では，絶対値の積に正の符号をつける。
$(+)\times(+)\to(+)$　　$(-)\times(-)\to(+)$
・異符号の数では，絶対値の積に負の符号をつける。
$(+)\times(-)\to(-)$　　$(-)\times(+)\to(-)$

(1) $(-3)\times(-6)=+(3\times6)=+18$
(2) $(+5)\times(+9)=+(5\times9)=+45$
(3) $(+7)\times(+14)=+(7\times14)=+98$
(4) $(-2)\times(-18)=+(2\times18)=+36$
(5) $(-5)\times(+4)=-(5\times4)=-20$
(6) $(+7)\times(-5)=-(7\times5)=-35$
(7) $(+12)\times(-3)=-(12\times3)=-36$
(8) $(-14)\times(+4)=-(14\times4)=-56$

② (1)−14 (2)+8 (3)0 (4)0

解き方

(1)，(2)では，正の数，負の数に −1 をかけると，積はもとの数の符号を変えた数になる。
どんな数に +1 をかけても，積はもとの数のままである。
(3)，(4)では，かけ合わせる 2 数のどちらかが 0 のとき，積は 0 になる。

③ (1)+2.4 (2)−0.9 (3)+8 (4)−$\dfrac{3}{14}$

解き方

小数や分数の乗法も，整数の乗法と同じ方法でできる。
(1) $(-0.8)\times(-3)=+(0.8\times3)=+2.4$
(2) $(+1.5)\times(-0.6)=-(1.5\times0.6)=-0.9$
(3) $\left(-\dfrac{2}{3}\right)\times(-12)=+\left(\dfrac{2}{\cancel{3}_1}\times\cancel{12}^{4}\right)=+8$

(4) $\left(-\dfrac{2}{7}\right)\times\left(+\dfrac{3}{4}\right)=-\left(\dfrac{\cancel{2}^{1}}{7}\times\dfrac{3}{\cancel{4}_2}\right)=-\dfrac{3}{14}$

④ (1)180 (2)−13000 (3)−126 (4)−6
(5)360 (6)−1

解き方

乗法の交換法則や結合法則を使って，数の順序や組み合わせを変え，計算しやすい方法を考える。
(1) $(-5)\times18\times(-2)=(-5)\times(-2)\times18$
$=\{(-5)\times(-2)\}\times18$
$=10\times18$
$=180$

(2) $13\times(-125)\times8=13\times\{(-125)\times8\}$
$=13\times(-1000)$
$=-13000$

(3) $8\times(-9)\times\dfrac{7}{4}=8\times\dfrac{7}{4}\times(-9)$
$=\left(\cancel{8}^{2}\times\dfrac{7}{\cancel{4}_1}\right)\times(-9)$
$=14\times(-9)$
$=-126$

(4) $(-3)\times(-0.2)\times(-10)=-(3\times0.2\times10)$
　　　　　　負の数が奇数個　　$=-6$

(5) $(-5)\times4\times(-3)\times6=+(5\times4\times3\times6)$
　　　　　　負の数が偶数個　　$=360$

(6) $\left(-\dfrac{3}{5}\right)\times(-5)\times\left(-\dfrac{1}{3}\right)=-\left(\dfrac{3}{5}\times5\times\dfrac{1}{3}\right)$
　　　　　　負の数が奇数個　　$=-1$

いくつかの数の積を求めるには，
・積の符号は，負の数が偶数個あれば＋
・積の符号は，負の数が奇数個あれば−
積の絶対値は，かけ合わせる数の絶対値の積になる。

5 (1)25　(2)-27　(3)$\dfrac{4}{81}$　(4)0.49

解き方 $(-\bullet)^2$ と $-\bullet^2$ では式の意味がちがう。
どの数をいくつかけているかに気をつけて計算する。
$$(-\bullet)^2=(-\bullet)\times(-\bullet)$$
$$-\bullet^2=-\bullet\times\bullet$$
(1)$(-5)^2=(-5)\times(-5)=25$
(2)$-3^3=-(3\times3\times3)=-27$
(3)$\left(-\dfrac{2}{9}\right)^2=\left(-\dfrac{2}{9}\right)\times\left(-\dfrac{2}{9}\right)=\dfrac{4}{81}$
(4)$0.7^2=0.7\times0.7=0.49$

p.25　ぴたトレ1

1 (1)$+4$　(2)$+4$　(3)$+3$　(4)$+15$
(5)-4　(6)-2　(7)-48　(8)0

解き方 2つの数の商を求めるには，
・同符号の数では，絶対値の商に正の符号をつける。
　$(+)\div(+)\to(+)$　　$(-)\div(-)\to(+)$
・異符号の数では，絶対値の商に負の符号をつける。
　$(+)\div(-)\to(-)$　　$(-)\div(+)\to(-)$
(1)$(-16)\div(-4)=+(16\div4)=+4$
(2)$(+36)\div(+9)=+(36\div9)=+4$
(3)$(+48)\div(+16)=+(48\div16)=+3$
(4)$(-75)\div(-5)=+(75\div5)=+15$
(5)$(-20)\div(+5)=-(20\div5)=-4$
(6)$(-36)\div(+18)=-(36\div18)=-2$
(7)$(+96)\div(-2)=-(96\div2)=-48$
(8)0をどんな数でわっても，商は0である。
　0の乗法では積は0だからである。
　また，0でわる除法は考えない。
　$a\div0=\square$ とすると，$0\times\square=a$ となるような$\square$はないので，$a\div0$の商はないからである。

2 (1)$-\dfrac{1}{7}$　(2)$-\dfrac{1}{12}$　(3)4　(4)$-\dfrac{5}{3}$　(5)$\dfrac{10}{9}$
(6)$-\dfrac{4}{3}$

解き方 2つの数の積が1になるとき，一方の数をもう一方の数の逆数という。
(1)$-7=-\dfrac{7}{1}$ だから $-\dfrac{1}{7}$
(5)$0.9=\dfrac{9}{10}$ だから $\dfrac{10}{9}$
(6)$-0.75=-\dfrac{75}{100}=-\dfrac{3}{4}$ だから $-\dfrac{4}{3}$

3 (1)$-\dfrac{3}{10}$　(2)$\dfrac{3}{4}$　(3)$-\dfrac{1}{16}$　(4)$-\dfrac{6}{5}$

解き方 除法を逆数の乗法に直して計算する。
(1)$\left(-\dfrac{3}{4}\right)\div\dfrac{5}{2}=-\dfrac{3}{\overset{2}{4}}\times\dfrac{\overset{1}{2}}{5}=-\dfrac{3}{10}$
(2)$\left(-\dfrac{7}{2}\right)\div\left(-\dfrac{14}{3}\right)=\left(-\dfrac{\overset{1}{7}}{2}\right)\times\left(-\dfrac{3}{\underset{2}{14}}\right)=\dfrac{3}{4}$
(3)$\left(-\dfrac{3}{8}\right)\div6=\left(-\dfrac{\overset{1}{3}}{8}\right)\times\dfrac{1}{\underset{2}{6}}=-\dfrac{1}{16}$
(4)$4\div\left(-\dfrac{10}{3}\right)=\overset{2}{4}\times\left(-\dfrac{3}{\underset{5}{10}}\right)=-\dfrac{6}{5}$

4 (1)-42　(2)9　(3)-4　(4)$\dfrac{10}{9}$　(5)-1　(6)8
(7)-2　(8)$\dfrac{7}{3}$

解き方 除法を乗法に直し，負の数の個数から積の符号を決め，絶対値の積を求める。
(1)$(-12)\times(-7)\div(-2)$
$\quad=(-12)\times(-7)\times\left(-\dfrac{1}{2}\right)$
$\quad=-\left(\overset{6}{12}\times7\times\dfrac{1}{\underset{1}{2}}\right)=-42$
(2)$(-48)\div16\times(-3)=(-48)\times\dfrac{1}{16}\times(-3)$
$\qquad\qquad=+\left(\overset{3}{48}\times\dfrac{1}{\underset{1}{16}}\times3\right)=9$
(3)$3\div(-3)\times4=3\times\left(-\dfrac{1}{3}\right)\times4$
$\qquad\qquad=-\left(\overset{1}{3}\times\dfrac{1}{\underset{1}{3}}\times4\right)=-4$
(4)$(-5)\times8\div(-36)=(-5)\times8\times\left(-\dfrac{1}{36}\right)$
$\qquad\qquad=+\left(5\times\overset{2}{8}\times\dfrac{1}{\underset{9}{36}}\right)=\dfrac{10}{9}$
(5)$\left(-\dfrac{2}{3}\right)\div\left(-\dfrac{2}{3}\right)\times(-1)$
$\quad=\left(-\dfrac{2}{3}\right)\times\left(-\dfrac{3}{2}\right)\times(-1)$
$\quad=-\left(\dfrac{\overset{1}{2}}{\underset{1}{3}}\times\dfrac{\overset{1}{3}}{\underset{1}{2}}\times1\right)=-1$
(6)$(-6)\times\left(-\dfrac{2}{3}\right)\div\dfrac{1}{2}=(-6)\times\left(-\dfrac{2}{3}\right)\times2$
$\qquad\qquad=+\left(\overset{2}{6}\times\dfrac{2}{\underset{1}{3}}\times2\right)=8$

(7) $\left(-\dfrac{9}{2}\right) \times \dfrac{4}{15} \div \dfrac{3}{5} = \left(-\dfrac{9}{2}\right) \times \dfrac{4}{15} \times \dfrac{5}{3}$

$= -\left(\dfrac{\overset{3}{\cancel{9}}}{\underset{1}{\cancel{2}}} \times \dfrac{\overset{2}{\cancel{4}}}{\underset{1}{\cancel{15}}} \times \dfrac{\overset{1}{\cancel{5}}}{\underset{1}{\cancel{3}}}\right) = -2$

(8) $\left(-\dfrac{2}{3}\right) \div \left(-\dfrac{1}{4}\right) \times \dfrac{7}{8} = \left(-\dfrac{2}{3}\right) \times (-4) \times \dfrac{7}{8}$

$= +\left(\dfrac{\overset{1}{\cancel{2}}}{3} \times \overset{1}{\cancel{4}} \times \dfrac{7}{\underset{4}{\cancel{8}}}\right) = \dfrac{7}{3}$

p.27　ぴたトレ1

1　(1)-31　(2)16　(3)-18　(4)-17　(5)6

(6)-2　(7)36　(8)-3　(9)40　(10)-2

(11)6　(12)11　(13)-63　(14)-32　(15)-9

(16)12　(17)-16　(18)-31　(19)$\dfrac{26}{25}$　(20)$\dfrac{2}{3}$

解き方

累乗→かっこの中→乗法・除法→加法・減法
の順に計算する。

(1)$-3+(-7)\times4=-3-28=-31$

(2)$12-(-20)\div5=12+4=16$

(3)$5\times(-4)+(-6)\div(-3)=-20+2=-18$

(4)$-15\div3+(-4)\times3=-5-12=-17$

(5)$(-2)\times(-9+6)=(-2)\times(-3)=6$

(6)$32\div(-21+5)=32\div(-16)=-2$

(7)$(6-9)\times(-12)=(-3)\times(-12)=36$

(8)$(-3+15)\div(-4)=12\div(-4)=-3$

(9)$\{8-(-2)\}\times4=10\times4=40$

(10)$\{-10+(-2)\}\div6=(-12)\div6=-2$

(11)$96\div(-4)^2=96\div16=6$

(12)$-2^2+15=-4+15=11$

(13)$-72-(-3^2)=-72-(-9)$
$\qquad\qquad\qquad =-72+9=-63$

(14)$(-9^2)+(-7)^2=-81+49=-32$

(15)$7-4\times(9-5)=7-4\times4$
$\qquad\qquad\qquad =7-16=-9$

(16)$42-(-8+18)\times3=42-(+10)\times3$
$\qquad\qquad\qquad\quad =42-30=12$

(17)$8+(-2)^3\times3=8+(-8)\times3$
$\qquad\qquad\qquad =8-24=-16$

(18)$(11+5^2)\div(-9)-3^3=36\div(-9)-27$
$\qquad\qquad\qquad\qquad\quad =-4-27$
$\qquad\qquad\qquad\qquad\quad =-31$

(19)$\dfrac{2}{5}+\left(-\dfrac{4}{5}\right)^2=\dfrac{2}{5}+\dfrac{16}{25}$　通分
$\qquad\qquad\qquad\quad =\dfrac{10}{25}+\dfrac{16}{25}$
$\qquad\qquad\qquad\quad =\dfrac{26}{25}$

(20)$\dfrac{7}{9}-\dfrac{3}{11}\div\dfrac{27}{11}=\dfrac{7}{9}-\dfrac{1}{9}$
$\qquad\qquad\qquad\quad =\dfrac{6}{9}$　約分
$\qquad\qquad\qquad\quad =\dfrac{2}{3}$

2　(1)-14　(2)1　(3)-1300　(4)-630

解き方

分配法則を使って，くふうして計算する。

$a\times(b+c)=\underset{①}{a\times b}+\underset{②}{a\times c}$

$(b+c)\times a=\underset{①}{b\times a}+\underset{②}{c\times a}$

(1)$30\times\left(\dfrac{1}{5}-\dfrac{2}{3}\right)=\overset{6}{\cancel{30}}\times\dfrac{1}{\underset{1}{\cancel{5}}}-\overset{10}{\cancel{30}}\times\dfrac{2}{\underset{1}{\cancel{3}}}$
$\qquad\qquad\qquad\quad =6-20=-14$

(2)$\left(-\dfrac{3}{5}+\dfrac{1}{2}\right)\times(-10)$
$\quad =\left(-\dfrac{3}{\underset{1}{\cancel{5}}}\right)\times\left(-\overset{2}{\cancel{10}}\right)+\dfrac{1}{\underset{1}{\cancel{2}}}\times\left(-\overset{5}{\cancel{10}}\right)$
$\quad =6-5=1$

(3)$86\times(-13)+14\times(-13)$
$\quad =(86+14)\times(-13)$
$\quad =100\times(-13)=-1300$

(4)$122\times(-6.3)-22\times(-6.3)$
$\quad =(122-22)\times(-6.3)$
$\quad =100\times(-6.3)=-630$

p.29　ぴたトレ1

1　(1)(式)$160+(3+10+14+11+6+13)\div6$
$\qquad =169.5$

(答)169.5 cm

(2)①-7　②$0$　③$+4$　④$+1$　⑤-4
$\quad$⑥$+3$

(3)(式)$170+(-7+0+4+1-4+3)\div6$
$\qquad =169.5$

(答)169.5 cm

解き方

平均を求めるときは，基準にする数量を決めて，
その数量よりどれだけ大きいか小さいかを正負
の数で表すと，計算が簡単になる。

(平均)＝(基準の値)＋(基準の値とのちがいの平
均)

(1)160 cmを基準にすると，基準とのちがいはす
　べて正の数になる。

(2)170 cmを基準にすると，170 cmより高いもの
　は正の数，低いものは負の数で表される。

2 (1)⑦, ⑨　(2)⑦, ⑨, ⑨　(3)ない

解き方
(1)自然数では，$3-5$ のような減法や，$5÷3$ のような除法はできない。
(2)整数では，$5÷3$，$(-5)÷(-3)$ のような除法はできない。
(3)数の集合を分数で表せる数に広げると，整数の集合ではできなかった $5÷3$，$(-5)÷(-3)$ のような除法もできるようになる。

3 (1)$2^2×3^2$　(2)$2^3×7$　(3)$2×3^2×7$　(4)$3^3×5$
(5)$2^5×5$　(6)$2^2×3×5^2$

解き方
2, 3, 5, …と小さい順に素数でわっていき，商が素数になるまで続ける。
素因数分解した結果，同じ素因数がある場合は，累乗の指数を使って表す。

(1)
$$\begin{array}{r}2)\overline{\,36\,}\\2)\overline{\,18\,}\\3)\overline{\,\ 9\,}\\3\end{array}$$

(2)
$$\begin{array}{r}2)\overline{\,56\,}\\2)\overline{\,28\,}\\2)\overline{\,14\,}\\7\end{array}$$

(3)
$$\begin{array}{r}2)\overline{\,126\,}\\3)\overline{\,\ 63\,}\\3)\overline{\,\ 21\,}\\7\end{array}$$

(4)
$$\begin{array}{r}3)\overline{\,135\,}\\3)\overline{\,\ 45\,}\\3)\overline{\,\ 15\,}\\5\end{array}$$

(5)
$$\begin{array}{r}2)\overline{\,160\,}\\2)\overline{\,\ 80\,}\\2)\overline{\,\ 40\,}\\2)\overline{\,\ 20\,}\\2)\overline{\,\ 10\,}\\5\end{array}$$

(6)
$$\begin{array}{r}2)\overline{\,300\,}\\2)\overline{\,150\,}\\3)\overline{\,\ 75\,}\\5)\overline{\,\ 25\,}\\5\end{array}$$

p.30〜31 ぴたトレ2

① (1)$\dfrac{1}{15}$　(2)57.6　(3)1　(4)-0.001
(5)-100　(6)$\dfrac{50}{9}$

解き方
正の数，負の数の乗法は，まず積の符号を決め，次に絶対値の積を求める。
・負の数が偶数個あれば，積の符号は＋
・負の数が奇数個あれば，積の符号は－
(1)$(-4)×\left(-\dfrac{1}{60}\right)=+\left(4×\dfrac{1}{60}\right)=\dfrac{1}{15}$
(2)$100×(-0.48)×(-1.2)$
　$=+(100×0.48×1.2)=57.6$
(3)$(-3)×4×\dfrac{1}{6}×(-0.5)=+\left(3×4×\dfrac{1}{6}×\dfrac{1}{2}\right)$
　　　　　　　　　　　　$=1$
(4)$-0.1^3=-(0.1×0.1×0.1)=-0.001$
(5)$(-5)^2×(-2^2)=(-5)×(-5)×\{-(2×2)\}$
　　　　　　$=25×(-4)=-100$
(6)$-(-2)^3×\left(-\dfrac{5}{6}\right)^2$
　　$=-\{(-2)×(-2)×(-2)\}×\left\{\left(-\dfrac{5}{6}\right)×\left(-\dfrac{5}{6}\right)\right\}$
　　$=8×\dfrac{25}{36}=\dfrac{50}{9}$

② (1)$\dfrac{7}{3}$　(2)$-\dfrac{4}{15}$　(3)$-\dfrac{1}{2}$　(4)4　(5)-16
(6)$-\dfrac{3}{28}$

解き方
除法は，逆数の乗法に直して計算する。
(1)$(-35)÷(-15)=(-35)×\left(-\dfrac{1}{15}\right)=\dfrac{7}{3}$
(2)$(-12)÷45=(-12)×\dfrac{1}{45}=-\dfrac{4}{15}$
(3)$\dfrac{1}{12}÷\left(-\dfrac{1}{6}\right)=\dfrac{1}{12}×(-6)=-\dfrac{1}{2}$
(4)$\left(-\dfrac{5}{2}\right)÷\left(-\dfrac{5}{8}\right)=\left(-\dfrac{5}{2}\right)×\left(-\dfrac{8}{5}\right)=4$
(5)$(-4)÷\dfrac{1}{4}=(-4)×4=-16$
(6)$\dfrac{9}{14}÷(-6)=\dfrac{9}{14}×\left(-\dfrac{1}{6}\right)=-\dfrac{3}{28}$

③ (1)-18　(2)12　(3)-4　(4)-20
(5)1　(6)$-\dfrac{1}{12}$　(7)$-\dfrac{1}{9}$　(8)$\dfrac{7}{6}$

解き方
乗法と除法の混じった式は，乗法だけの式に直して計算する。
(1)$12×(-36)÷24=12×(-36)×\dfrac{1}{24}=-18$
(2)$18÷(-2)×(-8)÷6$
　$=18×\left(-\dfrac{1}{2}\right)×(-8)×\dfrac{1}{6}=12$
(3)$4^2÷(-2)^2×(-1)^3=4^2×\dfrac{1}{4}×(-1)=-4$
(4)$(-15)÷3×(-2)^2=(-15)×\dfrac{1}{3}×4=-20$
(5)$-\dfrac{4}{15}×\left(-\dfrac{5}{3}\right)÷\left(-\dfrac{2}{3}\right)^2=-\dfrac{4}{15}×\left(-\dfrac{5}{3}\right)×\dfrac{9}{4}$
　　　　　　　　　　　　　　$=1$
(6)$(-0.2)^2×\dfrac{1}{4}÷\left(-\dfrac{3}{25}\right)=\dfrac{4}{100}×\dfrac{1}{4}×\left(-\dfrac{25}{3}\right)$
　　　　　　　　　　　　　　　$=-\dfrac{1}{12}$
(7)$\left(-\dfrac{3}{4}\right)÷(-6)×\left(-\dfrac{8}{9}\right)$
　$=\left(-\dfrac{3}{4}\right)×\left(-\dfrac{1}{6}\right)×\left(-\dfrac{8}{9}\right)=-\dfrac{1}{9}$
(8)$\dfrac{7}{5}×\left(-\dfrac{5}{6}\right)÷(-1)=\dfrac{7}{5}×\left(-\dfrac{5}{6}\right)×(-1)$
　　　　　　　　　　　　$=\dfrac{7}{6}$

④ (1)30　(2)24　(3)1573　(4)14　(5)$\dfrac{2}{3}$　(6)$-\dfrac{5}{18}$

解き方
四則の混じった計算は，①累乗→②かっこの中→③乗法・除法→④加法・減法　の順で行う。
(1)$16-7×8÷(-4)=16-(-14)=30$
　$7×8×\left(-\dfrac{1}{4}\right)=-14$

(2)$0 \div 7 - 6 \times (5 - 3^2) = 0 - (-24) = 24$
$\quad\quad\quad_{0} \quad\quad _{6 \times (5-9) = 6 \times (-4) = -24}$

(3)$(-3)^3 - (-2^4) \div (-0.1)^2$
$\quad _{-27} \quad\quad _{(-16) \div 0.01 = -1600}$
$\quad = -27 - (-1600) = 1573$

(4)$4^2 - \{(-5 + 13) \div (-2)^2\} = 16 - 2 = 14$
$\quad _{16} \quad\quad _{8 \div 4 = 2}$

(5)$\dfrac{1}{4} - \left(-\dfrac{2}{3}\right) + \dfrac{5}{4} \times \left(-\dfrac{1}{5}\right) = \dfrac{1}{4} + \dfrac{2}{3} - \dfrac{1}{4}$
$\quad\quad\quad\quad\quad\quad _{-\frac{1}{4}} \quad\quad = \dfrac{2}{3}$

(6)$\dfrac{1}{2} + \dfrac{2}{3} \times \left\{-\dfrac{5}{6} + \dfrac{1}{2} \times \left(-\dfrac{2}{3}\right)\right\}$
$\quad\quad\quad\quad\quad _{-\frac{5}{6} + \left(-\frac{1}{3}\right) = -\frac{7}{6}}$
$\quad = \dfrac{1}{2} + \dfrac{2}{3} \times \left(-\dfrac{7}{6}\right) = \dfrac{1}{2} + \left(-\dfrac{7}{9}\right) = -\dfrac{5}{18}$

⑤ (1)3700　(2)1728　(3)1　(4)−11

解き方

(1)$87 \times 37 - (-13) \times 37$
$\quad = \{87 - (-13)\} \times 37$
$\quad = 100 \times 37$
$\quad = 3700$

(2)$-96 \times (-18) = (4 - 100) \times (-18)$
$\quad\quad\quad\quad\quad\quad = 4 \times (-18) - 100 \times (-18)$
$\quad\quad\quad\quad\quad\quad = -72 + 1800$
$\quad\quad\quad\quad\quad\quad = 1728$

(3)$(-12) \times \left(\dfrac{3}{4} - \dfrac{5}{6}\right) = (-12) \times \dfrac{3}{4} - (-12) \times \dfrac{5}{6}$
$\quad\quad\quad\quad\quad\quad\quad\quad = -9 + 10$
$\quad\quad\quad\quad\quad\quad\quad\quad = 1$

(4)$\left(-\dfrac{7}{3} + \dfrac{8}{5}\right) \times 15 = \left(-\dfrac{7}{3}\right) \times 15 + \dfrac{8}{5} \times 15$
$\quad\quad\quad\quad\quad\quad\quad\quad = -35 + 24$
$\quad\quad\quad\quad\quad\quad\quad\quad = -11$

⑥ (例)400冊を基準にすると,
$\quad 400 + (-33 - 19 + 3 + 18 + 32 + 26) \div 6$
$\quad = 404.5$
平均は, 404.5冊

解き方 基準にする冊数は, 6日間の冊数を見て, 真ん中ぐらいの400冊が適当であるが, 何冊を基準にしてもかまわない。

⑦ (1)①＋　②×　(2)①÷　②−

解き方

(1)①に＋をあてはめてみると,
$\quad 8 + 2 \boxed{②} 3 = 14$ より, $2 \boxed{②} 3 = 6$
よって, ②にあてはまる記号は×
また, ①に−, ×, ÷をそれぞれあてはめた場合は, ②にあてはまる記号はない。

(2)①に÷をあてはめてみると,
$\quad 6 \div 3 \boxed{②} (-2) = 4$ より, $2 \boxed{②} (-2) = 4$
よって, ②にあてはまる記号は−
また, ①に＋, −, ×をそれぞれあてはめた場合は, ②にあてはまる記号はない。

⑧ (1)16　(2)160

解き方 $32 = 2^5$, $80 = 2^4 \times 5$
(1)最大公約数は, $2^4 = 16$
(2)最小公倍数は, $2^5 \times 5 = 160$

理解のコツ

・3つ以上の乗法や除法の混じった式では, 乗法だけの式に直して計算しよう。
・四則の混じった計算では, ①累乗→②かっこの中→③乗法・除法→④加法・減法　の順で計算するよ。

---

p.32〜33　ぴたトレ3

① (1)-50 m　(2)A…-2, B…$+3.5$
$\quad$(3)①$-7 < 0 < +6$　$(+6 > 0 > -7)$
$\quad\quad$②$-\dfrac{9}{2} < -3.5 < +3$　$\left(+3 > -3.5 > -\dfrac{9}{2}\right)$

解き方

(1)上と下は反対の向きなので, ある地点から上へ移動することを「$+●$ m」と表すとき, 下へ移動することを「$-●$ m」と表せる。

(2)いちばん小さい1目盛りは$0.5\left(\dfrac{1}{2}\right)$を表している。

(3)不等号の向きは, 1つの式の中ではそろえる。
$\quad$①$0 > -7 < +6$と書くと, 0と$+6$の大小がわからないので誤り。
$\quad$②$-3.5 < +3 > -\dfrac{9}{2}$と書くと, -3.5と$-\dfrac{9}{2}$の大小がわからないので誤り。

② (1)-3　(2)$+2, +4$　(3)-0.2　(4)$+1.5, -\dfrac{3}{2}$
$\quad$(5)$0, -0.2, +\dfrac{1}{10}$　(6)$+\dfrac{1}{10}$

解き方 自然数, 整数, 小数, 分数は, 次のようなものである。

数や絶対値の大小を比べるために, まず分数を小数に直しておく。
$\quad -\dfrac{3}{2} = -1.5 \quad\quad +\dfrac{1}{10} = +0.1$

(3)負の数の中で，絶対値のもっとも小さい数である。

(4)$+1.5$ と -1.5 の絶対値は等しい。

0以外の数は，絶対値が同じである数は2つずつある。

(5)-1 と 1 の間にある数である。

(6)0以外で，絶対値のもっとも小さい数である。

❸ (1)-14　(2)-16　(3)39　(4)$-\dfrac{5}{3}$　(5)-4

(6)-10

解き方

(1)，(2)は，項だけを並べた式に直す。

(1)$(+13)+(-27)=13-27=-14$

(2)$(-31)-(-15)=-31+15=-16$

(3)まず積の符号を決め，絶対値の積を求める。

$(-3)\times(-13)=+(3\times13)=+39=39$

(4)除法を乗法に直す。

$1\div\left(-\dfrac{3}{5}\right)=1\times\left(-\dfrac{5}{3}\right)=-\left(1\times\dfrac{5}{3}\right)=-\dfrac{5}{3}$

(5)，(6)は，先に累乗を計算し，除法を乗法に直す。

(5)$(-2)^3\times(-6)\div(-12)=-8\times(-6)\div(-12)$

$\qquad\qquad\qquad\qquad\quad=-8\times(-6)\times\left(-\dfrac{1}{12}\right)$

$\qquad\qquad\qquad\qquad\quad=-4$

(6)$\left(-\dfrac{5}{9}\right)\times\left(-\dfrac{2}{3}\right)\div\left(-\dfrac{1}{3}\right)^3$

$=\left(-\dfrac{5}{9}\right)\times\left(-\dfrac{2}{3}\right)\div\left(-\dfrac{1}{27}\right)$

$=\left(-\dfrac{5}{9}\right)\times\left(-\dfrac{2}{3}\right)\times(-27)$

$=-10$

❹ (1)-88　(2)26　(3)$\dfrac{1}{6}$　(4)-16

解き方

①累乗→②かっこの中→③乗法・除法→④加法・減法　の順に計算する。

(1)$(-46)-(-14)\times(-3)=-46-42$

$\qquad\qquad\qquad\qquad\qquad=-88$

(2)$\{(-3)+2\times(-5)\}\times(-2)$

$=\{-3+(-10)\}\times(-2)$

$=-13\times(-2)=26$

(3)$\dfrac{1}{3}\times\left\{-\dfrac{1}{6}-\left(-\dfrac{2}{3}\right)\right\}=\dfrac{1}{3}\times\dfrac{1}{2}=\dfrac{1}{6}$

(4)$(-6^2)\times\dfrac{5}{9}-0.5^2\times(-16)$

$=(-36)\times\dfrac{5}{9}-0.25\times(-16)$

$=-20+4=-16$

❺ (1)最大公約数…15，最小公倍数…315

(2)21

解き方

(1)45を素因数分解すると，

$\quad45=3^2\times5$

105を素因数分解すると，

$\quad105=3\times5\times7$

45 と 105 の最大公約数は，

$\quad3\times5=15$

45 と 105 の最小公倍数は，

$\quad3^2\times5\times7=9\times5\times7=315$

(2)84を素因数分解すると，

$\quad84=2^2\times3\times7$

3×7 をかけると，

$\quad2^2\times3\times7\times3\times7=2^2\times3^2\times7^2$

$\qquad\qquad\qquad\qquad=(2\times3\times7)^2=42^2$

❻ (1)22 時　(2)9月3日の9時

解き方

(1)

(2)

2章　文字式

ぴたトレ0

① (1)680円　(2)$x×6+200=y$　(3)740

解き方 (2)ことばの式を使って考えるとわかりやすい。
(1)で考えた値段80円のところをx円におきかえて式をつくる。上の答え以外の表し方でも，意味があっていれば正解である。

② (1)ノート8冊の代金
(2)ノート1冊と鉛筆1本を合わせた代金
(3)ノート4冊と消しゴム1個を合わせた代金

解き方 式の中の数が，それぞれ何を表しているのかを考える。
(3)$x×4$はノート4冊，70円は消しゴム1個の代金である。

p.37 ぴたトレ1

1 (1)$(x×7)$円　(2)$(a+b)$円　(3)$(8-a)$ dL
(4)$(a÷3)$ cm　(5)$(50×a+80)$円
(6)$(1000-x×3)$円

解き方 (5)(鉛筆の代金)+(消しゴムの代金)
(6)ノート3冊の代金は，$(x×3)$円
1000円出したときのおつりは，1000-(代金)

2 (1)$10a$　(2)$\dfrac{3}{4}b$　(3)$-8x$　(4)$5ab$
(5)$3(a-b)$　(6)$7-4x$　(7)$-xy$
(8)$-0.1a$　(9)$2x^3$　(10)a^2b^3

解き方 (2)文字と分数の積のときも，分数を文字の前に書き，乗法の記号×を省く。
(3)負の数のかっこをとる。
(4)文字は，ふつう，アルファベット順に書く。
(5)$(a-b)$は1つの文字とみて，数の後ろに書く。かっこは省かない。
(6)減法の記号-は，省くことができない。
$x×4$だけ，文字式の表し方にしたがう。
(7)$-1xy$とは書かずに，1を省いて$-xy$と書く。
(8)$-0.a$とは書かずに，$-0.1a$と書く。
1を省くのは1，-1との積の場合だけである。
(9)x3個の積はx^3と書く。
(10)a^2とb^3の積で，a^2b^3

3 (1)$\dfrac{x}{7}$　(2)$\dfrac{5}{a}$　(3)$\dfrac{x}{y}$　(4)$\dfrac{a-b}{4}$

解き方 分数の形で書く。
(1)$x÷7$は$x×\dfrac{1}{7}$と同じことだから，$\dfrac{x}{7}$を$\dfrac{1}{7}x$と書くこともある。

(4)$(a-b)$が分子になるときは，( )はつけない。
ただし，$\dfrac{a-b}{4}$は$\dfrac{1}{4}(a-b)$と書くこともある。
この場合は( )が必要である。

p.39 ぴたトレ1

1 (1)-18　(2)23　(3)1　(4)0

解き方 (1)～(3)のように，数とxの積があるときは，乗法の記号×をもとにもどす。
(1)$-6x=-6×3=-18$
(2)$5x+8=5×3+8$
$\quad\quad=15+8=23$
(3)$13-4x=13-4×3$
$\quad\quad\quad=13-12=1$
(4)$\dfrac{x-3}{2}=\dfrac{3-3}{2}=0$

2 (1)-3　(2)37　(3)71

解き方 $x=8$，$y=-7$を代入する。
(1)$4x+5y=4×8+5×(-7)$
$\quad\quad\quad=32-35=-3$
(2)$2x-3y=2×8-3×(-7)$
$\quad\quad\quad=16+21=37$
(3)$x^2-y=8^2-(-7)$
$\quad\quad\quad=64+7=71$

3 (1)$(15-3x)$ km　(2)$\dfrac{a}{70}$ 分
(3)時速$\dfrac{270}{x}$ km　$\left(\dfrac{270}{x}\text{ km/h}\right)$
(4)$\dfrac{23}{100}x$ kg　$(0.23x$ kg$)$
(5)$\dfrac{7}{10}a$ 円　$(0.7a$ 円$)$

解き方 (1)時速x kmで3時間歩いたときの道のりは，
$x×3=3x$より，$3x$ km
よって，残りの道のりは$(15-3x)$ kmである。
(2)(時間)=(道のり)÷(速さ)
(3)(速さ)=(道のり)÷(時間)
(4)23%を分数で表すと，$\dfrac{23}{100}$だから，
$x×\dfrac{23}{100}=\dfrac{23}{100}x$より，$\dfrac{23}{100}x$ kg
(5)7割は$\dfrac{7}{10}$と表されるから，
$a×\dfrac{7}{10}=\dfrac{7}{10}a$より，$\dfrac{7}{10}a$ 円
(4)，(5)は，小数で表すこともできる。

4 (1)ab cm^2　(2)$\dfrac{ch}{2}$ cm^2

解き方 (1)長方形の面積は，(縦)×(横)
(2)三角形の面積は，(底辺)×(高さ)÷2

5 (1)大人 3 人の入館料の合計

(2)大人 4 人と中学生 13 人の入館料の合計

解き方
(1)$3x=x\times3$ とみることができて，これは，
(大人 1 人の入館料)×(人数)を表している。
(2)$4x+13y=x\times4+y\times13$ とみる。
$y\times13$ は，(中学生 1 人の入館料)×(人数)を表している。

---

p.40〜41　ぴたトレ2

① (1)$-8a$　　(2)$0.6x$　　(3)$-4(x+y)$

(4)$3a+7b$　(5)$-x+y$　(6)$-3a^2$

(7)x^3y^2　(8)$\dfrac{a}{12}$　(9)$\dfrac{x+y}{6}$

解き方
(3)積のとき，かっこを省くことはできない。
(4)加法の記号＋は，省くことができない。
(5)$x\times(-1)=(-1)\times x$ は，$-x$ と書く。
$y\times1=1\times y$ は，y と書く。
(7)x^3 と y^2 の積となり，x^3y^2
(8)$\dfrac{1}{12}a$ と書くこともある。
(9)$(x+y)$ が分子になるときは，( )はつけない。
ただし，$\dfrac{1}{6}(x+y)$ と書くこともある。

② (1)$(-2)\times a$　(2)$4\times x+3\times y$　(3)$5\times a\times a\times b$

解き方
数，文字の順に，乗法の記号×でつなげばよい。
(3)$a^2=a\times a$ だから，$5\times a\times a\times b$

③ (1)$a\div9$　(2)$6\div x$　(3)$(a+b)\div10$

解き方
(3)かっこをつけずに，$a+b\div10$ と書くと，
$a+\dfrac{b}{10}$ を表す式になってしまい，誤り。

④ (1)$(2x+5y)$ kg　(2)$\dfrac{18}{x}$ cm　(3)$\dfrac{a+b+70}{3}$ 点

(4)分速 $\dfrac{x}{15}$ m　(5)$\dfrac{a^2}{2}$ cm²　(6)x^2y cm³

解き方
(2)平行四辺形の場合，
(面積)＝(底辺)×(高さ)だから，
(高さ)＝(面積)÷(底辺)となる。
(3)得点の合計は，$(a+b+70)$ 点だから，平均点は，
$(a+b+70)\div3=\dfrac{a+b+70}{3}$(点)
(4)(速さ)＝(道のり)÷(時間)
(5)正方形はひし形でもあるから，面積は，
(対角線)×(対角線)÷2 で求めることもできる。
$a\times a\div2=\dfrac{a^2}{2}$ より，$\dfrac{a^2}{2}$ cm²
(6)(角柱の体積)＝(底面積)×(高さ)
底面は 1 辺が x cm の正方形だから，底面積は
$x\times x=x^2$ より，x^2 cm²

---

5 (1)-30　(2)24　(3)1　(4)28　(5)6　(6)-72

解き方
$x=-6$ を代入する。負の数だから，かっこをつけて，x とおきかえる。
(1)$5x=5\times(-6)$
$\qquad=-30$
(2)$-4x=(-4)\times(-6)$
$\qquad=24$
(3)$2x+13=2\times(-6)+13$
$\qquad=1$
(4)$10-3x=10-3\times(-6)$
$\qquad=28$
(5)$-x=(-1)\times x$
$\qquad=(-1)\times(-6)$
$\qquad=6$
(6)$-2x^2=(-2)\times(-6)^2$
$\qquad=(-2)\times36$
$\qquad=-72$

6 (1)-16　(2)37

解き方
$x=-10$，$y=8$ を代入する。
(1)$xy+y^2=(-10)\times8+8^2$
$\qquad=-80+64$
$\qquad=-16$
(2)$\dfrac{x^2}{4}-\left(-\dfrac{3}{2}y\right)=\dfrac{(-10)^2}{4}-\left(-\dfrac{3}{2}\times8\right)$
$\qquad=\dfrac{100}{4}-(-12)$
$\qquad=25+12$
$\qquad=37$

7 (1)343.5 m/s　(2)328.5 m/s

解き方
$331.5+0.6t$ に $t=20$，$t=-5$ をそれぞれ代入する。
(1)$331.5+0.6\times20=331.5+12$
$\qquad=343.5$(m/s)
(2)$331.5+0.6\times(-5)=331.5-3$
$\qquad=328.5$(m/s)

8 (1)$\dfrac{7}{10}a$ 円　$(0.7a$ 円$)$　(2)$\dfrac{21}{20}x$ 人　$(1.05x$ 人$)$

解き方
(1)3 割…$\dfrac{3}{10}$　定価の 3 割引きのとき，
$1-\dfrac{3}{10}=\dfrac{7}{10}$ より，定価の $\dfrac{7}{10}$ で買うことができる。$a\times\dfrac{7}{10}=\dfrac{7}{10}a$ より，$\dfrac{7}{10}a$ 円
(2)5 ％…$\dfrac{5}{100}=\dfrac{1}{20}$　　$1+\dfrac{1}{20}=\dfrac{21}{20}$ より，
昨年度の生徒数の $\dfrac{21}{20}$ 倍となる。
$x\times\dfrac{21}{20}=\dfrac{21}{20}x$ より，$\dfrac{21}{20}x$ 人
(1)，(2)は，小数で表すこともできる。

9 (1)鉛筆5本とノート2冊を買ったときの代金の合計

(2)500円出して，鉛筆を4本買ったときのおつり

解き方 (2)$4x=x\times4$ は，鉛筆4本の代金を表している。

10 (例)1000円出して，1個60円の品物をx個買ったときのおつり

解き方 次のような答えもある。
1000 mの道のりを行くのに，分速60 mでx分間歩いたときの残りの道のり

理解のコツ
・文字式の表し方，代入のしかたなど，基本的なことは必ず守ろう。
・これまでに学習したことばの式を，確実なものにし，文字式で表すときに生かそう。

---

p.43 ぴたトレ**1**

1 (1)項…$7a$，-3　　aの係数…7

(2)項…5，$-\dfrac{x}{4}$　　xの係数…$-\dfrac{1}{4}$

解き方 (1)$7a-3=7a+(-3)$

(2)$5-\dfrac{x}{4}=5+\left(-\dfrac{x}{4}\right)$

$-\dfrac{x}{4}=\left(-\dfrac{1}{4}\right)\times x$ だから，xの係数は，$-\dfrac{1}{4}$

2 ㋐，㋑，㋓

解き方 ㋒$4x^2=4\times x\times x$
文字はxの1種類であるが，個数は2個だから，1次の項ではない。
1次の項だけの式㋐と，1次の項と数の和の式㋑，㋓が1次式である。
なお，㋓$8-7a=8+(-7a)$で，数と1次の項との和とみることができる。

3 (1)$8x$　(2)$-3y$　(3)x　(4)$\dfrac{4}{7}a$　(5)$9x+8$

(6)$4a-3$

解き方 分配法則を使って，1つの項にまとめる。
係数の和が，新しい項の係数になる。
(1)$2x+6x=(2+6)x$
　　　　$=8x$
(2)項yのyの係数は，$1\times y$より，1だから，
$y-4y=(1-4)y$
　　　$=-3y$

---

(3)$0.7x+0.3x=(0.7+0.3)x$
　　　　　　　$=1\times x$
　　　　　　　$=x$

(4)$\dfrac{5}{7}a-\dfrac{1}{7}a=\left(\dfrac{5}{7}-\dfrac{1}{7}\right)a$
　　　　　　$=\dfrac{4}{7}a$

(5)$3x+1+6x+7=3x+6x+1+7$
　　　　　　　$=(3+6)x+1+7$
　　　　　　　$=9x+8$

(6)$-4a+3+8a-6=-4a+8a+3-6$
　　　　　　　$=(-4+8)a+3-6$
　　　　　　　$=4a-3$

4 (1)$4x-3$　(2)$6x-8$　(3)$a+15$　(4)-2

(5)$5x+9$　(6)$-a-5$　(7)$8x$　(8)$-7x-3$

解き方 (1)$(x+4)+(3x-7)$
$=x+4+3x-7$
$=x+3x+4-7$
$=4x-3$

(2)$(2x-5)+(4x-3)=2x-5+4x-3$
　　　　　　　　$=2x+4x-5-3$
　　　　　　　　$=6x-8$

(3)$(6a+9)+(-5a+6)=6a+9-5a+6$
　　　　　　　　$=6a-5a+9+6$
　　　　　　　　$=a+15$

(4)$(-10+7x)+(8-7x)=-10+7x+8-7x$
　　　　　　　　$=7x-7x-10+8$
　　　　　　　　$=-2$

(5)$(9x+4)-(4x-5)=(9x+4)+(-4x+5)$
　　　　　　　　$=5x+9$

(6)$(a-6)-(2a-1)=(a-6)+(-2a+1)$
　　　　　　　$=-a-5$

(7)$(3x+8)-(-5x+8)=(3x+8)+(5x-8)$
　　　　　　　　$=8x$

(8)$(7-x)-(6x+10)=(7-x)+(-6x-10)$
　　　　　　　$=-7x-3$

---

p.45 ぴたトレ**1**

1 (1)$-24x$　(2)$\dfrac{9}{2}y$

解き方 (1)$3x\times(-8)=3\times(-8)\times x=-24x$

(2)$\left(-\dfrac{3}{4}y\right)\times(-6)=\left(-\dfrac{3}{4}\right)\times(-6)\times y=\dfrac{9}{2}y$

2 (1)$-5x$　(2)$-24x$

解き方 (1)$-20x\div4=\dfrac{-20x}{4}=-5x$

(2)$16x\div\left(-\dfrac{2}{3}\right)=16x\times\left(-\dfrac{3}{2}\right)=-24x$

---

3 (1)$-6x+15$ (2)$-10x+9$

解き方 (1)$(2x-5)\times(-3)=2x\times(-3)-5\times(-3)$
$\qquad\qquad\qquad\qquad=-6x+15$
(2)$-(10x-9)=(-1)\times(10x-9)$
$\qquad\qquad\quad=(-1)\times10x+(-1)\times(-9)$
$\qquad\qquad\quad=-10x+9$

4 (1)$6x-16$ (2)$-36a+4$

解き方 (1)$\dfrac{3x-8}{7}\times14=\dfrac{(3x-8)\times14}{7}$
$\qquad\qquad\qquad=(3x-8)\times2=6x-16$
(2)$(-16)\times\dfrac{9a-1}{4}=\dfrac{-16\times(9a-1)}{4}$
$\qquad\qquad\qquad\quad=-4\times(9a-1)=-36a+4$

5 (1)$3a-1$ (2)$4x-3$

解き方 (1)$(18a-6)\div6=(18a-6)\times\dfrac{1}{6}$
$\qquad\qquad\qquad=18a\times\dfrac{1}{6}-6\times\dfrac{1}{6}$
$\qquad\qquad\qquad=3a-1$
(2)$(-12x+9)\div(-3)=(-12x+9)\times\left(-\dfrac{1}{3}\right)$
$\qquad\qquad\qquad=-12x\times\left(-\dfrac{1}{3}\right)+9\times\left(-\dfrac{1}{3}\right)$
$\qquad\qquad\qquad=4x-3$

6 (1)$9a-1$ (2)$-x$ (3)$-2x+1$ (4)$11a-9$

解き方 それぞれのかっこを，分配法則を使ってはずす。
符号，かけわすれに注意する。
(1)$3(a-3)+2(3a+4)=3a-9+6a+8$
$\qquad\qquad\qquad\qquad=9a-1$
(2)$4(-x+6)+3(x-8)=-4x+24+3x-24$
$\qquad\qquad\qquad\qquad=-x$
(3)$5(x+3)-7(x+2)=5x+15-7x-14$
$\qquad\qquad\qquad\qquad=-2x+1$
(4)$-(a-9)-6(-2a+3)$
$\quad=-a+9+12a-18$
$\quad=11a-9$

p.47 ぴたトレ**1**

1 (1)(例)最初に左端にストローを1本，縦にして置くと，ストローを5本ずつ加えるごとに，正六角形が1個ずつできる。
正六角形をa個つくるから，必要なストローの本数を求める式は，$1+5a$となる。
(2)(例)a個の正六角形を別々につくると，ストローは，$6\times a=6a$より，$6a$本必要である。これをつないでいくと，つなぎめごとにストローが2本になるから，1本ずつ取り除く。

a個の正六角形をつなぐと，つなぎめは$(a-1)$か所できるから，$(a-1)$本のストローを取り除く。
したがって，必要なストローの本数を求める式は，$6a-(a-1)$となる。

解き方 (1)5本ずつ増やす回数と正六角形の個数が同じになる考え方。
(2)はじめに正六角形をつくっておいて，余分なストローを取り除く考え方。

2 (1)(例)a個の正方形を別々につくると，ストローは，$4\times a=4a$より，$4a$本必要である。これをつないでいくと，つなぎめごとにストローが2本になるから，1本ずつ取り除く。a個の正方形をつなぐと，つなぎめは$(a-1)$か所できるから，$(a-1)$本のストローを取り除く。
したがって，必要なストローの本数を求める式は，$4a-(a-1)$となる。
(2)$(5a+2)$本

解き方 (2)別々に(1)の形を2個つくると，ストローは，$\{4a-(a-1)\}\times2=6a+2$(本)必要である。これを上下に2つつなげると，つなぎめがaか所できるから，1本ずつ取り除くと，$6a+2-a=5a+2$(本)

p.48〜49 ぴたトレ**2**

1 (1)$1.2x$ (2)$1.4x$ (3)$-0.7a+0.5$
(4)$\dfrac{5}{4}a$ (5)$\dfrac{3}{8}x$ (6)$\dfrac{7}{9}a+\dfrac{1}{2}$

解き方 (5)$x-\dfrac{5}{8}x=\left(1-\dfrac{5}{8}\right)x=\dfrac{3}{8}x$
(6)$\dfrac{1}{3}a-\dfrac{1}{6}+\dfrac{4}{9}a+\dfrac{2}{3}=\left(\dfrac{1}{3}+\dfrac{4}{9}\right)a-\dfrac{1}{6}+\dfrac{2}{3}$
$\qquad\qquad\qquad=\dfrac{7}{9}a+\dfrac{1}{2}$

2 (1)$-8x+3$ (2)20 (3)$x-\dfrac{2}{5}$
(4)$\dfrac{7}{10}x-\dfrac{5}{6}$ (5)$-\dfrac{1}{6}x+10$ (6)$\dfrac{4}{9}a+6$

解き方 (2)$(13-2a)-(-7-2a)$
$\quad=(13-2a)+(7+2a)=20$
(4)$\left(\dfrac{2}{5}x-1\right)+\left(\dfrac{3}{10}x+\dfrac{1}{6}\right)=\dfrac{2}{5}x-1+\dfrac{3}{10}x+\dfrac{1}{6}$
$\qquad\qquad\qquad=\left(\dfrac{2}{5}+\dfrac{3}{10}\right)x-1+\dfrac{1}{6}$
$\qquad\qquad\qquad=\dfrac{7}{10}x-\dfrac{5}{6}$

$(5)\left(\dfrac{1}{2}x+3\right)-\left(\dfrac{2}{3}x-7\right)=\left(\dfrac{1}{2}x+3\right)+\left(-\dfrac{2}{3}x+7\right)$

$\qquad\qquad\qquad\qquad =\left(\dfrac{1}{2}-\dfrac{2}{3}\right)x+3+7$

$\qquad\qquad\qquad\qquad =-\dfrac{1}{6}x+10$

$(6)\left(\dfrac{1}{9}a+4\right)-\left(-\dfrac{1}{3}a-2\right)$

$\qquad =\left(\dfrac{1}{9}a+4\right)+\left(\dfrac{1}{3}a+2\right)$

$\qquad =\left(\dfrac{1}{9}+\dfrac{1}{3}\right)a+4+2=\dfrac{4}{9}a+6$

❸ $(1)-15a$　$(2)8x$　$(3)3x$　$(4)0.8x$　$(5)-\dfrac{x}{7}$

$\quad(6)4a$　$(7)-2x+10$　$(8)4-8x$　$(9)3x-5$

$\quad(10)6a+9$　$(11)-2x+\dfrac{2}{3}$　$(12)-6x+\dfrac{1}{3}$

$\quad(13)6x+3$　$(14)5x-25$　$(15)6a-3$

解き方

$(6)(-6a)\div\left(-\dfrac{3}{2}\right)=(-6a)\times\left(-\dfrac{2}{3}\right)$

$\qquad\qquad\qquad\quad =(-6)\times\left(-\dfrac{2}{3}\right)\times a$

$\qquad\qquad\qquad\quad =4a$

$(12)-\dfrac{3}{5}\left(10x-\dfrac{5}{9}\right)=-\dfrac{3}{5}\times10x+\left(-\dfrac{3}{5}\right)\times\left(-\dfrac{5}{9}\right)$

$\qquad\qquad\qquad\qquad =-6x+\dfrac{1}{3}$

$(13)\dfrac{2x+1}{3}\times9=(2x+1)\times3=6x+3$

$(15)(14a-7)\div\dfrac{7}{3}=(14a-7)\times\dfrac{3}{7}=6a-3$

❹ $(1)17x-21$　$(2)-2a+3$　$(3)5x+12$

$\quad(4)-4$　$(5)5x-6$　$(6)\dfrac{5}{8}x-5$　$(7)\dfrac{1}{10}$

$\quad(8)-x+18$

解き方

$(1)5x+3(4x-7)=5x+12x-21$

$\qquad\qquad\qquad\quad =17x-21$

$(2)6(3a-2)+5(3-4a)=18a-12+15-20a$

$\qquad\qquad\qquad\qquad\qquad =-2a+3$

$(3)7x-2(x-6)=7x-2x+12=5x+12$

$(4)8(a-3)-4(2a-5)=8a-24-8a+20=-4$

$(5)\dfrac{3}{4}(8x-12)-\dfrac{1}{3}(3x-9)=6x-9-x+3$

$\qquad\qquad\qquad\qquad\qquad =5x-6$

$(6)\dfrac{1}{2}(x-6)+\dfrac{1}{8}(x-16)=\dfrac{1}{2}x-3+\dfrac{1}{8}x-2$

$\qquad\qquad\qquad\qquad\qquad =\dfrac{5}{8}x-5$

$(7)\dfrac{1}{5}(x+4)-\dfrac{1}{10}(2x+7)=\dfrac{1}{5}x+\dfrac{4}{5}-\dfrac{1}{5}x-\dfrac{7}{10}$

$\qquad\qquad\qquad\qquad\qquad =\dfrac{1}{10}$

$(8)\dfrac{1}{3}(9+2x)-\dfrac{5}{6}(2x-18)$

$\quad =3+\dfrac{2}{3}x-\dfrac{5}{3}x+15=-x+18$

❺ $(1)3(x-1)$

$\quad(2)$(例)

（式）

$3(x-2)+3$

解き方

$(1)3$つの部分には，碁石が$(x-1)$個ずつ入っている。

(2)次の図のように3つの部分に分けてもよい。

このときの式は，$3x-3$

❻ $(7x+5)$個

解き方

図1のように考えると，

$5+7\times x=7x+5$(個)

図1

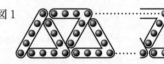

または，図2のように考えると，

$12+7\times(x-1)=7x+5$(個)

図2

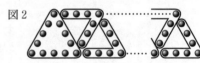

理解のコツ

・係数が分数の式でも計算方法は同じだよ。約分に気をつけよう。

・図形のつながりから規則性を見つけられるようになって，いろいろな考え方ができるようになろう。

p.50〜51　　　　　　ぴたトレ**3**

❶ $(1)-3a^2b$　$(2)\dfrac{9}{x}$　$(3)-x+0.1y$　$(4)\dfrac{a-3}{5}$

解き方

$(3)x\times(-1)$は，1を省き$-x$と書く。

0.1の1を省くことはできない。

$(4)(a-3)$は分子になるので，$(\ \ )$はつけない。

ただし，$\dfrac{a-3}{5}$は$\dfrac{1}{5}(a-3)$と書くこともあり，

この場合は$(\ \ )$が必要である。

② (1)$(8a+5b)$ 円　(2)$\dfrac{9}{10}x$ 円　　$(0.9x$ 円$)$

(3)$(a-60b)$ m　(4)$6ab$ cm^3

解き方

(2)10 % は $\dfrac{1}{10}$ だから，10 % 引きは

$1-\dfrac{1}{10}=\dfrac{9}{10}$ より，代金は，定価の $\dfrac{9}{10}$ である。

$x\times\dfrac{9}{10}=\dfrac{9}{10}x$ より，$\dfrac{9}{10}x$ 円

(2)は小数で表すこともできる。

(3)分速 60 m で b 分間歩いたときの道のりは，

$60\times b=60b$ より，$60b$ m

したがって，残りの道のりは，$(a-60b)$ m である。

(4)直方体の体積は，(縦)×(横)×(高さ)

$a\times b\times 6=6ab$ より，$6ab$ cm^3

③ (1)**周の長さ，cm**　(2)**面積，cm^2**

解き方

(1)ひし形の 4 つの辺はすべて等しい。

(2)$\dfrac{1}{2}xy=x\times y\div 2$ だから，

(ひし形の面積)＝(対角線)×(対角線)÷2 にあてはまる。

④ (1)-22　(2)500　(3)-4　(4)48

解き方

(1)$3x+8=3\times(-10)+8$
$=-30+8$
$=-22$

(2)$5x^2=5\times(-10)^2$
$=5\times100$
$=500$

(3)$4x+9y=4\times(-10)+9\times4$
$=-40+36$
$=-4$

(4)$7y-2x=7\times4-2\times(-10)$
$=28+20$
$=48$

⑤ (1)$6x$　　　　(2)$-9a+5$　　(3)$-a+3$

(4)$-3x+1$　(5)$-30a$　　　(6)$-16x$

(7)$15x-27$　(8)$5a-4$

解き方

(1)$-3x+9x=(-3+9)x$
$=6x$

(2)$-a+7-8a-2=-a-8a+7-2$
$=(-1-8)a+7-2$
$=-9a+5$

(3)$(-4a+5)+(3a-2)=-4a+5+3a-2$
$=(-4+3)a+5-2$
$=-a+3$

(4)$(2x-7)-(5x-8)=(2x-7)+(-5x+8)$
$=-3x+1$

(5)$6a\times(-5)=6\times a\times(-5)$
$=6\times(-5)\times a$
$=-30a$

(6)$(-12x)\div\dfrac{3}{4}=(-12x)\times\dfrac{4}{3}$
$=-16x$

(7)$\dfrac{5x-9}{8}\times24=(5x-9)\times3$
$=15x-27$

(8)$(-35a+28)\div(-7)=(-35a+28)\times\left(-\dfrac{1}{7}\right)$
$=5a-4$

⑥ (1)$11x+4$　(2)$7x+12$　(3)$-8a+7$

(4)$15x-6$　(5)$5x-1$　　(6)$-x+13$

解き方

(1)$2(4x-7)+3(x+6)$
$=8x-14+3x+18$
$=11x+4$

(2)$8(2x-3)+9(4-x)=16x-24+36-9x$
$=7x+12$

(3)$5(2a-1)-6(3a-2)=10a-5-18a+12$
$=-8a+7$

(4)$7(x+2)-4(5-2x)=7x+14-20+8x$
$=15x-6$

(5)$\dfrac{1}{2}(4x-20)+\dfrac{3}{5}(5x+15)=2x-10+3x+9$
$=5x-1$

(6)$\dfrac{1}{4}(x-8)-\dfrac{5}{12}(3x-36)=\dfrac{1}{4}x-2-\dfrac{5}{4}x+15$
$=-x+13$

⑦ (1)$4a+3$　(2)203

解き方

(1)

$\underbrace{7,\ 11,\ 15,\ 19,\ 23,\ 27,\ 31\cdots\square}$
$\underset{+4\ +4\ +4\ +4\ +4\ +4\ +4}{}$

$\underbrace{\qquad\qquad\qquad}_{(a-1)\text{個}}$

最初の 7 から 4 ずつ $(a-1)$ 回増えると a 番目の数になるから，a 番目の数は，

$7+4\times(a-1)=4a+3$

(2)$4a+3$ に $a=50$ を代入する。

$4a+3=4\times50+3=203$

3章　1次方程式

左カラム

p.53　ぴたトレ0

① (1)分速 80 m　(2)80 km　(3)0.2 時間

解き方
(1)(速さ)＝(道のり)÷(時間) だから，
$400 \div 5 = 80$

(2)1 時間 20 分は $\frac{80}{60}$ 時間だから，

$60 \times \frac{80}{60} = 80$ (km)

(3)1 時間は (60×60) 秒だから，
秒速 75 m を時速に直すと，
$75 \times 3600 = 270000$ (m)
270000 m ＝ 270 km
である。
(時間)＝(道のり)÷(速さ) だから，
$54 \div 270 = 0.2$ (時間)
12 分もしくは 720 秒でも正解である。

② (1)$\frac{2}{5}$　(0.4)　(2)$\frac{8}{5}$　$\left(1\frac{3}{5},\ 1.6\right)$　(3)$\frac{5}{6}$

解き方
$a:b$ の比の値は，$a \div b$ で求められる。

(2)$4 \div 2.5 = 40 \div 25 = \frac{40}{25} = \frac{8}{5}$

(3)$\frac{2}{3} \div \frac{4}{5} = \frac{2}{3} \times \frac{5}{4} = \frac{5}{6}$

③ (1)$17:19$　(2)$36:19$

解き方
(2)クラス全体の人数は，$17+19=36$(人)である。

p.55　ぴたトレ1

1 (1)$3a+5b=3000$　(2)$a+4b<2000$

解き方
(2)2000 円でおつりがあるから，入園料の合計は
2000 円より安い。
したがって，$a+4b$ の値は 2000 より小さい。

2 (1)$7x+8=50$　(2)$2y+12>3y$

(3)$150-4a=b$　(4)$4x+3y<1000$

解き方
(4)「1000 円未満」は，1000 円をふくまず，1000
円より小さいことを表す。
不等号は＜を使う。

3 (1)$a+b\geqq11$　(2)$x+4y\leqq25$

(3)$\frac{x}{6}\geqq3$　(4)$a-8\leqq20$

解き方
(1)「11 人以上」は，11 人でもよいし，11 人より
多くてもよいことを表す。
1 つにまとめて，不等号は≧を使う。
(4)残った人数は $(a-8)$ 人と表される。

右カラム

4 (1)大人 1 人の運賃は中学生 1 人の運賃より
120 円高い。
(2)大人 1 人と中学生 1 人の運賃の合計は
400 円より安い。
(3)大人 2 人と中学生 5 人の運賃の合計は
1000 円以上である。

解き方
左辺の式が表す数量を考える。
(1)左辺は，大人と中学生の運賃の差を表す。
(2)左辺は，大人と中学生の運賃の合計を表す。
(3)大人 2 人と中学生 5 人の運賃の合計を表す。

p.57　ぴたトレ1

1 (1)6　(2)5

解き方
x にそれぞれの値を代入して，等式が成り立つ
かどうかを調べる。
(1)$x=6$ を代入すると，
$3x-8=3\times6-8=10$
右辺の値に等しい。
(2)$x=5$ を代入すると，
$x+4=5+4=9$
$14-x=14-5=9$
両辺の値が等しい。

2 (1)① 4　② 4　③ 4　④ 6

(2)① 3　② 3　③ 3　④ −12

解き方
等式の性質を使って，方程式を「$x=$(数)」の形に
すると，これが方程式の解となる。
方程式の両辺には同じ操作をする。

3 (1)$x=-2$　(2)$x=-9$　(3)$x=10$

(4)$x=-4$　(5)$x=8$　(6)$x=-5$

(7)$x=6$　(8)$x=\frac{1}{3}$　(9)$x=24$

(10)$x=-18$　(11)$x=21$　(12)$x=-8$

解き方
(6)両辺を -8 でわる。または，
両辺に $-\frac{1}{8}$ をかけると，

$-8x\times\left(-\frac{1}{8}\right)=40\times\left(-\frac{1}{8}\right)$

$x=-5$

(7)両辺に -1 をかける。
(11)両辺に -3 をかける。

ぴたトレ**1**

1 (1)$x=-4$　(2)$x=5$　(3)$x=-2$　(4)$x=9$

(5)$x=3$　　(6)$x=7$　(7)$x=-2$　(8)$x=5$

解き方

解く手順は，

❶文字の項を左辺に，数の項を右辺に移項する。

❷両辺をそれぞれ計算し，$ax=b(a\neq0)$ の形にする。

❸両辺を x の係数 a でわる。

※移項は，項の符号を変えて行うこと。

(6)　$8x-13=5x+8$

　　-13，$5x$ を移項すると，

　　　　$8x-5x=8+13$

　　　　　　$3x=21$

　　　　　　　$x=7$

(8)　　$7+2x=6x-13$

　　7，$6x$ を移項すると，

　　　　$2x-6x=-13-7$

　　　　　$-4x=-20$

　　　　　　　$x=5$

2 (1)$x=5$　(2)$x=-4$　(3)$x=-3$

(4)$x=-2$

解き方

分配法則を使ってかっこをはずしてから解く。

符号に注意する。

(1)$3(x-2)+1=10$

　　$3x-6+1=10$

　　　　　$3x=10+6-1$

　　　　　$3x=15$

　　　　　　$x=5$

(2)$7x-5(x-3)=7$

　　$7x-5x+15=7$

　　　　$7x-5x=7-15$

　　　　　　$2x=-8$

　　　　　　　$x=-4$

(3)$4x-9(x+2)=-3$

　　$4x-9x-18=-3$

　　　$4x-9x=-3+18$

　　　　$-5x=15$

　　　　　　$x=-3$

(4)$-4(x+4)=5x+2$

　　$-4x-16=5x+2$

　　　$-4x-5x=2+16$

　　　　$-9x=18$

　　　　　　$x=-2$

3 (1)$x=-15$　(2)$x=-4$

解き方

係数を整数に直してから解くとよい。

(1)　　　$0.5x+3=0.3x$

　　両辺に 10 をかけると，

　　$(0.5x+3)\times10=0.3x\times10$

　　　　$5x+30=3x$

　　　　$5x-3x=-30$

　　　　　　$2x=-30$

　　　　　　　$x=-15$

(2)　　　$0.35x=0.2x-0.6$

　　両辺に 100 をかけると，

　　$0.35x\times100=(0.2x-0.6)\times100$

　　　　　$35x=20x-60$

　　　$35x-20x=-60$

　　　　　$15x=-60$

　　　　　　$x=-4$

4 (1)$x=-12$　(2)$x=-5$　(3)$x=-7$

(4)$x=14$

解き方

分母の公倍数を両辺にかけて，分母をはらってから解くとよい。

(1)　$\dfrac{2}{3}x=\dfrac{1}{2}x-2$

　　両辺に 6 をかけると，

　　$\dfrac{2}{3}x\times6=\left(\dfrac{1}{2}x-2\right)\times6$

　　　　$4x=3x-12$

　　　$4x-3x=-12$

　　　　　$x=-12$

(2)　　$\dfrac{2}{5}x-\dfrac{1}{2}=\dfrac{7}{10}x+1$

　　両辺に 10 をかけると，

　　$\left(\dfrac{2}{5}x-\dfrac{1}{2}\right)\times10=\left(\dfrac{7}{10}x+1\right)\times10$

　　　　$4x-5=7x+10$

　　　$4x-7x=10+5$

　　　　$-3x=15$

　　　　　$x=-5$

(3)　　$\dfrac{x-5}{4}=-3$

　　両辺に 4 をかけると，

　　$\dfrac{x-5}{4}\times4=-3\times4$

　　　　$x-5=-12$

　　　　　$x=-12+5$

　　　　　$x=-7$

(4) $\dfrac{x+4}{9}=\dfrac{x-2}{6}$

両辺に 18 をかけると，

$\dfrac{x+4}{9}\times18=\dfrac{x-2}{6}\times18$

$(x+4)\times2=(x-2)\times3$

$2x+8=3x-6$

$2x-3x=-6-8$

$-x=-14$

$x=14$

p.60～61　ぴたトレ2

① (1)$1000-6a=b$　　(2)$6x+2\geqq20$

(3)$150a+b\leqq2000$　(4)$3x-2>x+6$

解き方
(1)$1000-$(代金)$=$(おつり)

(2)(重さの合計)$\geqq20$

(3)(プリンの代金)$+$(ケーキの代金)$\leqq2000$

② 解が　3 であるもの…㋐，㋔

解が -3 であるもの…㋒

解き方
$x=3$ を代入すると，

㋐$2x+3=2\times3+3=9$　　　右辺に等しい。

㋑$x-4=3-4=-1$

㋒$-6x=-6\times3=-18$

㋓$\left.\begin{array}{l}3x-5=3\times3-5=4\\x+1=3+1=4\end{array}\right\}$　両辺が等しい。

$x=-3$ を㋑，㋒に代入すると，

㋑$x-4=-3-4=-7$

㋒$-6x=-6\times(-3)=18$　　　右辺に等しい。

1 次方程式の解は 1 つだけであるから，$x=3$ が解である㋐，㋓については，-3 は調べなくてよい。

③ ①㋐，$m=6$　　②㋓，$m=5$

解き方
次のように考えることもできる。

①㋑，$m=-6$　　②㋒，$m=\dfrac{1}{5}$

④ (1)$x=-6$　(2)$x=5$　(3)$x=-9$　(4)$x=\dfrac{5}{4}$

(5)$x=20$　　(6)$x=-12$

解き方
(3)両辺を -8 でわる。

(4)両辺を 16 でわる。

(5)両辺に -4 をかける。

(6)両辺に -6 をかける。

⑤ (1)$x=4$　(2)$x=2$　(3)$x=1$　(4)$x=\dfrac{5}{3}$

解き方
文字の項を左辺に，数の項を右辺に移項して解く。

(1)$5x-13=-2x+15$

$5x+2x=15+13$

$7x=28$

$x=4$

(2)　　$8-6x=2-3x$

$-6x+3x=2-8$

$-3x=-6$

$x=2$

(3)$-4x+7=x+2$

$-4x-x=2-7$

$-5x=-5$

$x=1$

(4)　　$3-2x=7x-12$

$-2x-7x=-12-3$

$-9x=-15$

$x=\dfrac{15}{9}$

$x=\dfrac{5}{3}$

⑥ (1)$x=4$　(2)$x=0$　(3)$x=-\dfrac{1}{3}$　(4)$x=1$

解き方
分配法則でかっこをはずしてから解く。

(1)$10x-3(2x+3)=7$

$10x-6x-9=7$

$10x-6x=7+9$

$4x=16$

$x=4$

(2)$2(x-9)=-6(x+3)$

$2x-18=-6x-18$

$2x+6x=-18+18$

$8x=0$

$x=0$

(3)$9x-(3x-4)=2$

$9x-3x+4=2$

$9x-3x=2-4$

$6x=-2$

$x=-\dfrac{1}{3}$

(4)$7x-3(x+4)=4(1-3x)$

$7x-3x-12=4-12x$

$7x-3x+12x=4+12$

$16x=16$

$x=1$

7 (1) $x=-4$ (2) $x=\dfrac{20}{3}$ (3) $x=16$ (4) $x=6$

(5) $x=\dfrac{4}{7}$ (6) $x=-2$ (7) $x=7$ (8) $x=4$

解き方 係数を整数に直してから解くとよい。

(1) $\qquad 0.17x=0.02x-0.6$

両辺に 100 をかけると，

$\qquad 0.17x\times100=(0.02x-0.6)\times100$

$\qquad\qquad\quad 17x=2x-60$

$\qquad\qquad 17x-2x=-60$

$\qquad\qquad\quad 15x=-60$

$\qquad\qquad\qquad x=-4$

(2) $\qquad 0.8x-1=0.2x+3$

両辺に 10 をかけると，

$\qquad (0.8x-1)\times10=(0.2x+3)\times10$

$\qquad\qquad 8x-10=2x+30$

$\qquad\qquad 8x-2x=30+10$

$\qquad\qquad\quad 6x=40$

$\qquad\qquad\quad\ x=\dfrac{40}{6}$

$\qquad\qquad\quad\ x=\dfrac{20}{3}$

(3) $\qquad 0.25x-1.2=0.3x-2$

両辺に 100 をかけると，

$\qquad (0.25x-1.2)\times100=(0.3x-2)\times100$

$\qquad\qquad 25x-120=30x-200$

$\qquad\qquad 25x-30x=-200+120$

$\qquad\qquad\quad -5x=-80$

$\qquad\qquad\qquad x=16$

(4) $\qquad 0.7(x-2)=0.3x+1$

両辺に 10 をかけると，

$\qquad 0.7(x-2)\times10=(0.3x+1)\times10$

$\qquad\qquad 7(x-2)=3x+10$

$\qquad\qquad 7x-14=3x+10$

$\qquad\qquad 7x-3x=10+14$

$\qquad\qquad\quad 4x=24$

$\qquad\qquad\qquad x=6$

(5) $\qquad 2x-1=\dfrac{x}{4}$

両辺に 4 をかけると，

$\qquad (2x-1)\times4=\dfrac{x}{4}\times4$

$\qquad\qquad 8x-4=x$

$\qquad\qquad 8x-x=4$

$\qquad\qquad\quad 7x=4$

$\qquad\qquad\qquad x=\dfrac{4}{7}$

(6) $\qquad \dfrac{1}{6}x-\dfrac{2}{3}=\dfrac{3}{4}x+\dfrac{1}{2}$

両辺に 12 をかけると，

$\qquad \left(\dfrac{1}{6}x-\dfrac{2}{3}\right)\times12=\left(\dfrac{3}{4}x+\dfrac{1}{2}\right)\times12$

$\qquad\qquad 2x-8=9x+6$

$\qquad\qquad 2x-9x=6+8$

$\qquad\qquad\quad -7x=14$

$\qquad\qquad\qquad x=-2$

(7) $\qquad \dfrac{x+3}{10}=\dfrac{2x+1}{15}$

両辺に 30 をかけると，

$\qquad \dfrac{x+3}{10}\times30=\dfrac{2x+1}{15}\times30$

$\qquad (x+3)\times3=(2x+1)\times2$

$\qquad\qquad 3x+9=4x+2$

$\qquad\qquad 3x-4x=2-9$

$\qquad\qquad\quad -x=-7$

$\qquad\qquad\qquad x=7$

(8) $\qquad x+\dfrac{x-1}{3}=5$

両辺に 3 をかけると，

$\qquad \left(x+\dfrac{x-1}{3}\right)\times3=5\times3$

$\qquad\qquad 3x+(x-1)=15$

$\qquad\qquad 3x+x=15+1$

$\qquad\qquad\quad 4x=16$

$\qquad\qquad\qquad x=4$

8 $a=-3$

解き方 解が 3 であるから，$x=3$ を代入したとき，方程式は成り立つ。

$\qquad 4\times3-a=15$

$\qquad\quad 12-a=15$

a についての方程式として解くと，

$\qquad\quad -a=15-12$

$\qquad\quad -a=3$

$\qquad\qquad a=-3$

理解のコツ

・数量の関係を式で表すときは，問題文を読んで内容を理解することが大切だよ。「大きい」「小さい」がほかのことばで表現されていることもあるから，自分でいいかえてみよう。

・移項するときやかっこをはずすとき，符号にはじゅうぶん注意しよう。小数や分数をふくむ方程式は，係数を整数に直して解くのが安全だよ。ただし，整数の項にも同じ数をかけることを忘れないようにしよう。

1 8本

解き方 鉛筆を x 本買ったとすると，
$130 \times 4 + 60x = 1000$
これを解くと，$x = 8$
鉛筆の本数8本は，問題に適している。

2 7 cm

解き方 縦の長さを x cm とすると，
横の長さは $(x+2)$ cm であるから，
$2x + 2(x+2) = 32$
これを解くと，$x = 7$
横の長さは，$7+2=9$ より，9 cm である。
縦7 cm，横9 cm は，問題に適している。

3 子ども…12人，折り紙…43枚

解き方 子どもの人数を x 人とすると，
$3x + 7 = 4x - 5$
これを解くと，$x = 12$
折り紙の枚数は，$3 \times 12 + 7 = 43$
子ども12人，折り紙43枚は，問題に適している。

4 プリン…180円，持っていたお金…1300円

解き方 プリン1個の値段を x 円とすると，
$8x - 140 = 7x + 40$
これを解くと，$x = 180$
持っていたお金は，$8 \times 180 - 140 = 1300$
プリン1個180円，持っていたお金1300円は，
問題に適している。

5 (1)方程式…$80(x+6) = 200x$　答え…4分後
(2)方程式の解は，問題に適さない。
　姉が出発してから4分後の家からの道のりは
　800 m だから，700 m までに追いつけないか
　ら。

解き方 (1)姉が妹に追いつくとき，
（妹が進んだ道のり）＝（姉が進んだ道のり）
となる。
この数量の関係から方程式をつくる。
姉が家を出発してから x 分後に妹に追いつく
とすると，
$80(x+6) = 200x$
これを解くと，$x = 4$
$80(x+6)$，$200x$ のそれぞれに $x=4$ を代入する
と，どちらも800となる。
800 m は 1 km 以内であるから，姉が出発して
から4分後に追いつくことは，問題に適して
いる。

1 (1)$\dfrac{4}{5}$　(2)$\dfrac{2}{3}$　(3)$\dfrac{4}{5}$

等しい比…$4 : 5 = 24 : 30$

解き方 $\dfrac{a}{b}$ を，比 $a : b$ の比の値という。

(3)比の値は $\dfrac{24}{30}$　　約分して $\dfrac{4}{5}$

(1)と(3)は，比の値が等しいから，等しい比である。

2 (1)$x = 12$　(2)$x = \dfrac{21}{4}$

解き方 (1)比の値が等しいから，
$$\frac{x}{8} = \frac{3}{2}$$
両辺に8をかけると，$x = 12$

(2)
$$\frac{7}{4} = \frac{x}{3}$$
両辺を入れかえると，$\dfrac{x}{3} = \dfrac{7}{4}$
両辺に3をかけると，$x = \dfrac{21}{4}$

3 (1)$x = 21$　(2)$x = \dfrac{3}{2}$　(3)$x = 8$　(4)$x = 15$

(5)$x = \dfrac{2}{3}$　(6)$x = 7$

解き方 $a : b = c : d$ ならば，$ad = bc$
(1)$8x = 12 \times 14$
$$x = \frac{\overset{3}{\cancel{12}} \times \overset{7}{\cancel{14}}}{\underset{1}{\cancel{8}}} \quad \leftarrow 約分$$
$$\overbrace{8 : 12 = 14 : x}^{\,8x\,}_{12 \times 14}$$
$x = 21$

(2)$10x = 5 \times 3$
$$x = \frac{\overset{1}{\cancel{5}} \times 3}{\underset{2}{\cancel{10}}} \quad \leftarrow 約分$$
$$x = \frac{3}{2}$$

(3)　　　　　　$6 \times 12 = 9x$
両辺を入れかえると，$9x = 6 \times 12$
　　　　　　　　　$x = 8$

(4)　　　　　　$5 \times 18 = 6x$
両辺を入れかえると，$6x = 5 \times 18$
　　　　　　　　　$x = 15$

(5)　　　　　　$\dfrac{1}{4} \times 8 = 3x$
両辺を入れかえると，$3x = \dfrac{1}{4} \times 8$
　　　　　　　　　$x = \dfrac{2}{3}$

(6)　$3 \times 12 = 4(x+2)$

両辺を入れかえると,

$4(x+2) = 3 \times 12$

両辺を 4 でわると,

$x+2 = 9$

$x = 7$

4 (1)250 g　(2)160 g

(1)混ぜる砂糖の量を x g とすると,

$240 : 150 = 400 : x$

$240x = 150 \times 400$

$x = 250$

小麦粉 400 g に対して砂糖 250 g は, 問題に適している。

(2)混ぜる小麦粉の量を x g とすると,

$240 : 150 = x : 100$

$150x = 240 \times 100$

$x = 160$

砂糖 100 g に対して小麦粉 160 g は, 問題に適している。

5 (1)350 m　(2)3 km

(1)横の長さを x m とすると,

$4 : 7 = 200 : x$

$4x = 7 \times 200$

$x = 350$

縦の長さ 200 m に対して横の長さ 350 m は, 問題に適している。

(2)実際の距離を x cm とすると,

$1 : 50000 = 6 : x$

$x = 50000 \times 6$

$x = 300000$

300000 cm $= 3000$ m $= 3$ km

地図上の長さ 6 cm に対して実際の距離 3 km は, 問題に適している。

❶ (1)姉のリボンの長さ

(2)姉の長さ…110 cm, 妹の長さ…70 cm

(1)姉のリボンの長さを x cm とすると, 妹のリボンの長さは $(x-40)$ cm となる。

(2)方程式を解くと, $x = 110$

妹のリボンの長さは, $110 - 40 = 70$

110 cm, 70 cm は, 問題に適している。

❷ 4 L

A から B へ x L 移したとすると,

A の水の量は $(58-x)$ L,

B の水の量は $(14+x)$ L となるから,

$58 - x = 3(14+x)$

これを解くと, $x = 4$

4 L 移すと, A は 54 L, B は 18 L となり, 問題に適している。

❸ (1)$(12-x)$ 個　(2)もも…5 個, キウイ…7 個

(2)$200x + 100(12-x) = 1700$

これを解くと, $x = 5$

キウイの個数は, $12 - 5 = 7$

もも 5 個, キウイ 7 個は, 問題に適している。

❹ 2800 円

200 円の 3 割引きの値段は,

$200 \times (1-0.3) = 140$ より, 140 円

x 個買う予定だったとすると,

$200x = 140(x+6)$

$200x = 140x + 140 \times 6$

$60x = 140 \times 6$

$x = 14$

実際に買った個数は, $14 + 6 = 20$

支払った金額は, $140 \times 20 = 2800$

また, $200 \times 14 = 2800$

であるから, 問題に適している。

❺ ケーキ…240 円, 持っていた金額…900 円

ケーキ 1 個の値段を x 円とすると,

$5x - 300 = 3x + 180$

$2x = 480$

$x = 240$

持っていた金額は, $5 \times 240 - 300 = 900$

ケーキ 1 個 240 円, 持っていた金額 900 円は, 問題に適している。

6 (1) $\dfrac{x+4}{6}=\dfrac{x-12}{5}$

(2)いちご…92 個，子ども…16 人

解き方

(1)いちごが $(x+4)$ 個のとき，1 人にちょうど
6 個ずつ配れるから，

子どもの人数は，$\dfrac{x+4}{6}$ 人 　　　　①

いちごが $(x-12)$ 個のとき，1 人にちょうど
5 個ずつ配れるから，

子どもの人数は，$\dfrac{x-12}{5}$ 人 　　　　②

①，②は等しいから，$\dfrac{x+4}{6}=\dfrac{x-12}{5}$

(2)方程式の両辺に 30 をかけると，

$(x+4)\times 5=(x-12)\times 6$

$5x+20=6x-72$

$-x=-92$

$x=92$

子どもの人数は，$\dfrac{92+4}{6}=16$

いちご 92 個，子ども 16 人は，問題に適している。

7 2.5 時間後

解き方

x 時間後に追いつくとすると，

$50(x+2)=90x$

これを解くと，$x=2.5$

$50(x+2)$，$90x$ のそれぞれに $x=2.5$ を代入すると，どちらも 225 となる。

225 km は 250 km 以内であるから，乗用車が出発してから 2.5 時間後に追いつくことは，問題に適している。

8 1200 m

解き方

家と駅の間の道のりを x m とすると，

$\dfrac{x}{60}+\dfrac{x}{80}=35$

これを解くと，$x=1200$

道のり 1200 m は，問題に適している。

9 64 g

解き方

混ぜる小麦粉を x g とすると，

$250:160=100:x$

$250x=160\times 100$

$x=64$

バター 100 g に対して小麦粉 64 g は，問題に適している。

10 約 13.3 m

解き方

高さの比と影の長さの比は等しいと考えられるから，塔の高さを x m とすると，

$5:x=6:16$

$6x=5\times 16$

$x=\dfrac{40}{3}=13.33\cdots$

影の長さが 16 m に対して塔の高さ約 13.3 m は，問題に適している。

11 7 時間

解き方

作動させる時間の比と製品の個数の比は等しいと考えられるから，x 時間作動させるとすると，

$4:x=560:980$

$560x=4\times 980$

$x=7$

製品 980 個に対して作動時間 7 時間は，問題に適している。

理解のコツ

・方程式や比例式を利用する文章題は，解く過程を書かせる出題も多いよ。そんなときは，最初に，何を x とするか書いて始めよう。答えは単位までしっかり書こう。

p.68〜69　　　　ぴたトレ3

1 (1) $6x+100=1600$ 　(2) $9a>50$

(3) $70-3x\leqq 8$

解き方

(1)代金の合計は $(6x+100)$ 円である。

(2)荷物 9 個の重さは $9a$ kg である。

(3)残りの長さは $(70-3x)$ cm である。

2 ㋒

解き方

㋒ $x=-5$ を各辺に代入すると，

$x-2=-5-2=-7$

$2x+3=2\times(-5)+3=-7$

等式が成り立つ。

3 (1) $x=14$ 　(2) $x=-24$ 　(3) $x=3$ 　(4) $x=-5$

(5) $x=6$ 　(6) $x=\dfrac{1}{4}$

解き方

(1)両辺に 8 を加える。

(2)両辺に -3 をかける。

(3)〜(6)は，移項を利用する。

(6) $10x+3=2x+5$

$10x-2x=5-3$

$8x=2$

$x=\dfrac{1}{4}$

④ (1)$x=-4$　(2)$x=-2$　(3)$x=10$　(4)$x=15$

　(5)$x=-7$　(6)$x=-1$

(3)　　　$0.9x-5=0.4x$

　両辺に 10 をかけると，

　$(0.9x-5)\times10=0.4x\times10$

　　　　$9x-50=4x$

　　　　　$5x=50$

　　　　　　$x=10$

(4)　　　$0.16x-0.4=0.2x-1$

　両辺に 100 をかけると，

　$(0.16x-0.4)\times100=(0.2x-1)\times100$

　　　　$16x-40=20x-100$

　　　　　　$-4x=-60$

　　　　　　　$x=15$

(5)　　$\dfrac{1}{3}x-\dfrac{1}{6}=\dfrac{1}{2}x+1$

　両辺に 6 をかけると，

　$\left(\dfrac{1}{3}x-\dfrac{1}{6}\right)\times6=\left(\dfrac{1}{2}x+1\right)\times6$

　　　　$2x-1=3x+6$

　　　　　$-x=7$

　　　　　　$x=-7$

(6)　　$\dfrac{5x-1}{6}=\dfrac{x-3}{4}$

　両辺に 12 をかけると，

　$\dfrac{5x-1}{6}\times12=\dfrac{x-3}{4}\times12$

　$(5x-1)\times2=(x-3)\times3$

　　　$10x-2=3x-9$

　　　　　$7x=-7$

　　　　　　$x=-1$

⑤ (1)$x=15$　(2)$x=18$　(3)$x=\dfrac{9}{2}$　(4)$x=\dfrac{2}{7}$

$a:b=c:d$ ならば，$ad=bc$

(2)$8(x-3)=10\times12$

　　$x-3=\dfrac{\overset{5}{\cancel{10}}\times\overset{3}{\cancel{12}}}{\underset{1}{\cancel{8}}}$　←ここで約分する

　　$x-3=15$

　　　　$x=18$

⑥ **かき… 6 個，なし… 4 個**

かきを x 個買うとすると，

$140x+180(10-x)=1560$

これを解くと，$x=6$

なしの個数は，$10-6=4$

かき 6 個，なし 4 個は，問題に適している。

⑦ **生徒…15 人，鉛筆…67 本**

生徒の人数を x 人とすると，

$4x+7=5x-8$

これを解くと，$x=15$

鉛筆の本数は，$4\times15+7=67$

生徒 15 人，鉛筆 67 本は，問題に適している。

⑧ (1)**6 分後**　(2)**18 km**

(1)x 分後に追いつくとすると，

　$75(x+10)=200x$

　これを解くと，$x=6$

　$75(x+10)$，$200x$ のそれぞれに $x=6$ を代入すると，どちらも 1200 になる。

　1200 m は 1.5 km 以内であるから，兄が出発してから 6 分後に追いつくことは，問題に適している。

(2)A 町と B 町の間の道のりを x km とすると，

　$\dfrac{x}{15}+\dfrac{x}{10}=3$　←両辺に 30 をかけて解く

　　　　$x=18$

　道のり 18 km は，問題に適している。

⑨ **200 mL**

混ぜる酢を x mL とすると，

$280:160=350:x$

　$280x=160\times350$

　　　$x=200$

オリーブ油 350 mL に対して酢 200 mL は，問題に適している。

❶ (1)$y=1000-x$

(2)$y=90x$, ○

(3)$y=\dfrac{100}{x}$, △

解き方 式は上の表し方以外でも、意味があっていれば正解である。

(2)x の値が2倍, 3倍, …になると、y の値も2倍, 3倍, …になる。

(3)x の値が2倍, 3倍, …になると、y の値は $\dfrac{1}{2}$ 倍, $\dfrac{1}{3}$ 倍, …になる。

❷

x(cm)	1	2	3	4	5	6	7	…
y(cm²)	3	6	9	12	15	18	21	…

解き方 表から、決まった数を求める。
$y=$ 決まった数 $\times x$ だから、
$12\div4=3$ で、決まった数は3になる。

❸

x(cm)	1	2	3	4	5	6	…
y(cm)	48	24	16	12	9.6	8	…

解き方 表から、決まった数を求める。
$y=$ 決まった数 $\div x$ だから、
$3\times16=48$ で、決まった数は48になる。

❶ (1)いえる (2)いえない (3)いえる (4)いえる

解き方 x の値を1つ決めてみる。
対応する y の値もただ1つ決まるとき、y は x の関数であるといえる。

(1)$x=3$ とすると、周囲の長さは $3\times4=12$(cm)に決まる。

(2)$x=3$ に決めても横の長さは決まらないから、周囲の長さも1つに決まらない。

(3)$x=12$ とすると、正方形の1辺は $12\div4=3$(cm)だから、面積は $3\times3=9$(cm²)に決まる。

(4)$x=3$ とすると、残りは $8-3=5$(dL)に決まる。

❷ (1)(左から順に)60, 30, 10, 7.5

(2)いえる

(3)$y=\dfrac{60}{x}$　x と y は反比例する

解き方 (1)満水になるのは水位が60cmになるときで、それまでにかかる時間は、
水位が1分間当たり1cmずつ増加すると、$60\div1=60$(分)

2cmずつ増加すると、$60\div2=30$(分)

6cmずつ増加すると、$60\div6=10$(分)

8cmずつ増加すると、$60\div8=7.5$(分)

(2)(1)より、x の値を決めると、それに対応する y の値がただ1つ決まる。

(3)(水位)
　$=$(1分間当たりの水位の増加量)$\times$(時間)
の関係があるから、満水になるとき、
$60=x\times y$　すなわち $xy=60$
したがって、$y=\dfrac{60}{x}$
また、$x\times y=$(決まった数)の関係が成り立つから、x と y は反比例する。

❸ (1)8分間　(2)$0\leq x\leq8$, $0\leq y\leq40$

解き方 (1)$40\div5=8$(分間)

(2)入れ始めて8分後に満水になるので、x のとる値の範囲は、0以上8以下である。
水位は0cm以上40cm以下である。

❹ (1)$x\leq30$　　　　(2)$x\geq15$

30

15

(3)$7\leq x<18$

7　18

解き方 (1)「30以下」は30をふくむから、不等号 ≦ を使う。数直線では30を • で示す。

(2)「15以上」は15をふくむから、不等号 ≧ を使う。

(3)「7以上」は7をふくむから不等号 ≦ を使い、「18未満」は18をふくまないから不等号 < を使う。数直線では18を ○ で示す。

❶ (1)$y=60x$,　比例する，比例定数…60

(2)$y=\dfrac{12}{x}$,　比例しない

(3)$y=350x$,　比例する，比例定数…350

(4)$y=0.2x$,　比例する，比例定数…0.2

解き方 a を定数として、$y=ax$ の形の式で表されるとき、y は x に比例するといえる。

(1)(道のり)$=$(速さ)$\times$(時間)から、
$y=60x$

(2)(1人当たりの量)$=$(全体の量)$\div$(人数)から、
$y=12\div x$
したがって、$y=\dfrac{12}{x}$

(3)(代金)$=$(1m当たりの値段)$\times$(長さ)から、
$y=350x$

(4)$20\%=\dfrac{20}{100}=0.2$ から、$y=0.2x$

2 (1)$y=5x$　(2)いえる

解き方 (1)(三角形の面積)$=\dfrac{1}{2}\times$(底辺)$\times$(高さ) から，

$$y=\dfrac{1}{2}\times x\times 10$$

したがって，$y=5x$

(2)$y=ax$ の関係が成り立つから，比例する。

3 ㋐比例定数…12

　㋒比例定数…-7

　㋓比例定数…$\dfrac{1}{5}$

解き方 $y=ax$ の関係が成り立つものを選ぶ。

比例定数は a

㋒比例定数が負の数になる場合もある。

㋓$y=\dfrac{1}{5}x$ と書くことができる。y は x に比例する。

4 (1)$y=-3x$，　$y=6$

　(2)$y=4x$，　$y=-8$

解き方 (1)比例定数を a とすると，

$$y=ax$$

$x=-4$ のとき $y=12$ であるから，

$$12=a\times(-4)$$

これを解くと，$a=-3$

したがって，　$y=-3x$

この式に $x=-2$ を代入すると，

$$y=-3\times(-2)=6$$

(2)比例定数を a とすると，

$$y=ax$$

$x=-5$ のとき $y=-20$ であるから，

$$-20=a\times(-5)$$

これを解くと，$a=4$

したがって，　$y=4x$

この式に $x=-2$ を代入すると，

$$y=4\times(-2)=-8$$

5 (1)$y=\dfrac{3}{10}x$　(2)15 mm　(3)$0\leqq y\leqq 24$

解き方 (1)y は x に比例するから，比例定数を a とすると，

$$y=ax$$

$x=20$ のとき $y=6$ であるから，

$$6=a\times 20$$

これを解くと，$a=\dfrac{3}{10}$

したがって，　$y=\dfrac{3}{10}x$

(2)$y=\dfrac{3}{10}x$ に $x=50$ を代入すると，

$$y=\dfrac{3}{10}\times 50=15$$

(3)$x=0$ のとき $y=0$

$x=80$ のとき，$y=\dfrac{3}{10}\times 80=24$

p.77　　　　　　　　　　ぴたトレ**1**

1 (1)A$(2,\ 1)$　　　　(2)

　B$(-4,\ 3)$

　C$(-2,\ -3)$

　D$(1,\ -2)$

　E$(3,\ 0)$

　F$(0,\ -4)$

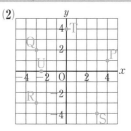

解き方 (1)点 E の y 座標は 0，点 F の x 座標は 0 である。

(2)P は原点から右へ 4，上へ 1 だけ進んだ点。

Q は原点から左へ 3，上へ 2 だけ進んだ点。

R は原点から左へ 3，下へ 3 だけ進んだ点。

S は原点から右へ 3，下へ 4 だけ進んだ点。

T は原点から上へ 4 だけ進んだ y 軸上の点。

U は原点から左へ 2.5 だけ進んだ x 軸上の点。

2 (1)㋐(左から順に)-8，　-4，　4，　8

　㋑(左から順に) 2，1，-1，-2

　グラフ

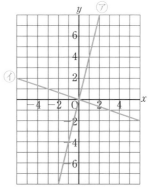

(2)㋐ 4 増加する，㋑$\dfrac{1}{3}$ 減少する

解き方 (1)グラフは，表の対応する x，y の値を，それぞれ x 座標，y 座標とする点を図にかき入れ，それらの点を通る直線を引く。

(2)㋐(1)でまとめた表のように，x の値が 1 増加すると，y の値は 4 増加している。

グラフ上で，右へ 1 進むと上へ 4 進んでいる。

㋑表のように，x の値が 3 増加すると，y の値は 1 減少する。

グラフ上では，右へ 3 進むと下へ 1 進んでいる。

したがって，x の値が 1 増加すると y の値は $\dfrac{1}{3}$ 減少する。

3 (1)
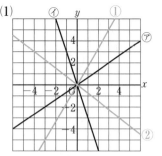

(2)⑦比例定数…$\dfrac{2}{3}$，　式…$y=\dfrac{2}{3}x$

　　④比例定数…-3，　式…$y=-3x$

解き方

(1)①関数 $y=\dfrac{5}{3}x$ は，$x=3$ のとき，$y=5$ である

　　から，そのグラフは原点 $(0,\ 0)$ と $(3,\ 5)$ を

　　通る直線をかけばよい。

　②関数 $y=-\dfrac{3}{4}x$ は，$x=4$ のとき，$y=-3$ で

　　あるから，そのグラフは原点 $(0,\ 0)$ と

　　$(4,\ -3)$ を通る直線をかけばよい。

(2)⑦点 $(3,\ 2)$ を通るから，$x=3$ のとき

　　$y=2$ である。

　　$y=ax$ に代入すると，$2=a\times3$

　　これを解くと，　　　　$a=\dfrac{2}{3}$

　　したがって，　　　　　$y=\dfrac{2}{3}x$

　④点 $(1,\ -3)$ を通るから，$x=1$ のとき

　　$y=-3$ である。

　　$y=ax$ に代入すると，$-3=a\times1$

　　これを解くと，　　　　$a=-3$

　　したがって，　　　　　$y=-3x$

---

p.78〜79　ぴたトレ2

1 (1)いえる　(2)いえる　(3)いえない

解き方

x の値を1つ決めてみる。

(1)$x=5$ とすると，1人分は $2\div5=0.4$(L)で，

　y の値がただ1つ決まる。

(2)$x=4$ とすると，横の長さは，

　$(20-4\times2)\div2=6$(cm)

　y の値がただ1つ決まる。

(3)$x=3$ とすると，絶対値が3になる数は3，-3

　の2つあり，y の値は1つに決まらない。

2 (1)$y=7$　(2)いえる　(3)$4\leqq y\leqq12$

解き方

(1)12 L から 5 L 使った残りは，

　$y=12-5=7$(L)

(2)$x=5$ とすると，$y=7$ のように y の値がただ1

　つ決まるから，y は x の関数であるといえる。

---

(3)$x=0$ のとき $y=12$

　$x=8$ のとき $y=12-8=4$

　であるから，y の変域は，$4\leqq y\leqq12$

3 (1)(左から順に)

　　20，15，10，-5，-10，-15，-20

(2)いえる

　　理由…$y=-5x$ となり，$y=ax$ の関係が成

　　　　　り立つから。

(3)減少する

解き方

水を抜いていくので，x が増加すると水位は減

少することに注意する。

(1)$x=-4$ のとき，y の値は現在から4分前の水

　位に等しい。

　水位は，$5\times4=20$(cm)

　ただし，「5 cm ずつ減少」を「-5 cm ずつ増加」

　といいかえれば，次の計算で求めることがで

　きる。

　$x=-4$ のとき，$(-5)\times(-4)=20$

　$x=-3$ のとき，$(-5)\times(-3)=15$

　　　…

　$x=4$ のとき，$(-5)\times4=-20$

(2)上のように考えると，$y=-5x$

　の式で表すことができる。

(3)比例には比例定数が負の数になる場合がある。

　このとき，x の値が増加すると，それに対応す

　る y の値は減少する。

4 (1)$y=80x$　(2)$0\leqq y\leqq240$

解き方

(1)(道のり)＝(速さ)×(時間)

　であるから，$y=80x$

(2)$x=0$ のとき $y=0$

　$x=3$ のとき $y=240$

　したがって，$0\leqq y\leqq240$

5 (1)$y=\dfrac{5}{2}x$，　$y=-15$

(2)$y=-\dfrac{4}{3}x$，　$y=8$

解き方

比例定数を a とすると，$y=ax$

(1)$x=4$，$y=10$ を代入すると，

　$10=a\times4$　　$a=\dfrac{5}{2}$

　したがって，$y=\dfrac{5}{2}x$

　この式に $x=-6$ を代入すると，

　$y=\dfrac{5}{2}\times(-6)=-15$

28　数学

(2)$x=-9$, $y=12$ を代入すると,

　$12=a\times(-9)$　　$a=-\dfrac{4}{3}$

したがって，$y=-\dfrac{4}{3}x$

この式に $x=-6$ を代入すると,

　$y=-\dfrac{4}{3}\times(-6)=8$

⑥ (1)$y=\dfrac{28}{5}x$　(2)84 mm

(3)$0\leqq x\leqq25$，$0\leqq y\leqq140$

解き方

(1)y は x に比例するから，比例定数を a とすると,

　$y=ax$

　$x=10$ のとき $y=56$ であるから,

　$56=a\times10$

　これを解くと，$a=\dfrac{28}{5}$

　したがって，　$y=\dfrac{28}{5}x$

(2)$x=15$ を代入すると，$y=\dfrac{28}{5}\times15=84$

(3)燃えつきるときの x の値は,

　$y=\dfrac{28}{5}x$ に $y=140$ を代入すると，$140=\dfrac{28}{5}x$

　これを解くと，$x=25$

　したがって，x の変域は，$0\leqq x\leqq25$

⑦ (1)

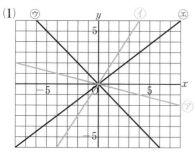

(2)⑦比例定数…-1，式…$y=-x$

　　㋣比例定数…$\dfrac{3}{4}$，　式…$y=\dfrac{3}{4}x$

解き方

(1)㋐$x=4$ のとき $y=-1$ であるから，グラフは原点 $(0,0)$ と $(4,-1)$ を通る直線になる。

　㋑$x=2$ のとき $y=3$ であるから，グラフは原点 $(0,0)$ と $(2,3)$ を通る直線になる。

(2)比例のグラフだから，$y=ax$ と表せる。

　㋣グラフは点 $(1,-1)$ を通るから，$x=1$ のとき $y=-1$ である。

　これらを代入すると,

　$-1=a\times1$　　$a=-1$

　したがって，　$y=-x$

㋣グラフは点 $(4,3)$ を通るから，$x=4$ のとき $y=3$ である。

これらを代入すると,

　$3=a\times4$　　$a=\dfrac{3}{4}$

したがって，$y=\dfrac{3}{4}x$

⑧ 共通するところ

・比例定数を a として，$y=ax$ が成り立つ。

・対応する x，y の商 $\dfrac{y}{x}$ は一定である。

・x の値が2倍，3倍，…になると，
　y の値も2倍，3倍，…になる。

異なるところ

・x の値が増加すると，比例定数が正の数の場合は y の値も増加するが，負の数の場合は y の値は減少する。

グラフが共通するところ

・原点を通る直線である。

グラフが異なるところ

・比例定数が正の数の場合は右上がりの直線であり，負の数の場合は右下がりの直線である。

理解のコツ

・y が x の関数かどうか迷ったときには，たとえば $x=5$ と決めて y の値もただ1つに決まるか調べてみよう。決まれば関数といえる。

・$y=ax\Longleftrightarrow y$ は x に比例する。

・算数で学習した比例の性質はそのまま成り立つ。ただし，x の変域に負の数がふくまれるし，何よりのちがいは比例定数が負の数の場合があること。x が増加すると y も増加すると思いこんではだめだよ。

・グラフは，原点を通る直線ではあるけれど，$x<0$ や $y<0$ の部分も通ることを忘れずに。かくときも読むときも，x 座標と y 座標がともに整数である点を見つけよう。

---

p.81　　　　　　　　**ぴたトレ1**

1 (1)(左から順に)20，15，12，10

(2)$y=\dfrac{60}{x}$　　(3)いえる

解き方

(1)(時間)＝(道のり)÷(速さ)

　$x=3$ のとき，$60\div3=20$

　$x=4$ のとき，$60\div4=15$

　…

(2)$y=60\div x$ より，$y=\dfrac{60}{x}$

(3)$y=\dfrac{a}{x}$ の関係が成り立つから，y は x に反比例するといえる。

2 (1)いえる

理由…$a=-4$ とみると，$y=\dfrac{a}{x}$ の関係が成り立つから。

(2)(左から順に)

1, $\dfrac{4}{3}$, 2, 4, -4, -2, $-\dfrac{4}{3}$, -1

(3)$x>0$ のとき，$\dfrac{1}{2}$ 倍，$\dfrac{1}{3}$ 倍，…になる。

$x<0$ のとき，$\dfrac{1}{2}$ 倍，$\dfrac{1}{3}$ 倍，…になる。

解き方 (1)$y=\dfrac{a}{x}$ の関係が成り立てば，比例定数 a が負の数でも，y は x に反比例するといえる。

(2)$x=-4$ のとき，$y=-4\div(-4)=1$

$x=-3$ のとき，$y=-4\div(-3)=\dfrac{4}{3}$

…

(3)$x>0$ のとき

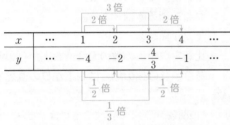

$x<0$ のとき

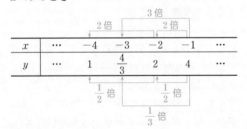

3 ㋐比例定数…20

㋑比例定数…-5

㋔比例定数…-18

解き方 $y=\dfrac{a}{x}$ の関係が成り立つものを選ぶ。

比例定数は a

㋐$a=20$ の場合で，反比例する。

㋑$a=-5$ の場合で，反比例する。

㋒$y=\dfrac{1}{8}x$ だから，y は x に比例する。

㋔$xy=-18$ の両辺を x でわると，$y=-\dfrac{18}{x}$

$a=-18$ の場合で，反比例する。

4 (1)$y=\dfrac{12}{x}$，$y=-2$　(2)$y=-\dfrac{72}{x}$，$y=12$

解き方 (1)比例定数を a とすると，$y=\dfrac{a}{x}$

$x=3$ のとき $y=4$ であるから，$4=\dfrac{a}{3}$

これを解くと，$a=12$

したがって，$y=\dfrac{12}{x}$

この式に $x=-6$ を代入すると，

$y=\dfrac{12}{-6}=-2$

(2)比例定数を a とすると，$y=\dfrac{a}{x}$

$x=8$ のとき $y=-9$ であるから，$-9=\dfrac{a}{8}$

これを解くと，$a=-72$

したがって，$y=-\dfrac{72}{x}$

この式に $x=-6$ を代入すると，

$y=-\dfrac{72}{-6}=12$

5 (1)$y=\dfrac{360}{x}$　(2)30 分

解き方 (1)この水そうには，$8\times45=360$(L)の水が入る。

1 分間に x L ずつ水を入れると y 分で満水になるから，$xy=360$

両辺を x でわると，$y=\dfrac{360}{x}$

(2)この式に $x=12$ を代入すると，$y=\dfrac{360}{12}=30$

p.83 ぴたトレ**1**

1 (1)(左から順に) 1, 2, 4, 8, -8, -4, -2, -1

(2)，(3)

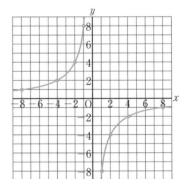

(4)$x>0$ のとき，y の値は増加する。

$x<0$ のとき，y の値は増加する。

解き方 (1)$x=-8$ のとき，$y=-\dfrac{8}{-8}=1$

$x=-4$ のとき，$y=-\dfrac{8}{-4}=2$

…

(2)点 $(-8, 1)$, $(-4, 2)$, $(-2, 4)$, $(-1, 8)$,
$(1, -8)$, $(2, -4)$, $(4, -2)$, $(8, -1)$
をかき入れる。
(3)(2)でかき入れた点を，$x<0$，$x>0$ の範囲に分
けて，2 つのなめらかな曲線でつなぐ。
(4)(1)の表，または(3)のグラフで調べる。
x の値を左から右へと増加させてみる。

2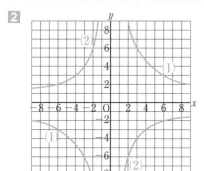

解き方
(1)表の y の値は左から順に，
-2, -3, -6, -9, -18, 18, 9, 6, 3, 2
(2)表の y の値は左から順に，
2, 3, 4, 6, 12, -12, -6, -4, -3, -2

p.85 **ぴたトレ1**

1 (1)$y=70x$

(2)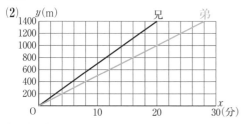

$y=50x$

(3)400 m

解き方
(1)グラフは原点を通る直線であるから，y は x に
比例し，$y=ax$ と書ける。
点 $(20, 1400)$ を通るから，それぞれの値を代
入すると，$1400=a\times20$　　$a=70$
したがって，$y=70x$
(2)弟は分速 50 m で歩くから，式は，$y=50x$
$x=20$ のとき，$y=50\times20=1000$
グラフは原点と点 $(20, 1000)$ を通る直線にな
る。
また，$y=1400$ を代入すると，
$1400=50x$　　$x=28$
点 $(28, 1400)$ も通る。

(3)$x=20$ のときの，2 つのグラフの y 座標の差を
読み取る。
兄は $(20, 1400)$，弟は $(20, 1000)$ であるから，
y 座標の差は，$1400-1000=400$
弟は駅の 400 m 手前の地点にいる。

2 (1)7 回転　(2)28

解き方
2 つの歯車 A，B がかみ合って回転するから，
1 秒間に進む歯の数は等しい。
歯車 B は歯の数が x のとき，1 秒間に y 回転す
るとすれば，$35\times8=x\times y$　　$xy=280$
が成り立ち，y は x に反比例する。
(1)$x=40$ を代入すると，$40\times y=280$　　$y=7$
(2)$y=10$ を代入すると，$x\times10=280$　　$x=28$

3 (1)4 cm　(2)6 g

解き方
(1)x と y の関係の表で，対応する x と y の値の
積は一定であるから，y は x に反比例し，比
例定数は，$a=5\times36=180$
45 g のおもりを支点から y cm につるすとつり
合うとすると，$45\times y=180$　　$y=4$
(2)支点から 30 cm の距離に x g のおもりをつる
すとつり合うとすると，$x\times30=180$　　$x=6$

4 (1)$y=\dfrac{1}{12}x$　(2)25 個

解き方
(1)y は x に比例するから，$y=ax$
$x=120$ のとき $y=10$ だから，
$10=a\times120$
$a=\dfrac{1}{12}$
したがって，$y=\dfrac{1}{12}x$
(2)$x=300$ を代入すると，
$y=\dfrac{1}{12}\times300=25$

p.86〜87 **ぴたトレ2**

1 (1)(左から順に)18, 12, 9, 6, 4, 2

(2)$y=\dfrac{36}{x}$　(3)いえる

解き方
$\dfrac{1}{2}\times$(底辺)$\times$(高さ)$=$(三角形の面積)
であるから，
$\dfrac{1}{2}\times x\times y=18$
したがって，$xy=36$ と表すことができる。
(1)$x=2$ のとき，$2y=36$　　$y=18$　　…
(2)$xy=36$ から，$y=\dfrac{36}{x}$
(3)$y=\dfrac{a}{x}$ の関係が成り立つ。

② 正しくない

理由…x 分間歩いたときの残りの道のりが y m であるとすると，$y=900-60x$ となり，$y=\dfrac{a}{x}$ の関係が成り立たないから，残りの道のりは歩いた時間に反比例しない。

③ (1)$y=-\dfrac{40}{x}$，$y=10$　(2)$y=\dfrac{84}{x}$，$y=-21$

解き方
(1)比例定数は，$a=(-5)\times8=-40$

したがって，$y=-\dfrac{40}{x}$

$x=-4$ を代入すると，$y=10$

(2)比例定数は，$a=(-6)\times(-14)=84$

したがって，$y=\dfrac{84}{x}$

$x=-4$ を代入すると，$y=-21$

④ (1)

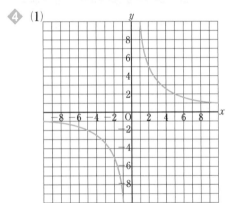

(2)$y=0.1$，0.01

x 軸に近づきながら，右へのびていく。

(3)$y=100$，1000

y 軸に近づきながら，上方へのびていく。

解き方
(1)x と y の関係は次のようになる。

x	-10	-5	-2	-1	0	1	2	5	10
y	-1	-2	-5	-10	$\times$	10	5	2	1

(2)$y=\dfrac{10}{100}=0.1$

$y=\dfrac{10}{1000}=0.01$

(3)$y=\dfrac{10}{0.1}=10\div0.1=100$

$y=\dfrac{10}{0.01}=10\div0.01=1000$

⑤ ①$y=\dfrac{12}{x}$　②$y=-\dfrac{16}{x}$

解き方
①グラフが点 $(3,4)$ を通るから，比例定数は，$a=3\times4=12$

②グラフが点 $(4,-4)$ を通るから，比例定数は，$a=4\times(-4)=-16$

⑥ 共通するところ

・双曲線である。

異なるところ

・グラフ上の点の x 座標と y 座標は，$a>0$ のとき同符号であり，$a<0$ のとき異符号である。

・$x>0$，$x<0$ のそれぞれの範囲で x の値が増加すると，y の値は，$a>0$ のときは減少し，$a<0$ のときは増加する。

⑦ (1)$y=\dfrac{24}{x}$，反比例する

(2)x の変域…$4\le x\le8$

y の変域…$3\le y\le6$

解き方
(1)(三角形の面積)$=\dfrac{1}{2}\times$(底辺)$\times$(高さ)

であるから，

$\dfrac{1}{2}\times x\times y=12$

したがって，$xy=24$　　$y=\dfrac{24}{x}$

$y=\dfrac{a}{x}$ の関係が成り立つ。

(2)$x=8$ のとき $y=3$，$y=6$ のとき $x=4$

であるから，$4\le x\le8$，$3\le y\le6$

⑧ (1)$y=5x$　(2)$y=\dfrac{7.5}{x}$

解き方
(1)対応する x と y について，$\dfrac{y}{x}$ の値を調べると，

$\dfrac{3}{0.6}=5$，$\dfrac{4}{0.8}=5$，$\dfrac{5}{1.0}=5$，…

一定であるから，y は x に比例し，比例定数は 5

(2)対応する x と y について，xy の値を調べると，

$0.1\times75=7.5$，$0.3\times25=7.5$，$0.5\times15=7.5$，…

一定であるから，y は x に反比例し，比例定数は 7.5

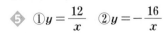

・反比例では，$xy=a$(比例定数)を活用したい。ただし，解答として反比例であることを示すには，$y=\dfrac{a}{x}$ の形に表しておく。

・反比例のグラフは，$a>0$，$a<0$ に分けて理解しておく。グラフが現れる部分に注意しよう。また，a の絶対値が小さいほど x 軸や y 軸に近くなる。

・比例や反比例を利用する問題では，きちんと式に表すことは基本だが，それぞれの特徴を利用して手早く解決することも重要。問題に応じて使い分けよう。

❶ (1)○　(2)×　(3)○

解き方

(1)$x=2$ とすると，$y=33$

(2)$x=2$ としても高さが決まらず，面積も1つの値に決まらない。

(3)$x=2$ とすると，$y=2^3=8$

❷ (1)式…$y=-\dfrac{5}{4}x$,　y の値…-15

(2)式…$y=-\dfrac{120}{x}$,　y の値…-10

解き方

(1)$y=ax$ に $x=-8$，$y=10$ を代入すると，

$10=a\times(-8)$　　$a=-\dfrac{5}{4}$　　$y=-\dfrac{5}{4}x$

$x=12$ のとき，$y=-\dfrac{5}{4}\times12=-15$

(2)比例定数は，$8\times(-15)=-120$

したがって，　$y=-\dfrac{120}{x}$

$x=12$ のとき，$y=-\dfrac{120}{12}=-10$

❸

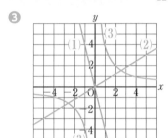

解き方

(1)$x=1$ とすると，$y=-4$

原点 O と $(1,\ -4)$ を通る直線である。

(2)$x=5$ とすると，$y=3$

原点 O と $(5,\ 3)$ を通る直線である。

(3)

x	$\cdots$	-4	-2	-1	0	1	2	4	$\cdots$
y	$\cdots$	-1	-2	-4	$\times$	4	2	1	$\cdots$

原点 O を対称の中心とする点対称な双曲線である。

❹ (1)$y=\dfrac{1}{3}x$　(2)$y=-\dfrac{3}{2}x$　(3)$y=\dfrac{2}{x}$

(4)$y=-\dfrac{6}{x}$

解き方

比例定数を a とする。

(1)点 $(3,\ 1)$ を通るから，$1=a\times3$　　$a=\dfrac{1}{3}$

(2)点 $(2,\ -3)$ を通るから，$-3=a\times2$　　$a=-\dfrac{3}{2}$

(3)点 $(1,\ 2)$ を通るから，　$a=1\times2=2$

(4)点 $(2,\ -3)$ を通るから，$a=2\times(-3)=-6$

❺ (1)$y=\dfrac{1}{9}x$　(2)26箱

解き方

(1)y は x に比例するから，$y=ax$

$x=36$ のとき $y=4$ であるから，

$4=a\times36$　　$a=\dfrac{1}{9}$

したがって，$y=\dfrac{1}{9}x$

(2)$x=234$ を代入すると，$y=\dfrac{1}{9}\times234=26$

❻ (1)$y=\dfrac{16}{5}x$　(2)640 g

解き方

(1)くぎの重さは本数に比例する。

x 本の重さを y g とすると，$y=ax$

$x=15$ のとき $y=48$ であるから，

$48=a\times15$　　$a=\dfrac{16}{5}$　　$y=\dfrac{16}{5}x$

(2)$y=\dfrac{16}{5}\times200=640$

❼ (1)$y=\dfrac{600}{x}$　(2)75 cm　(3)24 g

解き方

対応する x と y の積はどこでも一定であるから，y は x に反比例する。

(1)比例定数は，$10\times60=600$

(2)$y=\dfrac{600}{x}$ に $x=8$ を代入すると，

$y=\dfrac{600}{8}=75$

(3)支点から 25 cm の距離に x g のおもりをつるすとつり合うとすると，

$x\times25=600$

これを解くと，$x=24$

❽ (1)$y=10x$

(2)x の変域…$0\leqq x\leqq4$

y の変域…$0\leqq y\leqq40$

解き方

(1)点 P は秒速 2 cm で動くから，出発してから x 秒間で $2x$ cm 動く。

三角形 ABP の面積は，AB を底辺とみると，高さは BP の長さになるから，x 秒後の面積は，

$y=\dfrac{1}{2}\times10\times2x=10x$

(2)点 P が点 C に着くのは，$8\div2=4$ より，4秒後であるから，x の変域は，$0\leqq x\leqq4$

また，三角形 ABP の面積は，

$x=0$ のとき，$y=0$

$x=4$ のとき，$y=10\times4=40$

であるから，y の変域は，$0\leqq y\leqq40$

5章　平面図形

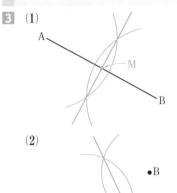

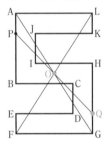

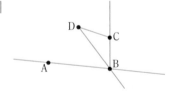

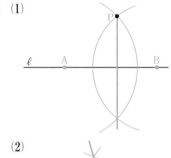

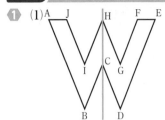

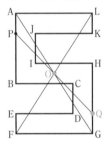

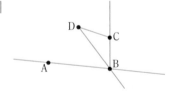

p.91　ぴたトレ0

❶ (1)

(2) **垂直に交わる**　(3) **3 cm**

解き方　線対称な図形は，対称の軸を折り目にして折ると，ぴったりと重なる。

対応する2点を結ぶと対称の軸と垂直に交わり，軸からその2点までの長さは等しくなる。

(3)点Hは，対称の軸上にあるから，

AH＝EHである。

❷ (1)次の図の点O　(2)点H　(3)次の図の点Q

解き方　(1)たとえば，点Aと点G，点Fと点Lを直線で結び，それらの直線の交わった点が対称の中心Oである。

(3)点Pと点Oを結ぶ直線をのばし，辺GHと交わる点がQとなる。

p.93　ぴたトレ1

❶

解き方　直線，線分，半直線を区別する。

さらに，半直線BCは点Bを端として点Cの方向にのばし，半直線DBは点Dを端として点Bの方向にのばす。

端の点のちがいに注意する。

❷ ①ウ　②線分　③距離

解き方　点と点の距離とは，その2点を結ぶ線分の長さのことである。

❸ (1)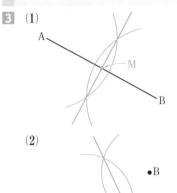

(2)

解き方　(1)線分ABの垂直二等分線を作図し，線分ABとの交点をMとすると，AM＝BMである。

(2)2点A，Bから等しい距離にある点は，線分ABの垂直二等分線上にある。

線分ABの垂直二等分線を作図し，直線ℓとの交点をPとすると，AP＝BPである。

❹ (1)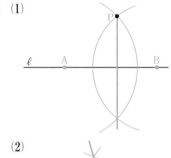

(2)

解き方　(1)手順は

　①直線ℓ上に適当な2点A，Bをとり，Aを中心として，半径APの円をかく。

　②Bを中心として，半径BPの円をかく。

　③①，②でかいた2円の交点を通る直線を引く。

(2)垂線の作図は，2通り学習した。

　どちらの方法で作図してもよい。

1 ∠a＝∠PQS，∠b＝∠SQR

　　∠c＝∠PQR

頂点はどれも Q だから，Q を真ん中に書く。

1文字で ∠Q と書くと，区別ができない。

∠a は ∠SQP，∠b は ∠RQS，∠c は ∠RQP と

書いてもよい。

2 (1)

(2)

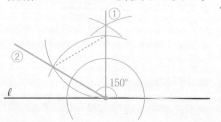

角の二等分線の作図の手順

①点 O を中心とする円をかき，その円と辺 OX，

　OY との交点をそれぞれ A，B とする。

②点 A，B をそれぞれ中心とする等しい半径の

　円をかき，それらの交点を P とする。

③半直線 OP を引く。

3 (例)

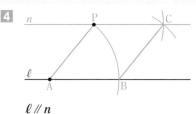

150°＝180°－30° を利用する。

正三角形の作図を利用して，60° の角をつくり，

その角の二等分線を作図して 30° の角をつくる。

(別解)150°＝90°＋60° を利用してもよい。

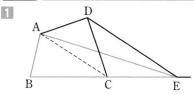

4

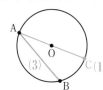

ℓ∥n

ひし形 PABC を作図すると，PC∥ℓ となる。

1

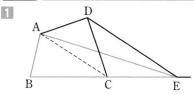

点 D を通り，AC に平行な直線を引き，BC を延

長した直線との交点を E とする。

△ABE が求める三角形である。

2 (1)右の図

(2)⌒AB

(3)右の図

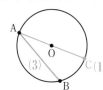

(1)線分 OA は半径を表す。直線 OA と円 O との

　交点のうち，A でない方を C とすると，線分

　AC が直径となる。

(2)円周の一部分を弧という。両端が A，B であ

　るから，記号 ⌒ を使って ⌒AB と書く。

(3)弦 AB は円周上の2点 A，B を結ぶ線分である

　から，線分 AB を引く。

3 (例)

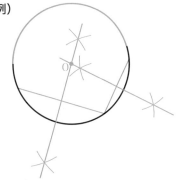

弧の上に適当に3点 A，B，C をとり，

線分 AB，BC それぞれの垂直二等分線を作図し

て，その交点を O とする。

O を中心として半径 OA の円をかき，円を完成

する。

4

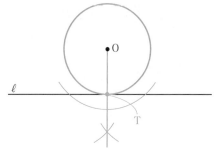

円Oが直線ℓに接するから，点Oと直線ℓの距離は円の半径に等しい。

点Oを通る直線ℓの垂線を作図し，ℓとの交点をTとすると，Tが接点となる。

Oを中心として半径OTの円をかく。

p.99 ぴたトレ1

1 (1)

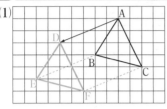

(2)それぞれ長さが等しく，平行である。

$$\left(\begin{array}{l} \mathrm{AB} = \mathrm{DE}, \quad \mathrm{AB} /\!/ \mathrm{DE} \\ \mathrm{BC} = \mathrm{EF}, \quad \mathrm{BC} /\!/ \mathrm{EF} \\ \mathrm{CA} = \mathrm{FD}, \quad \mathrm{CA} /\!/ \mathrm{FD} \end{array}\right)$$

(3)それぞれ大きさが等しい。

$(\angle \mathrm{A} = \angle \mathrm{D}, \quad \angle \mathrm{B} = \angle \mathrm{E}, \quad \angle \mathrm{C} = \angle \mathrm{F})$

(1)A，B，Cをそれぞれ，左へ5，下へ2移動する。

(2)平行移動では，図形の各点を同じ方向に同じ距離だけ動かす。

対応する辺の長さは等しい。

また，各辺も平行を保ったまま動く。

(3)合同な図形の対応する角であるから，それぞれ等しい。

2

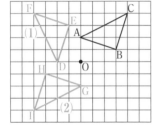

(1)方眼を利用して90°の角をはかる。

(2)点対称移動は，点Oを回転の中心として180°回転させる。

(1)の△DEFをさらに90°回転移動した図形になる。

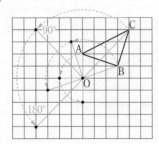

3 (1)

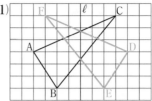

(2)ℓ⊥AD，ℓ⊥CF

(1)対称の軸ℓが，対応する点を結ぶ線分の垂直二等分線になる。

このことを利用して，点D，E，Fの位置を決める。

(2)垂直であることを記号⊥を使って表す。

4 (1)△OBD

(2)点Oを回転の中心として180°回転移動（点対称移動）

(3)例①線分BHを対称の軸として対称移動し，続いて点Bが点Dに重なるまで平行移動する。

例②線分BFを対称の軸として対称移動し，続いて線分HDを対称の軸として対称移動する。

(1)⑦を，点Bを回転の中心として，時計回りの方向に90°回転移動すると，△OBDに重なる。

(2)このような問題では，図にある点や線分を回転の中心や対称の軸とする。

直線CG（図の中には引かれていない）を対称の軸とする対称移動は，答えとはしない。

(3)①△ABH(⑦) → △OBH → △EDF(④) と移る。

②△ABH(⑦) → △CBD → △EFD(④) と移る。

△CBDは，点Oを回転の中心として反時計回りの方向に90°回転移動しても，④に移すことができる。

また，⑦を，点Hを回転の中心として反時計回りの方向に90°回転移動して△HOFの位置に移し，続いて点Fを回転の中心として反時計回りの方向に90°回転移動して，④に移すこともできる。

他の移動方法もある。

①

直線 ℓ 上に1点をとり，その点から直線 m に垂線を引く。

②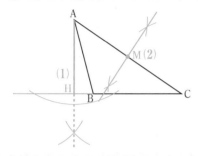

解き方
(1)点 H は辺 BC 上にはない。

　作図も，半直線 CB を引くところから始める。

(2)辺 AC の垂直二等分線を作図し，AC との交点を M とする。

③ (1)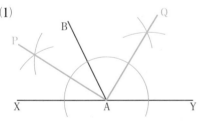

(2)90°

解き方
(2)∠PAQ ＝ ∠PAB＋∠BAQ

　　＝ $\frac{1}{2}$∠BAX＋$\frac{1}{2}$∠BAY

　　＝ $\frac{1}{2}$(∠BAX＋∠BAY)

　　＝ $\frac{1}{2}$∠XAY

　　＝ 90°

④ (例)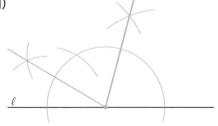

④ (例)の作図は 150°の角を作図し，その二等分線を引いて作図したものである。

(別解)75°＝60°＋15°

15°は 30°の角の二等分線でつくってもよい。

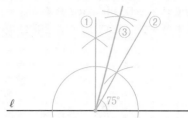

⑤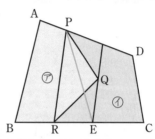

解き方
点 P と点 R を結ぶ。

点 Q を通り，PR に平行な直線を引き，辺 BC との交点を E とし，点 P と点 E を結ぶ。

△PQR＝△PER となるので，PE が求める境界線である。

⑥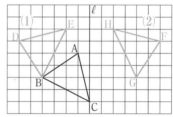

解き方
(1)点 B を回転の中心とするから，点 B の位置は変わらない。

　BD＝BA，∠DBA＝90°となるように点 D,

　BE＝BC，∠EBC＝90°となるように点 E をとる。

(2)直線 ℓ が，線分 DF，BG，EH の垂直二等分線になるように，点 F，G，H をとる。

⑦ (1)㋐を㋑に移すとき，対称移動

　　㋑を㋒に移すとき，回転移動

　　㋒を㋓に移すとき，平行移動

(2)辺 PR

解き方
(1)次の図のように移動している。

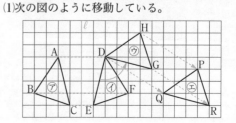

⑦→⑦　直線ℓを対称の軸として対称移動

⑦→⑦　点Dを回転の中心として回転移動

⑦→⑦　点Dが点Qに重なるまで平行移動

(2)(1)の図のように，点BはB→F→H→P，

　　　点CはC→E→G→Rと移る。

　　　したがって，辺BCは⑦の辺PRに対応する。

❽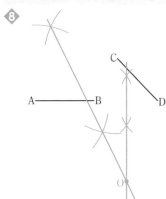

解き方

Aを点Oを中心として回転するとCに重なるか

ら，OA＝OC

したがって，点Oは線分ACの垂直二等分線上

にある。

同じように，OB＝ODであるから，点Oは線分

BDの垂直二等分線上にある。

線分AC，BDそれぞれの垂直二等分線を作図し，

その交点をOとすればよい。

┌理解のコツ┐

・垂直二等分線，垂線，角の二等分線の作図は，ひし
　形またはたこ形の性質を利用する。もう一度作図法
　を振り返り，どちらの性質を使っているかチェック
　して，理解を深めておこう。

・垂直二等分線，角の二等分線には重要な性質がある。
　応用問題では欠かせないものだ。どのパターンで使
　われるかを整理しておこう。

・平行移動では対応する線分の平行，回転移動では回
　転の中心の位置，対称移動では対称の軸の位置関係
　がそれぞれポイントになる。

❶　(1)△ABO　(2)∠ACD

　　(3)AC＝BD　(4)AB∥DC，AD∥BC

　　(5)AB⊥BC

解き方

(1)三角形の記号 △ を使って表す。

(2)角の頂点Cを真ん中に書く。

　　∠DCA，∠OCD，∠DCOなどでもよい。

　　∠Cでは⑦に特定できない。

(3)ACと書いてその長さを表すことがある。

(4)平行は記号 ∥ を使って表す。

(5)垂直は記号 ⊥ を使って表す。

❷　(1)

(2)

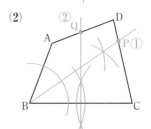

(3)

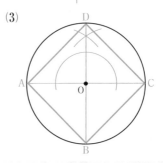

解き方

(1)Oを1つの頂点とし1辺がOA上にある正三

　　角形を作図し，60°の角をつくる。

　　この角の二等分線を作図すると30°の角がで

　　きる。

(2)② 2点から等しい距離にある点は，その2点

　　を結ぶ線分の垂直二等分線上にある。

　　線分BCの垂直二等分線を作図し，辺AD

　　との交点をQとする。

(3)正方形の対角線は垂直に交わる。

　　直径ACを引き，中心Oを通るACの垂線を作

　　図し，円との交点をB，Dとする。

❸ (1)

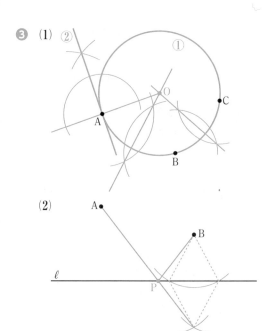

(2)

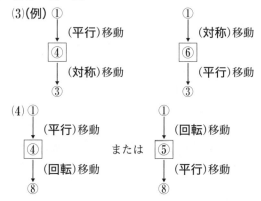

(破線のひし形はかかなくてよい。)

解き方

(1)①弦の垂直二等分線は円の中心を通る。
　　線分 AB, BC それぞれの垂直二等分線を作
　　図し, その交点を O とする。
　　点 O を中心として半径 OA の円をかく。
　　②円の接線は, 接点を通る半径に垂直である。
　　半直線 OA を引き, 点 A を通る OA の垂線
　　を作図する。
(2)点 B と直線 ℓ について対称な点 C を, ひし形
　（図の中の破線）の性質を利用して作図する。
　PC＝PB である。
　2 点 A, C を結ぶ線のうち, 線分 AC が最短だ
　から, AC と ℓ の交点を P とすると,
　AP＋PB＝AP＋PC が最短となる。

❹ (1)⑤　(2)2 個

(3)(例)　①　　　　　　　　　①
　　　　　↓(平行)移動　　　　↓(対称)移動
　　　　　④　　　　　　　　　⑥
　　　　　↓(対称)移動　　　　↓(平行)移動
　　　　　③　　　　　　　　　③

(4)　①　　　　　　　　　　①
　　↓(平行)移動　　　　　　↓(回転)移動
　　④　　　または　　　　⑤
　　↓(回転)移動　　　　　　↓(平行)移動
　　⑧　　　　　　　　　　⑧

解き方

(1)①を, 点 O を回転の中心として 180° 回転移動
　（点対称移動）すると, ⑤に重なる。
(2)中央で交わる 4 本の線分のうち, 横の線分を
　対称の軸とすると①は②に重なり, 縦の線分
　を対称の軸とすると①は⑥に重なる。
　斜めの線分を対称の軸にしても重なる三角形
　はない。
　②と⑥の 2 個。
(3)たとえば次の図のような 2 通りの方法が考え
　られる。
　　──→ は平行移動, ⤸ は対称移動を表すもの
　とする。

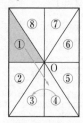 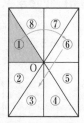

(4)平行移動してから点 O を回転の中心として
　180° 回転移動するか, 先に 180° 回転移動して
　から平行移動する。
　180° 回転移動は点対称移動としてもよい。

6章　空間図形

p.105　ぴたトレ0

1 (1)四角柱　(2)三角柱

解き方 それぞれの展開図を，点線にそって折りまげ，組み立てた図を考える。
見取図をかくと，次のようになる。

(1) 　　(2)

2 (1)辺 IH　(2)頂点 A，頂点 I

解き方 わかりにくいときは，見取図をかき，頂点をかき入れてみる。

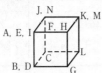

(1)辺 HI としても正解である。

3 (1)120 cm³　(2)180 cm³
(3)2198 cm³　(4)401.92 cm³

解き方 それぞれ，底面積×高さ　で求める。
(1)$(5×3)×8＝120(cm^3)$
(2)$(6×10÷2)×6＝180(cm^3)$
(3)$(10×10×3.14)×7＝2198(cm^3)$
(4)底面は，半径が 4 cm の円である。
　$(4×4×3.14)×8＝401.92(cm^3)$

p.107　ぴたトレ1

1 (1)六角柱　(2)五角錐

解き方 (1)底面は 2 つで，六角形であるから，六角柱である。
(2)底面は 1 つで，五角形であるから，五角錐である。

2 (1) 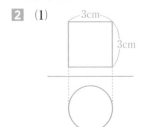　　(2)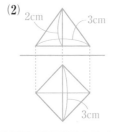

解き方 (1)立面図は正方形，平面図は円になる。
(2)立面図は，底辺 3 cm，高さ 2 cm の二等辺三角形，平面図は対角線が 3 cm の正方形になる。

3 (1)⑦五面体　④四面体　⑦六面体　④五面体
(2)④，④，⑤

解き方 (1)平面だけで囲まれた立体を選び，面の数を調べる。
(2)語尾に「錐」がつく立体である。

4 (1)すべての面が合同な正多角形で，どの頂点にも面が同じ数だけ集まり，へこみのない多面体。
(2)①正五角形　②3　③20　④30　⑤正三角形
　⑥5　⑦12　⑧30

解き方 (2)頂点の数，辺の数は，次のように考えると，計算で求めることができる。
正十二面体について，
　正五角形が 12 個あると，頂点の数の合計，辺の数の合計はどちらも，
　$5×12＝60$
③頂点の数…正十二面体の 1 つの頂点で，正五角形の 3 つの頂点が重なるから，
　$60÷3＝20$
④辺の数…正十二面体の 1 つの辺で，正五角形の 2 つの辺が重なるから，
　$60÷2＝30$
正二十面体について，
　正三角形が 20 個あると，頂点の数の合計，辺の数の合計はどちらも，
　$3×20＝60$
⑦頂点の数…正二十面体の 1 つの頂点で，正三角形の 5 つの頂点が重なるから，
　$60÷5＝12$
⑧辺の数…正二十面体の 1 つの辺で，正三角形の 2 つの辺が重なるから，
　$60÷2＝30$

p.109　ぴたトレ1

1 ⑦，理由…脚の先が一直線上にない 3 点であれば，その 3 点で決まる 1 つの平面の上にのるから，がたがたしない。

解き方 ④の台の 4 本の脚の先端を A，B，C，D とすると，3 点 A，B，C で決まる 1 つの平面上に点 D がない場合，④の台は安定せず，がたがたする。
他に，3 点 A，B，D で，3 点 A，C，D で，3 点 B，C，D でそれぞれ 1 つの面が決まる。

2 辺 BC，CD

辺 OA と交わる辺 OB，OC，OD，AB，AD を除く。
辺 OA と平行な辺はない。
残った辺 BC，CD はねじれの位置にある。

3 (1)面 CFEB　(2)面 ABC，DEF

(1)辺 AD と交わらない面である。
(2)辺 CF は，面 ABC 上の2辺 AC，BC と垂直であるから，この2辺をふくむ面 ABC と垂直である。
同じように，面 DEF と垂直である。

4 2直線 ℓ，m は1つの平面 R 上にあって交わらないから，$\ell /\!/ m$ となる。

P $/\!/$ Q であるから，2平面 P，Q は交わらない。
したがって，P 上の直線 ℓ と Q 上の直線 m は交わることはない。

5 2平面 P，Q の交線を ℓ とし，平面 P 上に，点 A を通り ℓ に垂直な直線 n を引くと，
$m \perp \ell$，$n \perp \ell$ で，$m \perp n$ であるから，P $\perp$ Q である。

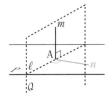

2平面 P，Q のつくる角が 90° であることをいえばよい。
2平面 P，Q が交わるとき，その交線 ℓ 上に点 A をとり，次の図のように，P 上に AB $\perp \ell$，Q 上に AC $\perp \ell$ となる半直線 AB，AC を引く。

このとき，∠BAC を2平面 P，Q のつくる角という。
この問題では，$m \perp$ P であるから，直線 m は点 A を通る平面 P 上のすべての直線と垂直である。
したがって，$m \perp \ell$，$m \perp n$
また，2平面 P，Q の交線が ℓ で，$m \perp \ell$，$n \perp \ell$ であるから，m と n が交わってできる角が，2平面 P，Q のつくる角である。
この角の大きさが，$m \perp n$ より 90° であるから，
P $\perp$ Q

6 (1) 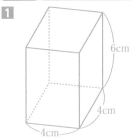　　(2)(例)

(1)は頂点と底面の距離，(2)は2つの底面の間の距離が，立体の高さになる。

---

p.111　　　　　　　ぴたトレ1

1

底面が1辺4cmの正方形，高さが6cmの直方体ができる。

2 (1)

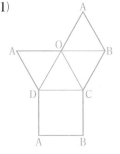

(2)13 cm

(2)母線の長さは，辺 AB の長さに等しい。

3 (1)

(2)

（線分の長さはすべて2cm）

(1)側面は，辺 OA で切り離し，あとはつないでかく。辺 CD を切り開かないことに注意する。

(2)側面は，4つに開いた形でかく。

4 (1)おうぎ形の半径　(2)$\overset{\frown}{AB}$

解き方 (2)底面の円周にそって切り開いた部分が側面の
　　おうぎ形の弧になる。

p.112～113　　　　ぴたトレ2

1 (1)五角柱　(2)七角錐　(3)六角柱　(4)八角錐

解き方 (1)角柱であるから，底面は2つある。
　　残りの5つの面が側面になり，五角柱である。
　(2)角錐であるから底面は1つある。
　　残りの7つの面が側面になり，七角錐である。
　(3)底面の辺の数は，18÷3＝6
　　よって，六角柱である。
　(4)底面の辺の数は，16÷2＝8
　　よって，八角錐である。

2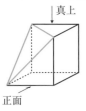

解き方 正面からは立面図(上側の図)のように見え，
　　真上からは平面図(下側の図)のように見える。

3 立方体…正方形
　円柱…円
　三角柱…(直角二等辺)三角形

解き方 次のような場合が考えられる。

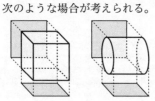

4 (1)3，4，5，四，八，二十
　(2)3，六　(3)3，十二

解き方 1つの頂点に3つ以上の正多角形が集まらない
　　と立体にはならない。
　　また，集まった正多角形が平面をしきつめたり，
　　重なったりすると立体はできない。
　(1)正三角形の1つの角は60°であるから，1つの
　　頂点に集まる面の数は5までである。
　　面の数が6のとき，60°×6＝360°となり，平面
　　をしきつめてしまう。
　(2)(3)同じように考えると，1つの頂点に集まる
　　面の数は3に限られる。

5 ア，ウ，エ

解き方 基本は「一直線上にない3点をふくむ平面は1つ
　　に決まる」ことである。
　　ア2点を通る直線は1つに決まるが，1つの直
　　線だけをふくむ平面は限りなく多くある。
　　イ，ウ，エ上の基本に合う3点をとることがで
　　きて，平面は1つに決まる。

6 (1)4組　(2)辺 ED，KJ，GH　(3)4つ
　(4)8本　(5)面 ABCDEF，GHIJKL

解き方 正六角形 ABCDEF では，AB∥ED，BC∥FE，
　　CD∥AF となっている。
　(1)底面の1組と，側面に3組ある。
　(2)平面 ABJK 上で，AB∥KJ
　(3)面 CIJD，面 DJKE，面 EKLF，面 AGLF の4つ。
　(4)辺 DJ と平行な辺，交わる辺に×印をつけると，
　　次の図のようになる。
　　残りの辺 AB，BC，AF，EF，GH，HI，GL，
　　LK の8本が辺 DJ とねじれの位置にある。

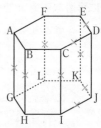

　(5)AG⊥AB，AG⊥AF であるから，2辺 AB，AF
　　をふくむ面 ABCDEF は辺 AG と垂直である。
　　同じように，面 GHIJKL も垂直である。

7 (1)

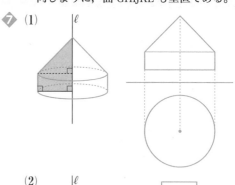

(2)

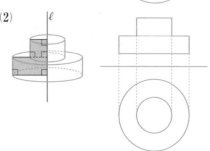

解き方 (1)円錐と円柱を合わせた立体である。
(2)大小の円柱を合わせた立体である。

⑧ (正)五角錐

解き方 底面が1つで(正)五角形，側面は二等辺三角形であるから，(正)五角錐である。

⑨ (1)面 U　(2)面 Q，U　(3)面 R，T

解き方 面 Q を底面として組み立てると，次の図のようになる。

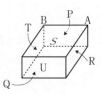

理解のコツ

・角錐，円錐の「錐」という漢字には，木材に穴を開けるときに使う道具の「きり」という意味がある。
「きり」は先端がとがっている。

・正多面体は5種類しかなく，面の形は3種類しかない。わけもチェックしておこう。

・ねじれの位置にある辺を見つけるには，交わる辺や平行な辺に×印をつけ，残りの辺を確かめるとよい。見落としがないように注意しよう。

---

p.115　ぴたトレ1

1 円周の長さ…16π cm，面積…64π cm²

解き方 $\ell=2\pi r$，$S=\pi r^2$
円周の長さは，$2\pi\times8=16\pi$(cm)
面積は，$\pi\times8^2=64\pi$(cm²)

2 底面積…24 cm²，側面積…240 cm²
表面積…288 cm²

解き方 底面積は，$\dfrac{1}{2}\times8\times6=24$(cm²)

側面をつなげた展開図をかくと，側面は，縦10 cm，横(10＋8＋6)cmの長方形になるから，
側面積は，$10\times(10+8+6)=240$(cm²)
表面積は，$240+24\times2=288$(cm²)

3 (1)170 cm²　(2)360 cm²　(3)54π cm²

解き方 (1)側面積は，$6\times(5\times4)=120$(cm²)
底面積は，$5\times5=25$(cm²)
表面積は，$120+25\times2=170$(cm²)
(2)側面積は，$10\times(5+12+13)=300$(cm²)

底面積は，$\dfrac{1}{2}\times12\times5=30$(cm²)

表面積は，$300+30\times2=360$(cm²)
(3)側面積は，$6\times(2\pi\times3)=36\pi$(cm²)
底面積は，$\pi\times3^2=9\pi$(cm²)
表面積は，$36\pi+9\pi\times2=54\pi$(cm²)

---

4 底面積…64 cm²，側面積…144 cm²
表面積…208 cm²

解き方 底面積は，$8\times8=64$(cm²)
側面積は，側面全体の面積だから，
$\left(\dfrac{1}{2}\times8\times9\right)\times4=144$(cm²)

表面積は，$144+64=208$(cm²)

5 (1)弧の長さ…π cm，　面積…2π cm²
(2)弧の長さ…8π cm，　面積…40π cm²

解き方 $\ell=2\pi r\times\dfrac{a}{360}$，$S=\pi r^2\times\dfrac{a}{360}$

(1)弧の長さは，$2\pi\times4\times\dfrac{45}{360}=\pi$(cm)

面積は，$\pi\times4^2\times\dfrac{45}{360}=2\pi$(cm²)

(2)弧の長さは，$2\pi\times10\times\dfrac{144}{360}=8\pi$(cm)

面積は，$\pi\times10^2\times\dfrac{144}{360}=40\pi$(cm²)

6 (1)144°　(2)240°

解き方 (1)中心角を$x°$とすると，
$4\pi=2\pi\times5\times\dfrac{x}{360}$ より，$x=144$
(2)中心角を$x°$とすると，
$x=360\times\dfrac{16\pi}{2\pi\times12}=240$

---

p.117　ぴたトレ1

1 (1)70π cm²　(2)30π cm²

解き方 (1)側面積は，$\pi\times9^2\times\dfrac{2\pi\times5}{2\pi\times9}=45\pi$(cm²)
底面積は，$\pi\times5^2=25\pi$(cm²)
表面積は，$45\pi+25\pi=70\pi$(cm²)
(2)側面積は，$\pi\times7^2\times\dfrac{2\pi\times3}{2\pi\times7}=21\pi$(cm²)
底面積は，$\pi\times3^2=9\pi$(cm²)
表面積は，$21\pi+9\pi=30\pi$(cm²)

2 (1)196π cm²　(2)484π cm²

解き方 $S=4\pi r^2$
(1)$4\pi\times7^2=196\pi$(cm²)
(2)$4\pi\times11^2=484\pi$(cm²)

3 (1)256π cm²　(2)256π cm²
(3)球の表面積は，球がぴったり入る円柱の側面積と等しい。

解き方 (1)$4\pi\times8^2=256\pi$(cm²)
(2)円柱の高さは16 cm
側面積は，$16\times(2\pi\times8)=256\pi$(cm²)
(3)一般に，球の半径がr cmで，円柱の底面の半径がr cm，高さが$2r$ cmのとき，球は円柱の

中にぴったり入る。

このとき，球の表面積は，$4\pi r^2$ cm^2

円柱の側面積は，$2r\times2\pi r=4\pi r^2$(cm^2)

となり，等しくなる。

4 48π cm^2

解き方 円の部分の面積は，$\pi\times4^2=16\pi$(cm^2)

半球面の面積は，$4\pi\times4^2\times\dfrac{1}{2}=32\pi$(cm^2)

表面積は，$16\pi+32\pi=48\pi$(cm^2)

p.119　　　　　ぴたトレ1

1　(1)150 cm^3　(2)90π cm^3

解き方 (1)底面積は，$\dfrac{1}{2}\times9\times2+\dfrac{1}{2}\times7\times6=30$(cm^2)

体積は，$30\times5=150$(cm^3)

(2)底面の半円の半径は 6 cm であるから，

底面積は，$\pi\times6^2\times\dfrac{1}{2}=18\pi$(cm^2)

体積は，$18\pi\times5=90\pi$(cm^3)

2　(1)84 cm^3　(2)300 cm^3

解き方 $V=\dfrac{1}{3}Sh$

(1)$\dfrac{1}{3}\times6^2\times7=84$(cm^3)

(2)$\dfrac{1}{3}\times10^2\times9=300$(cm^3)

3　(1)12π cm^3　(2)196π cm^3

解き方 底面の半径 r cm，高さ h cm の円錐の体積を

V cm^3 とすると，$V=\dfrac{1}{3}\pi r^2 h$

(1)$\dfrac{1}{3}\times\pi\times3^2\times4=12\pi$(cm^3)

(2)$\dfrac{1}{3}\times\pi\times7^2\times12=196\pi$(cm^3)

4　(1)$\dfrac{128}{3}\pi$ cm^3　(2)$\dfrac{256}{3}\pi$ cm^3　(3)128π cm^3

(4)　球の体積…円錐の体積の 2 倍

円柱の体積…円錐の体積の 3 倍

解き方 (1)$\dfrac{1}{3}\times\pi\times4^2\times8=\dfrac{128}{3}\pi$(cm^3)

(2)$\dfrac{4}{3}\pi\times4^3=\dfrac{256}{3}\pi$(cm^3)

(3)$\pi\times4^2\times8=128\pi$(cm^3)

(4)球の体積は，円錐の体積の

$\dfrac{256}{3}\pi\div\dfrac{128}{3}\pi=2$(倍)

円柱の体積は，円錐の体積の

$128\pi\div\dfrac{128}{3}\pi=3$(倍)

球，円錐は，それぞれ円柱の中にぴったり入る。

一般に，球の半径 r cm のとき，円錐の体積は，

$\dfrac{1}{3}\times\pi r^2\times2r=\dfrac{2}{3}\pi r^3$(cm^3)

球の体積との比は 1：2 になる。

また，円柱の体積は円錐の体積の 3 倍だから，

円錐，球，円柱の体積の比は 1：2：3 となる。

p.120～121　　　　　ぴたトレ2

1　(1)$\dfrac{5}{12}$ 倍

(2)弧の長さ…5π cm，面積…15π cm^2

解き方 (1)おうぎ形の面積は中心角の大きさに比例する

から，

$\dfrac{150}{360}=\dfrac{5}{12}$(倍)

(2)弧の長さは，$2\pi\times6\times\dfrac{5}{12}=5\pi$(cm)

面積は，$\pi\times6^2\times\dfrac{5}{12}=15\pi$(cm^2)

2　(1)$\ell=10\pi$，$S=40\pi$

(2)$S=\dfrac{1}{2}\ell r$ において，右辺は，

$\dfrac{1}{2}\times10\pi\times8=40\pi$

だから，左辺と等しい。

したがって，$S=\dfrac{1}{2}\ell r$ が成り立つ。

(3)①$30\pi$ cm^2　②$25\pi$ cm^2

解き方 (1)$\ell=2\pi\times8\times\dfrac{225}{360}=2\pi\times8\times\dfrac{5}{8}=10\pi$

$S=\pi\times8^2\times\dfrac{225}{360}=\pi\times8^2\times\dfrac{5}{8}=40\pi$

(3)①$S=\dfrac{1}{2}\times10\pi\times6=30\pi$(cm^2)

②$S=\dfrac{1}{2}\times5\pi\times10=25\pi$(cm^2)

3　(1)14π cm　(2)210°　(3)133π cm^2

解き方 (1)$\overparen{AB}$ の長さと底面の円 O′ の円周の長さは等し

い。

$2\pi\times7=14\pi$(cm)

(2)中心角を $x°$ とすると，

$2\pi\times12\times\dfrac{x}{360}=14\pi$　　$x=210$

(3)$\pi\times12^2\times\dfrac{210}{360}+\pi\times7^2=133\pi$(cm^2)

④ (1)300 cm³　(2)100 cm³　(3)200 cm³

解き方

(1)影をつけた面を底面とみて，立方体と比べると，高さは等しく，底面積が $\frac{1}{2}$ の三角柱だから，体積も $\frac{1}{2}$ になり，

$$600×\frac{1}{2}=300(cm^3)$$

(2)上の図のように，(1)の三角柱と比べると，底面積が等しく高さも等しい三角錐だから，体積は $\frac{1}{3}$ になり，

$$300×\frac{1}{3}=100(cm^3)$$

(3)立方体の4つの頂点から(2)と同じ三角錐を取り除いた立体（正四面体）だから，体積は，

$$600-100×4=200(cm^3)$$

⑤ (1)表面積…176 cm²，　体積…140 cm³

(2)表面積…238π cm²，　体積…490π cm³

(3)表面積…144 cm²，　体積…64 cm³

(4)表面積…200π cm²，　体積…320π cm³

(5)表面積…400π cm²，　体積… $\frac{4000}{3}π$ cm³

解き方

(1)底面積は，$\frac{1}{2}×(4+10)×4=28(cm^2)$

表面積は，$5×(4+10+5×2)+28×2=176(cm^2)$

体積は，$28×5=140(cm^3)$

(2)表面積は，$10×(2π×7)+π×7^2×2=238π(cm^2)$

体積は，$π×7^2×10=490π(cm^3)$

(3)表面積は，$\left(\frac{1}{2}×8×5\right)×4+8^2=144(cm^2)$

体積は，$\frac{1}{3}×8^2×3=64(cm^3)$

(4)表面積は，$π×17^2×\frac{2π×8}{2π×17}+π×8^2=200π(cm^2)$

体積は，$\frac{1}{3}×π×8^2×15=320π(cm^3)$

(5)表面積は，$4π×10^2=400π(cm^2)$

体積は，$\frac{4}{3}π×10^3=\frac{4000}{3}π(cm^3)$

⑥ (1)39π cm²　(2)36π cm³

解き方

(1)円，円柱の側面，半球面がある。

$$π×3^2+2×(2π×3)+4π×3^2×\frac{1}{2}=39π(cm^2)$$

(2)$\frac{4}{3}π×3^3×\frac{1}{2}+π×3^2×2=36π(cm^3)$

⑦ (1)260π cm²　(2)7 倍

解き方

(1)$π×26^2×\dfrac{2π×10}{2π×26}=π×26×10$

$=260π(cm^2)$

(2)もとの円錐の体積は，

$$\frac{1}{3}×π×10^2×24=800π(cm^3)$$

取り除いた円錐の体積は，

$$\frac{1}{3}×π×5^2×12=100π(cm^3)$$

残った立体の体積は，

$$800π-100π=700π(cm^3)$$

よって，$700π÷100π=7(倍)$

理解のコツ

・角柱の展開図は，側面をつなげてかくと長方形になり，円柱の側面の展開図も長方形になる。側面積は，（高さ）×（底面の周の長さ）で計算できる。

・よく出題される円錐の表面積は，側面の展開図のおうぎ形の面積を求めることがポイントになる。たとえば，⑦(1)の側面積の計算は，約分すると，

π×（母線の長さ）×（底面の半径）の形になる。

・おうぎ形の面積　$S=\frac{1}{2}ℓr$

も覚えておくと，円錐の側面積の計算にも使える。

・角錐，円錐の体積は，公式の係数 $\frac{1}{3}$ がカギである。

球の表面積の係数は4，体積は $\frac{4}{3}$

覚えちがいのないようにしよう。

・円錐，球，円柱の体積の比が1：2：3になることも知っておくと便利だ。

p.122～123　　　　ぴたトレ3

❶ (1)㋐，㋑，㋓　(2)㋒，㋕，㋖　(3)㋑，㋒，㋓

解き方

(1)平面だけで囲まれた立体である。

(2)底面に平行な平面で切ったときの切り口が円になる㋒，㋕と，どこを切っても円になる㋖である。

(3)角柱または円柱である。

直方体は四角柱である。

❷ 頂点によって，頂点に集まる面の数が異なるから。

解き方

立体には，3つの面が集まる頂点が2つ，4つの面が集まる頂点が3つある。

正多面体の「すべての面が合同な正多角形」，「へこみのない多面体」にはあてはまるが，もう1つの「どの頂点にも面が同じ数だけ集まる」にあてはまらない。

❸ (1) 4 つ　(2) 2 つ　(3) 2 つ　(4)面 BFGC

解き方

(1)辺 AD，CD，EH，GH の 4 つ。

(2)面 CGHD，EFGH の 2 つ。

(3)面 AEFB，CGHD の 2 つ。

(4)立方体の向かい合う面は平行である。

❹ (1)(正)三角錐

(2)

解き方

(1)真上から見ると(正)三角形，正面から見ると側面の 1 つだけが見えて，三角形の形をしている。

したがって，三角錐である。

(2)正面からは □，真上からは □ のように見える立体である。

手前右側のすみから三角錐を切り取ったものである。

❺ (1)$\dfrac{5}{2}\pi$ cm²　(2)18π cm²

解き方

おうぎ形の弧の長さ，面積は中心角の大きさに比例する。

(1)$\pi \times 3^2 \times \dfrac{100}{360} = \dfrac{5}{2}\pi$ (cm²)

(2)おうぎ形の中心角を $x°$ とすると，

$$2\pi \times 9 \times \dfrac{x}{360} = 4\pi$$
$$x = 80$$

よって，面積は，$\pi \times 9^2 \times \dfrac{80}{360} = 18\pi$ (cm²)

(別解)半径 r cm のおうぎ形の弧の長さを ℓ cm，面積を S cm² とすると，

$$S = \dfrac{1}{2}\ell r$$

これを使うと，$\dfrac{1}{2} \times 4\pi \times 9 = 18\pi$ (cm²)

弧の長さ，面積が中心角に比例することを理解した上で，次の公式を覚えるとよい。

$$\ell = 2\pi r \times \dfrac{a}{360}, \quad S = \pi r^2 \times \dfrac{a}{360}, \quad S = \dfrac{1}{2}\ell r$$

❻ (1)表面積…368π cm²　　体積…960π cm³

(2)表面積…384 cm²　　体積…384 cm³

(3)表面積…16π cm²　　体積…$\dfrac{32}{3}\pi$ cm³

解き方

(1)表面積は，$15 \times (2\pi \times 8) + \pi \times 8^2 \times 2 = 368\pi$ (cm²)

　体積は，$\pi \times 8^2 \times 15 = 960\pi$ (cm³)

(2)表面積は，$\left(\dfrac{1}{2} \times 12 \times 10\right) \times 4 + 12^2 = 384$ (cm²)

　体積は，$\dfrac{1}{3} \times 12^2 \times 8 = 384$ (cm³)

(3)表面積は，$4\pi \times 2^2 = 16\pi$ (cm²)

　体積は，$\dfrac{4}{3}\pi \times 2^3 = \dfrac{32}{3}\pi$ (cm³)

❼ (1)

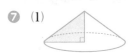

(2)16π cm³　(3)36π cm²

解き方

底面の半径 4 cm，高さ 3 cm の円錐である。

(2)$\dfrac{1}{3} \times \pi \times 4^2 \times 3 = 16\pi$ (cm³)

(3)側面積は，$\pi \times 5^2 \times \dfrac{2\pi \times 4}{2\pi \times 5} = 20\pi$ (cm²)

　底面積は，$\pi \times 4^2 = 16\pi$ (cm²)

　表面積は，$20\pi + 16\pi = 36\pi$ (cm²)

❽ (1)

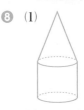

(2) 3 cm　(3)63π cm²

解き方

円錐と円柱を合わせた立体である。

(2)円 O′ の円周の長さ，長方形の横の長さ，おうぎ形の弧の長さは，すべて等しい。

　円 O′ の半径を r cm とすると，上のことから，

$$2\pi r = 2\pi \times 8 \times \dfrac{135}{360}$$
$$2\pi r = 6\pi$$
$$r = 3$$

(3)表面積は，展開図の 3 つの図形の面積の和だから，

$$\pi \times 8^2 \times \dfrac{135}{360} + 5 \times 6\pi + \pi \times 3^2 = 63\pi \text{ (cm²)}$$

7章　データの活用

ぴたトレ0

① (1)24 m　(2)23.5 m　(3)23 m

(4)
距離(m)	人数(人)
以上　未満 15〜20	3
20〜25	5
25〜30	4
30〜35	2
計	14

(5)(人)　ソフトボール投げの記録

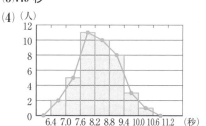

解き方

(1)データの値の合計は 336，データの個数は 14 だから，336÷14＝24(m)

(2)データの個数が 14 だから，7 番目と 8 番目の値の平均値を求める。
(23＋24)÷2＝23.5(m)

ぴたトレ1

① (1)A…54 点，B…52.5 点

(2)A…49 点，B…51.5 点

(3)A…49 点，B…46 点

解き方

(1)A　(42＋45＋47＋49＋49＋56＋58＋61＋79)÷9＝54(点)

B　(44＋46＋46＋47＋51＋52＋54＋56＋62＋67)÷10＝52.5(点)

(2)A のデータの総度数は 9 個だから，中央値は 5 番目の値である。

B のデータの総度数は 10 個だから，中央値は 5 番目と 6 番目の 2 つの値の合計を 2 でわった値だから，(51＋52)÷2＝51.5(点)

(3)A　2 回出ている 49 点。

B　2 回出ている 46 点。

② (1)A 組　最大値…26 分，最小値…3 分
範囲…23 分

B 組　最大値…28 分，最小値…4 分
範囲…24 分

(2)(上から順に) 1，4，5，8，3，3，24

(3)A 組…9 人，B 組…5 人

解き方

(1)範囲は (最大値)－(最小値) で求める。

A 組　26－3＝23(分)

B 組　28－4＝24(分)

(3)A 組　3＋6＝9(人)

B 組　1＋4＝5(人)

③ (1)0.6 秒　(2)7.0 秒以上 7.6 秒未満

(3)7.9 秒

(4)(人)

(3)度数のもっとも多い階級は，度数が 11(人)の 7.6 秒以上 8.2 秒未満の階級である。

この階級の階級値は，(7.6＋8.2)÷2＝7.9(秒)

(4)度数折れ線は，ヒストグラムの各長方形の上の辺の中点をとって順に結び，さらに，両端の階級の左右に度数 0 の階級があるとみなして，横軸の上に点をとって結ぶ。

ぴたトレ1

① (1)①0.25　②0.14　③0.07　④0.22

⑤0.35

(2)全校生徒

解き方

(1)①16÷64＝0.25

②9÷64＝0.140…

③12÷180＝0.066…

④40÷180＝0.222…

⑤63÷180＝0.35

(2)20 分未満の割合は，相対度数の和を求めて，

1 年生　　0.06＋0.19＋0.36＝0.61

全校生徒　0.07＋0.22＋0.35＝0.64

または，1 年生　(4＋12＋23)÷64＝0.609…
のように求めてもよい。

② (1)①0.250　②1.000　③37　④0.700

⑤1.000

(2)150 cm 以上 160 cm 未満　(3)160 cm 未満

解き方

(1)①10÷40＝0.250

③6＋10＋12＋9＝37

④28÷40＝0.700

(2)累積相対度数 0.500 がどの階級にふくまれるかを考えると，中央値は 150 cm 以上 160 cm 未満の階級にふくまれることがわかる。

(3)130 cm 以上 160 cm 未満の中に，全体の 0.700，
すなわち 70 ％ の値がふくまれる。

p.131 ぴたトレ**1**

1 (1)①0.396　②0.391　(2)0.39

解き方 (1)①198÷500＝0.396
　　②782÷2000＝0.391

2 (1)1 組…8.275 秒，2 組…8.35 秒
(2)1 組 (人)

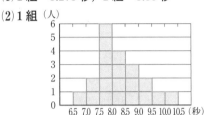

2 組 (人)

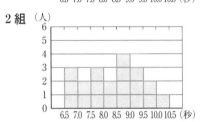

(3)(例) 1 組女子は，2 組女子より平均値が小さ
く，20 人全員で走れば，2 組女子 20 人より
も速く走ることができるから，(A)に出場する
とよい。
2 組女子は，記録のよい 4 人の記録はすべて
7.5 秒未満であり，この 4 人を選手として選
んで(B)に出場するとよい。

p.132〜133 ぴたトレ**2**

1 (1)正しくない　(2)正しくない　(3)正しくない

解き方 平均値(平均年齢)は，全体の分布からはずれた
極端な値があると，その値に大きく影響される。
(1)〜(3)は，いずれも正しいとはいえない。
(1)や(3)は，27 歳が中央値であれば正しいといえ
る。
また，(2)は 27 歳が最頻値であれば正しいといえ
る。

2 (1)平均値　1 組…36.3 cm，2 組…36.95 cm
　　中央値　1 組…37 cm，　2 組…34 cm
　　最頻値　1 組…39 cm，　2 組…31 cm
(2)長い方
2 組の中央値 34 cm と比べると 36.5 cm は長
いから，長い方の 10 人に入るので。

解き方 (1)1 組の平均値は，(27＋26＋39＋43＋37＋43
＋28＋31＋37＋38＋33＋34＋39＋39＋47＋36
＋32＋45＋38＋34)÷20＝36.3(cm)
2 組の平均値は，(55＋28＋39＋38＋43＋31
＋35＋34＋29＋30＋52＋27＋28＋53＋31＋34
＋31＋52＋30＋39)÷20＝36.95(cm)
(2)A さんの記録が 2 組で長い方か短い方かを考
えるには，2 組の平均値や最頻値と比べても，
判断できない。
2 組の中央値と比べると，短い順に並べたと
きに，長い方の 10 人に入ることがわかる。
1 組の中では短い方に入る。

3 (1)平均値…8.08 秒，最頻値…7.75 秒
(2)7.5 秒以上 8.0 秒未満
(3) (人)

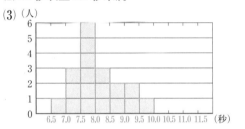

解き方 (1)最頻値は度数がもっとも多い階級の階級値で，
(7.5＋8.0)÷2＝7.75(秒)
(2)データの個数が 18 個だから，中央値は記録の
よい順に並べたときの 9 番目と 10 番目の記録
の平均である。
この 2 つの記録は，度数分布表の 7.5 秒以上
8.0 秒未満に入っているから，中央値はこの階
級にあると考えられる。
(3)横の軸に階級の両端の値を書き並べてから，
ヒストグラムをかく。

4 (1)①0.07　②0.20　③0.33　④0.27　⑤0.13
　　⑥0.16　⑦0.32　⑧0.24　⑨0.18　⑩0.10
(2)

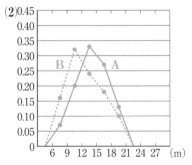

(3)(例)累積相対度数は，A 中学校は 0.6，B 中
学校は 0.72 だから，A 中学校の方が記録の
よい生徒の割合が多い。

左段:

解き方 (1)四捨五入して小数第二位まで求める。

①$2 \div 30 = 0.06\overset{7}{6}\cdots$

③$10 \div 30 = 0.33\overset{}{3}\cdots$

④$8 \div 30 = 0.26\overset{7}{6}\cdots$

⑤$4 \div 30 = 0.13\overset{}{3}\cdots$

(2)度数折れ線と同じように，両端に度数0の階級があるとみなして，線をつなぐ。

(3)この場合，投げた距離が長い方が，記録がよいといえる。

A中学校の方が記録がよいことは，(2)のグラフからもわかる。

⑤ (1)①0.61　②0.60　(2)0.6　(3)⑦

解き方 (1)①$305 \div 500 = 0.61$

②$596 \div 1000 = 0.59\overset{6}{5}\cdots$

(3)上向きになる確率は0.5より大きいから，⑦が正しいといえる。

理解のコツ

・新しい用語が数多く出てくるが，意味そのものは理解しやすいものであるから，使ううちに覚えることができるはずだ。

・平均値はもっとも身近な代表値だが，極端な値に大きく影響されることを理解しておく。

・全体の数が異なる複数のデータを比べるには，相対度数を用いるとよい。

---

p.134～135　ぴたトレ3

❶ (1)最頻値　(2)中央値　(3)平均値

解き方 (2)自分の記録が中央値より速ければ，全体の中で速い方に入る。

(3)全員リレーなので，全体の平均値が速い方がよい。

もし，数人選抜してリレーをするなら，平均値には意味がない。

❷ (1)23 m　(2)19 m

(3)（人）

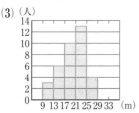

解き方 (1)度数が13である階級の階級値を求める。

(2)総度数は36であるから，中央値は，大きさの順に並べたときの18番目と19番目の値の平均値である。

この値をふくむ階級の階級値を答える。

右段:

❸ xの値…0.26，yの値…0.37

解き方 グラフから，度数の合計は，

$1+5+7+4+2=19$（人）

相対度数は，それぞれ小数第2位まで求めると，

$x = \dfrac{5}{19} = 0.26\overset{}{3}\cdots$

$y = \dfrac{7}{19} = 0.36\overset{7}{8}\cdots$

❹ 166点

解き方 度数分布表から平均値を求めるときは，データのどの値もすべて，その階級の階級値と考えて，（階級値）×（度数）でそれぞれの階級の合計を求め，全体の合計を出す。

$\dfrac{150 \times 3 + 170 \times 6 + 190 \times 1}{10} = 166$（点）

❺ （例）・1組は，山がほぼ中央にある形になっているので，平均値や中央値も最頻値とほぼ同じであると考えられるが，2組は，山が右にかたよっているので，平均値や中央値が最頻値より小さいと考えられる。

・1組よりも2組の方が範囲が広く，最頻値よりも小さい方に分布が多い。

解き方 度数折れ線の全体を見て，その特徴を読み取る。

❻ (1)①最頻値　②中央値　③平均値

(2)①平均値　②中央値　③最頻値

解き方 最頻値は度数がもっとも多い階級にあるから，すぐにわかる。

中央値は分布のしかたにあまり影響されないが，平均値は，(1)のように分布が左の方にかたよっているときには右へずれる。

また，(2)は最頻値が右の方にあり，左の端の方にも分布が比較的多いので，平均値は左へずれる。

出題傾向

> 正の数，負の数の計算問題は，必ず何問か出題される。ここで確実に点をとれるようにしておこう。また，基準になる数量を決めて，それとのちがいを正の数，負の数で表したり，それを利用して平均を求めたりする問題もよく出る。このような問題にも慣れておこう。

❶ (1)＋300円

(2)(気温が現在より) 2℃下がること

解き方 (1)収入↔支出，(2)上がる↔下がる，のように，反対の性質をもつ数量は，基準を決めて一方を正の数で表すと，他方を負の数で表すことができる。

❷ (1)A…−5，B…＋1.5 $\left(+\dfrac{3}{2}, +1\dfrac{1}{2}\right)$

(2)−5＜−4＜0＜＋3

　(＋3＞0＞−4＞−5)

解き方 数直線上では，右にある数ほど大きく，左にある数ほど小さい。
絶対値は，原点からの距離なので，
正の数では，絶対値が大きい数の方が大きく，
負の数では，絶対値が大きい数の方が小さい。

❸ (1)−5 (2)0 (3)−21 (4)7 (5)6 (6)−12

解き方
(1)$(+3)+(-8)=-(8-3)=-5$
(2)異符号で絶対値の等しい2数の和は，0である。
(3)$(-9)-(+12)=(-9)+(-12)=-21$
(4)$0-(-7)=0+(+7)=7$
(5)$-5+12+8-9=12+8-5-9$
　　$=20-14=6$
(6)$2+(-9)-(+5)=2+(-9)+(-5)$
　　$=2-9-5$
　　$=2-14=-12$

❹ (1)−35 (2)−64 (3)−3 (4)$\dfrac{27}{7}$

解き方
(1)$(+5)\times(-7)=-(5\times7)=-35$
(2)$-8^2=-(8\times8)=-64$
(3)$(+18)\div(-6)=-(18\div6)=-3$
(4)$(-54)\div(-14)=+(54\div14)=\dfrac{54}{14}=\dfrac{27}{7}$

❺ (1)4 (2)$-\dfrac{27}{2}$

解き方 乗法と除法の混じった計算は，乗法だけの式に直して計算する。

(1)$(-3)\div9\times(-12)=(-3)\times\dfrac{1}{9}\times(-12)=4$

(2)$-\dfrac{1}{4}\div\dfrac{1}{6}\times9=-\dfrac{1}{4}\times6\times9=-\dfrac{27}{2}$

❻ (1)−16 (2)−3 (3)−10 (4)29 (5)$-\dfrac{1}{6}$
(6)−100

解き方 ①累乗→②かっこの中→③乗法・除法
→④加法・減法　の順に計算する。
(1)$9-(-5)^2=9-(+25)=9-25=-16$
(2)$5+(-4)\times2=5-8=-3$
(3)$-7+15\div(-2-3)=-7+15\div(-5)$
　　　　$=-7-3=-10$
(4)$20-3^2\times(-1)^3=20-9\times(-1)$
　　　　$=20+9=29$
(5)$\dfrac{1}{6}-\left(-\dfrac{2}{3}\right)^2\times\dfrac{3}{4}=\dfrac{1}{6}-\left(+\dfrac{4}{9}\right)\times\dfrac{3}{4}$
　　　　$=\dfrac{1}{6}-\dfrac{1}{3}=-\dfrac{1}{6}$
(6)$-5^2\times\{-8\div(2-4)\}=-25\times\{(-8)\div(-2)\}$
　　　　$=-25\times4=-100$

❼ ①−8 ②＋3 ③＋10 ④−7 ⑤5 ⑥79.6

解き方 理科の得点を基準としたそれぞれの教科の得点は，80点よりも高ければ正の数，低ければ負の数で表せる。

❽ 記号…㋐ 例…2＋3−7(＝−2)

記号…㋒ 例…$(2+3)\div7\left(=\dfrac{5}{7}\right)$

解き方 自然数どうしの和と積はつねに自然数になる。

❾ 14

解き方 56を素因数分解すると，$56=2^3\times7$
2×7をかけると，
$2^3\times7\times2\times7=2^4\times7^2=(2^2\times7)^2=28^2$

出題傾向

> 1次式の計算問題は，必ず何問か出題される。ここで確実に点をとれるようにしておこう。
> また，文字を使っていろいろな数量や式を表したりする問題もよく出る。このような問題にも慣れておこう。

❶ (1)$(x \times 4)$ cm　(2)$(a - 3 \times b)$ cm

解き方
(1)（正方形の周の長さ）＝（1辺の長さ）×4
　　×を省いて $4x$ cm としてもよい。
(2)（もとのひもの長さ）－（1本の長さ）×（本数）
　　×を省いて $(a - 3b)$ cm としてもよい。

❷ (1)$7(a-b)$　(2)$-2x+y$　(3)$-3a^3$

　(4)$\dfrac{a}{15}$　　(5)$-\dfrac{y}{x}$　　(6)$\dfrac{a+y}{8}$

解き方
(1)積のとき, かっこを省くことはできない。
(2)加法の記号＋は, 省くことができない。
　 $1 \times y$ は, y と書く。
(3)累乗の指数を使って表す。
(4)$\dfrac{1}{15}a$ と書くこともある。

(5)$y \div (-x) = \dfrac{y}{-x} = -\dfrac{y}{x}$

(6)$(a+y)$ が分子になるときは, （　）はつけない。

　 また, $\dfrac{1}{8}(a+y)$ と書くこともある。

❸ (1)13　(2)28

解き方
(1)$-3 \times (-4) + 1 = 12 + 1 = 13$
(2)$\{-(-4)\}^2 + 4 \times 3 = 16 + 12 = 28$

❹ (1)$\dfrac{1500}{a}$ 分　(2)$\dfrac{9}{100}x$ 人　$(0.09x$ 人$)$

解き方
(1)（時間）＝（道のり）÷（速さ）
(2)1 % は $\dfrac{1}{100}$（または 0.01）だから,

　 9 % は $\dfrac{9}{100}$（または 0.09）

❺ (1)（正三角形の）周の長さ　(2)（正三角形の）面積

解き方
(1)（正三角形の周の長さ）＝（1辺の長さ）×3
(2)$\dfrac{ah}{2} = a \times h \div 2$ だから,

　（三角形の面積）＝（底辺）×（高さ）÷2
　にあてはまる。

❻ (1)$-7x+2$　(2)$5a-11$

解き方
(1)$x + 4 - 8x - 2$
　 $= x - 8x + 4 - 2 = -7x + 2$
(2)$(7a-1) - (2a+10)$
　 $= 7a - 1 - 2a - 10 = 5a - 11$

❼ (1)$-10x$　(2)$27x - \dfrac{5}{6}$　(3)$-12a-8$

　(4)$-4x+5$

解き方
(1)$2x \times (-5) = 2 \times (-5) \times x = -10x$
(2)$\dfrac{3}{2}\left(18x - \dfrac{5}{9}\right) = \dfrac{3}{2} \times 18x + \dfrac{3}{2} \times \left(-\dfrac{5}{9}\right)$

　　　　　　　　 $= 27x - \dfrac{5}{6}$

(3)$\dfrac{6a+4}{3} \times (-6) = \dfrac{(6a+4) \times (-6)}{3}$

　　　　　　　 $= (6a+4) \times (-2) = -12a - 8$

(4)$(28x-35) \div (-7) = (28x-35) \times \left(-\dfrac{1}{7}\right)$

　　　　　　　　　　 $= -4x + 5$

❽ (1)$-14x+8$　(2)$-8a-5$

　(3)$-x - \dfrac{9}{8}$　(4)$\dfrac{17}{12}a - \dfrac{25}{12}$　$\left(\dfrac{17a-25}{12}\right)$

解き方
(1)$6x + 4(-5x+2) = 6x - 20x + 8 = -14x + 8$
(2)$-3(2a-1) - 2(a+4) = -6a + 3 - 2a - 8$
　　　　　　　　　　　 $= -8a - 5$
(3)$\dfrac{1}{4}(2x+3) + \dfrac{3}{8}(-4x-5) = \dfrac{1}{2}x + \dfrac{3}{4} - \dfrac{3}{2}x - \dfrac{15}{8}$

　　　　　　　　　　　　　 $= -x - \dfrac{9}{8}$

(4)$\dfrac{1}{3}(5a-1) - \dfrac{1}{4}(a+7) = \dfrac{5}{3}a - \dfrac{1}{3} - \dfrac{1}{4}a - \dfrac{7}{4}$

　　　　　　　　　　　　　 $= \dfrac{17}{12}a - \dfrac{25}{12}$

❾ 碁石の数…$(6x+4)$ 個

説明…

10 個　　　6 個が$(x-1)$組

正三角形を x 個つくるには,
$10 + 6(x-1) = 6x+4$ より, $(6x+4)$ 個の碁石
が必要である。

解き方 1 個目の正三角形は 10 個の碁石で, 2 個目から
は碁石を 6 個ずつ増やして正三角形をつくる。

---

p.142～143 　　　　　　　　予想問題 **3**

出題傾向

方程式の計算問題は, 必ず何問か出題される。小
数や分数をふくむ方程式の計算にも慣れ, ここで
確実に点をとれるようにしておこう。
また, 1 次方程式の利用では,「代金に関する問
題」「過不足に関する問題」「速さに関する問題」も
よく出る。このような問題にも慣れておこう。

❶ (1)$4a + 2b = 520$　(2)$3a > 50$

　(3)$5000\left(1 - \dfrac{p}{100}\right) \leqq 4000$

　　 または, $5000(1 - 0.01p) \leqq 4000$

解き方
いろいろな数や数量を, 文字を使って表してか
ら, 等号や不等号を使って数量の関係を表す。
(2)a 人に 3 個ずつ分けたら, りんごがいくつか
　たりなくなったので, 50 個は $3a$ 未満である。
　<か≦に注意する。

❷ (1)水そう A は水そう B より，3 L 多く水が入る。

(2)水そう A と水そう B に入る水の量の和は 12 L 以上である。

解き方 (1)$a-b$ は水そう A と水そう B に入る水の量のちがいである。

(2)$a+b$ は水そう A と水そう B に入る水の量の和である。

「≧12」は「12 以上」である。

❸ ④，⑤

解き方 x に -4 を代入して，等式が成り立つかどうか調べる。

❹ (1)$x=-12$　(2)$x=2$　(3)$x=6$　(4)$x=\dfrac{5}{8}$

解き方 文字の項を左辺に，数の項を右辺に移項する → $ax=b(a\neq0)$ の形にする→両辺を x の係数 a でわる。

❺ (1)$x=-5$　(2)$x=-3$　(3)$x=\dfrac{8}{3}$　(4)$x=8$

解き方
(1) $5x+4=3(x-2)$
$5x+4=3x-6$
$5x-3x=-6-4$
$x=-5$

(2) $0.4x-3=1.2x-0.6$ ← 両辺に 10 をかける
$4x-30=12x-6$
$4x-12x=-6+30$
$x=-3$

(3) $\dfrac{3}{4}x-\dfrac{2}{3}=\dfrac{1}{2}x$ ← 両辺に 12 をかける
$9x-8=6x$
$9x-6x=8$
$x=\dfrac{8}{3}$

(4) $\dfrac{x+2}{2}=\dfrac{3x+1}{5}$ ← 両辺に 10 をかける
$5(x+2)=2(3x+1)$
$5x+10=6x+2$
$5x-6x=2-10$
$x=8$

❻ 1 冊 50 円のノート… 4 冊
1 冊 60 円のノート… 6 冊

解き方 1 冊 50 円のノートを x 冊買うとすると，
$50x+60(10-x)=560$

❼ (1)方程式… $5x-2=4x+6$
子どもの人数… 8 人，みかんの個数… 38 個

(2)$\dfrac{x+2}{5}=\dfrac{x-6}{4}$

解き方
(1)

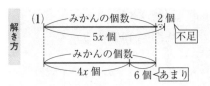

❽ 15 分後

解き方 姉が家を出発してから x 分後に追いつくとする。
$60(x+5)=80x$

	弟	姉
速さ (m/min)	60	80
時間(分)	$x+5$	x
道のり (m)	$60(x+5)$	$80x$

❾ (1)$x=5$　(2)$x=20$　(3)$x=24$　(4)$x=14$

解き方 $a:b=c:d$ ならば，$ad=bc$

(3)$7:2=(x-3):6$　　$7\times6=2(x-3)$

(4)$\dfrac{1}{7}:\dfrac{1}{5}=10:x$　　$\dfrac{1}{7}x=\dfrac{1}{5}\times10$

❿ 150 mL

解き方 混ぜるコーヒーの量を x mL とすると，
$90:150=x:250$

⓫ 16 km

解き方 1：200000 の縮尺とは，地図上の長さが 1 cm のとき実際の距離が 200000 cm ということである。実際の距離を x cm とすると，1：200000＝8：x

---

p.144〜145　　　予想問題 ④

出題傾向

比例や反比例のグラフをかいたり，比例や反比例の式を求める問題は必ず何問か出題される。それぞれのグラフの特徴などをしっかり確認し，ここで確実に点をとれるようにしておこう。また，動点の問題やグラフから速さなどを読み取る問題もよく出る。このような問題にも慣れておこう。

❶ ⑦，⑨

解き方 x の値を決めると，それに対応する y の値がただ 1 つ決まるかを調べる。

❷ (1)$x\leqq24$　(2)$x>9$　(3)$20\leqq x<32$

解き方 その数をふくむときは ≦(≧)，その数をふくまないときは <(>) の不等号を使って表す。

❸ (1)$y=4x$　(2)28 L　(3)$0\leqq x\leqq9$

解き方
(1)2 分間で 8 L の水が水そうから抜けたから，$x=2$ のとき $y=8$ になる。

(2)(1)で求めた式に $x=7$ を代入する。

(3)y の値(水そうから抜ける水の量)が 0 と 36 のときの x の値を考える。

④ (1)
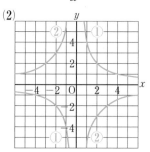

(2)① $y=2x$ ② $y=-\dfrac{2}{3}x$

解き方 (1)比例のグラフは，原点を通る直線だから，原点とそれ以外の1点がわかればかくことができる。

x と y が両方整数になる点を考える。

(例)①(3，1) ②(2，−5)

(2)グラフが通る点のうち，x 座標，y 座標がともに整数である点の座標を求める。

この x 座標，y 座標の値を $y=ax$ の x，y に代入して a の値を求め，y を x の式で表す。

②点 (3，−2) を通るから，

$-2=3a$ $a=-\dfrac{2}{3}$

⑤ (1)式… $y=\dfrac{100}{x}$，x の値…−4

(2)

解き方 (1)y は x に反比例するから，比例定数を a とすると，$y=\dfrac{a}{x}$　$x=2$ のとき $y=50$ であるから，これらを代入して a の値を求める。

求めた式に $y=-25$ を代入して x の値を求める。

(積 xy は一定で，この値が比例定数 a であることから $a=2\times50$ として求めることもできる。)

(2)x の値に対応する y の値を求め，x，y の値の組を座標とする点を図にかき入れて，その点をなめらかな曲線になるようにつなぐ。

⑥ (1)兄… $y=90x$，弟… $y=60x$

(2)600 m

解き方 (1)グラフは原点を通る直線であるから y は x に比例し，$y=ax$ と書ける。

兄　点 (20，1800) を通るから，$y=90x$

弟　点 (30，1800) を通るから，$y=60x$

(2)$x=20$ のときの，2つのグラフの y 座標の差を読み取る。

兄は (20，1800)，弟は (20，1200) だから，

$1800-1200=600$(m)

⑦ (1)$y=\dfrac{1200}{x}$　(2)(1分間に)12回転

解き方 2つの歯車 A，B が一定時間にかみ合う歯の数は等しい。

歯車 B は歯の数が x で，1分間に y 回転するから，

$24\times50=x\times y$

$xy=1200$ が成り立ち，y は x に反比例する。

(1)$xy=1200$ より，比例定数は 1200

(2)$x=100$ を代入すると，

$100\times y=1200$　　$y=12$

⑧ (1)$y=24x$

(2)x の変域… $0\leqq x\leqq 5$，y の変域… $0\leqq y\leqq 120$

解き方 (1)点 P は秒速 4 cm で動くから，B を出発してから x 秒後の BP の長さは $4x$ cm になる。

$y=\dfrac{1}{2}\times4x\times12=24x$

(2)点 P が C に着くのは，$20\div4=5$ より，5秒後であるから，x の変域は，$0\leqq x\leqq5$

また，$x=0$ のとき $y=0$，$x=5$ のとき $y=120$ より，y の変域は，$0\leqq y\leqq120$

---

p.146〜147　　　　　　　　予想問題 **5**

出題傾向

平行移動，対称移動，回転移動などの移動に関する問題や垂線，垂直二等分線，角の二等分線などの基本の作図は，必ず何問か出題される。ここで，確実に点をとれるようにしておこう。また，おうぎ形や基本の作図を活用したいろいろな作図もよく出る。このような問題にも慣れておこう。

① (1) A━━━B　　(2) ━━A━━━B━━

(3) A━━━B

解き方 (1)直線 AB のうち，点 A から点 B までの部分。

(2)2点 A，B の両方向に限りなくのびている。

(3)点 A を端として点 B の方向に限りなくのびている。

②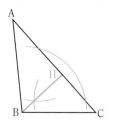

解き方 △ABCで，辺ACを底辺とする高さだから，頂点Bから辺ACへの垂線を作図すればよい。

❸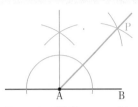

解き方 まず，半直線BAの上側に点Aを通る垂線を作図する。
∠BAP＝45°だから，垂線の右側にある90°の角の二等分線を作図し点Pを求める。

❹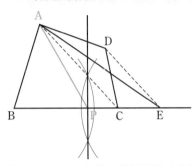

解き方 ①四角形ABCDと面積が等しい△ABEを作図する。
②辺BEの垂直二等分線を作図して辺BEの中点Pを求め，2点A，Pを通る直線を引く。

❺ (1)弦AB　(2)弧AB，記号…$\overset{\frown}{AB}$　(3)ℓ⊥OB

解き方 (1)円周上の2点を結ぶ線分を弦という。
(2)円周の一部分を弧という。
2点A，Bを両端とする弧を，弧ABという。
(3)円の接線は，接点を通る半径に垂直である。

❻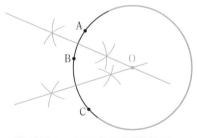

解き方 線分AB，BCはその円の弦である。
弦ABとBCの垂直二等分線は円の中心を通る。
このことを利用して，円の中心を求める。

❼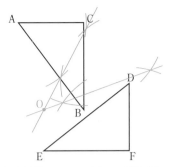

解き方 回転移動では，回転の中心から対応する点までの距離はそれぞれ等しい。よって，線分AD，CFそれぞれの垂直二等分線を作図し，その交点をOとすればよい。

❽ (1)△HGC　(2)180°　(3)FO　(FH)

解き方 (1)平行移動では，対応する点を結ぶ線分は平行で，その長さは等しい。

(2)回転移動では，対応する点は，回転の中心から等しい距離にあり，対応する点と回転の中心を結んでできる角の大きさは，すべて等しい。

(3)対称移動では，対応する点を結ぶ線分は，対称の軸によって垂直に2等分される。

p.148～149 予想問題 6

出題傾向
直線や平面の平行と垂直，ねじれの位置などの位置関係や，立体の表面積，体積を求める問題は，必ず何問か出題される。ここで確実に点をとれるようにしておこう。また，回転体，投影図，展開図やおうぎ形についての問題もよく出る。このような問題にも慣れておこう。

❶ (1)⑦，⑦
(2)記号…④，名称…正十二面体

解き方 (2)すべての面が合同な正多角形で，どの頂点にも面が同じ数だけ集まり，へこみのない多面体を正多面体という。

❷ (1)四角柱　(2)球

解き方 (2)平面図…円，立面図…円だから，どこから見ても円に見える立体である。

③ (1)辺 CH，DI，EJ，GH，HI，IJ，JF

(2)面 ABCDE，FGHIJ

解き方
(1)空間内で，平行でなく，しかも交わらない２つの直線はねじれの位置にある。

(2)角柱の２つの底面は平行だから，面 ABGF と正五角柱の２つの底面は垂直になる。

④ (1)

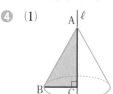

(2)円錐

解き方
平面図形を，同じ平面上の直線 ℓ を軸として１回転してできる立体を回転体という。
直角三角形からできる回転体は円錐とみることができる。

⑤ (正)四角錐

解き方
底面…四角形(正方形)
側面…二等辺三角形

⑥ (1)84 cm²　(2)108π cm²

解き方
(1)この三角柱の展開図の側面は縦 6 cm，横 12 cm (底面の周の長さ)の長方形になる。

(2)この円錐の展開図は次の図のようになる。

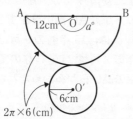

側面のおうぎ形の $\dfrac{a}{360}$ は $\dfrac{(\overset{\frown}{\text{AB}}\text{の長さ})}{(\text{円 O の円周})}$ でおきかえられる。

側面積は，$\pi\times12^2\times\dfrac{2\pi\times6}{2\pi\times12}=72\pi\,(\text{cm}^2)$

底面積は，$\pi\times6^2=36\pi\,(\text{cm}^2)$

表面積は，$72\pi+36\pi=108\pi\,(\text{cm}^2)$

(別解)側面積は，$\dfrac{a}{360}$ を $\dfrac{(\text{底面の半径})}{(\text{母線の長さ})}$ におきかえて求めることもできる。

側面積は，$\pi\times12^2\times\dfrac{6}{12}=72\pi\,(\text{cm}^2)$

⑦ (1)126 cm³　(2)192 cm³

解き方
(1)手前の面の台形を底面とみる。

$\dfrac{1}{2}\times(3+6)\times4\times7=126\,(\text{cm}^3)$

(2)$\dfrac{1}{3}\times8^2\times9=192\,(\text{cm}^3)$

⑧ (1)表面積…144π cm²，側面積

(2)288π cm³

解き方
球の半径を r，表面積を S，体積を V とすると，
$S=4\pi r^2$，$V=\dfrac{4}{3}\pi r^3$

(1)$4\pi\times6^2=144\pi\,(\text{cm}^2)$

(2)$\dfrac{4}{3}\pi\times6^3=288\pi\,(\text{cm}^3)$

⑨ $\dfrac{256}{3}$ cm³

解き方
この立体は，立方体の面(正方形)を底面とし，立方体の１辺の長さの半分を高さとする正四角錐である。

体積は，$\dfrac{1}{3}\times8\times8\times4=\dfrac{256}{3}\,(\text{cm}^3)$

(別解)立方体の中には，この正四角錐が６個あるので，求める体積は，立方体の体積の $\dfrac{1}{6}$ である。

体積は，$\dfrac{1}{6}\times\underset{\text{立方体の体積}}{\underline{8\times8\times8}}=\dfrac{256}{3}\,(\text{cm}^3)$

p.150〜151　　予想問題 **7**

出題傾向

データから，範囲や代表値(平均値，中央値，最頻値)を求める問題は，必ず何問か出題される。ここで，確実に点をとれるようにしておこう。
また，ヒストグラムや度数折れ線をかく問題も必ず出る。度数分布表から，階級値を使って代表値を求める問題も要注意だ。このような問題にも慣れ，いろいろなデータを読み取れるようにしておこう。

① 平均値…13.75 分，中央値…14 分
最頻値…16 分

解き方
・(平均値)＝$\dfrac{(\text{データの値の合計})}{(\text{データの総数})}$ だから，

$(3+5+\cdots+25+30)\div20=13.75(\text{分})$

・中央値は，短い順に並べた 10 番目と 11 番目の値の合計を 2 でわって求める。

$(13+15)\div2=14(\text{分})$

・最頻値は，4 回出ている 16 分である。

❷ (1) 4 cm

(2)
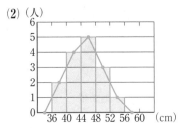

(3) 46 cm　(4) 46 cm

解き方
(2) ヒストグラムをかき，各長方形の上の辺の中点をとって結ぶと，度数折れ線がかける。
　　度数分布多角形ともいう。

(3) 度数が 5（人）である「44 cm 以上 48 cm 未満」の階級の階級値を求める。
　　(44＋48)÷2＝46(cm)

(4) 記録が短い方から 8 番目の人の入る階級の階級値を求める。

❸ (1) ① 0.40　② 0.08　③ 0.07

(2) A 中学校

　　わけ…(例) 記録がよい方の 3 つの階級，
　　6.5 秒以上 8.0 秒未満の相対度数の合計が，
　　A 中学校は 0.34，B 中学校は 0.30 だから，
　　A 中学校の方が記録がよいといえる。

解き方
(1) ① $\dfrac{24}{60}=0.40$　② $\dfrac{5}{60}=0.083\overset{3}{\cancel{8}}\cdots$

　　③ $\dfrac{10}{150}=0.06\overset{7}{\cancel{6}}\cdots$

(2) 相対度数は，上から順に，
　　A　0.02，0.07，0.25，0.40，0.15，0.08，0.03
　　B　0.02，0.07，0.21，0.40，0.14，0.12，0.04
　　50 m 走の場合，秒数が小さいほどよい記録といえる。
　　分布の傾向を比べるときは，1 つの階級だけでなく，いくつかの階級にわたって調べるようにする。

❹ (例) 連続して跳べた回数の記録を度数分布表に整理すると，次のようになる。

階級(回)	度数(回)	
	並び方 A	並び方 B
以上　　未満 5 ～ 10	2	1
10 ～ 15	3	3
15 ～ 20	5	7
20 ～ 25	3	3
25 ～ 30	2	3
30 ～ 35	0	1
計	15	18

25 回以上連続して跳べた割合について，
並び方 A は約 13 %，B は約 22 %
20 回以上について，
並び方 A は約 33 %，B は約 39 % となる。
連続して跳んだ回数で競うから，その割合の大きい並び方 B の方がよい記録が出せると考えられる。

解き方
25 回以上連続して跳べた割合は，

A　$\dfrac{2}{15}=0.133\cdots$　→ 約 13 %

B　$\dfrac{3+1}{18}=0.222\cdots$ → 約 22 %

20 回以上までひろげると，

A　$\dfrac{3+2}{15}=0.333\cdots$　→ 約 33 %

B　$\dfrac{3+3+1}{18}=0.388\cdots$ → 約 39 %

❺ (1) 15 年前…23.1 ℃，今年…25.5 ℃
(2) 15 年前…22.5 ℃，今年…28.5 ℃
(3) 15 年前…22.5 ℃，今年…25.5 ℃
(4) 15 年前…0.07，　　今年…0.43

(5) (例)・平均値は，15 年前の 9 月は 23.1 ℃，今年の 9 月は 25.5 ℃ なので，今年の方が高い。

・15 年前の 9 月のヒストグラムは，山が 1 つだが，今年の 9 月のヒストグラムは山の形がはっきりしないので，今年は気温がばらばらである。

・27 ℃ 以上の相対度数は，15 年前の 9 月は 0.07 だが，今年の 9 月は 0.43 なので，今年の方が気温の高い日が多かったといえる。

・最頻値は，15 年前の 9 月は 22.5 ℃ だが，今年の 9 月は 28.5 ℃ なので，今年の方が気温の高い日が多かったといえる。

解き方
(4) 15 年前　$2÷30=0.06\overset{7}{\cancel{6}}\cdots$
　　今年　　$(11+2)÷30=0.433\cdots$

(5) 今までに学習した代表値や相対度数，ヒストグラムの山の形などから考える。

赤シート×直前対策！

ぴた
トレ mini book

テストに出る！

重要問題
チェック！

数学1年

赤シートでかくしてチェック！

お使いの教科書や学校の学習状況により，ページが前後したり，学習されていない問題が含まれていたり，表現が異なる場合がございます。
学習状況に応じてお使いください。

← 「ぴたトレ mini book」は取り外してお使いください。

正の数・負の数

●正の符号, 負の符号
●絶対値

□200円の収入を, ＋200円と表すとき, 300円の支出を表しなさい。

〔 －300円 〕

□次の数を, 正の符号, 負の符号をつけて表しなさい。

(1) 0より3大きい数　　　　　　　　(2) 0より1.2小さい数

〔 ＋3 〕　　　　　　　　　　　　　　〔 －1.2 〕

□下の数直線で, A, B にあたる数を答えなさい。

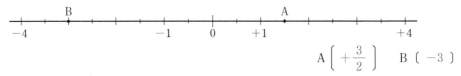

A〔 ＋$\dfrac{3}{2}$ 〕　　B〔 －3 〕

□絶対値が2である整数をすべて答えなさい。

〔 ＋2, －2 〕

□次の2数の大小を, 不等号を使って表しなさい。

(1) 2.1 $\boxed{>}$ －1　　　　　　　　　(2) －3 $\boxed{<}$ －1

□次の数を, 小さい方から順に並べなさい。

$-4,\ \dfrac{2}{3},\ 3,\ -2.6,\ 0$

〔 $-4,\ -2.6,\ 0,\ \dfrac{2}{3},\ 3$ 〕

テストに出る！重要事項　　〈テスト前にもう一度チェック！〉

□負の数＜0＜正の数
□正の数は絶対値が大きいほど大きい。
□負の数は絶対値が大きいほど小さい。

正の数・負の数　　　●正の数・負の数の計算

テストに出る！重要問題　　　　　　　　　〈特に重要な問題は□の色が赤いよ！〉

□次の計算をしなさい。

(1) $(-7)+(-5)=\boxed{-12}$　　　(2) $(+4)-(-2)=\boxed{+6}$

□次の計算をしなさい。

$$-8-(-10)+(-13)+21=-8+\boxed{10}-\boxed{13}+21$$
$$=31-\boxed{21}=\boxed{10}$$

□次の計算をしなさい。

(1) $(-2)\times5=\boxed{-10}$　　　(2) $(-20)\div(-15)=\boxed{\dfrac{4}{3}}$

(3) $\dfrac{4}{15}\div\left(-\dfrac{8}{9}\right)=\dfrac{4}{15}\times\left(\boxed{-\dfrac{9}{8}}\right)$

$$=-\left(\dfrac{4}{15}\times\boxed{\dfrac{9}{8}}\right)=\boxed{-\dfrac{3}{10}}$$

□次の計算をしなさい。

(1) $(-3)^2\times(-1^3)$　　　(2) $8+2\times(-5)$

$=\boxed{9}\times(\boxed{-1})=\boxed{-9}$　　　$=8+(\boxed{-10})=\boxed{-2}$

□分配法則を使って，次の計算をしなさい。

$(-6)\times\left(-\dfrac{1}{2}+\dfrac{2}{3}\right)=\boxed{3}+(\boxed{-4})=\boxed{-1}$

テストに出る！重要事項　　　　　　　　〈テスト前にもう一度チェック！〉

□ 　同符号の2つの数の和…2つの数と同じ符号に，2つの数の絶対値の和
　　異符号の2つの数の和…絶対値の大きい方の符号に，2つの数の絶対値の差

□ 　同符号の2つの数の積，商の符号…正の符号
　　異符号の2つの数の積，商の符号…負の符号

正の数・負の数

テストに出る！重要問題 〈特に重要な問題は□の色が赤いよ！〉

□10 以下の素数をすべて答えなさい。

〔 2, 3, 5, 7 〕

□次の自然数を，素因数分解しなさい。

(1) 45

$\boxed{3}$) 45
$\boxed{3}$) 15
　　　 5

$45 = \boxed{3}^2 \times 5$

(2) 168

$\boxed{2}$) 168
$\boxed{2}$) 84
$\boxed{2}$) 42
$\boxed{3}$) 21
　　　 7

$168 = \boxed{2}^3 \times \boxed{3} \times 7$

□次の表は，5 人のあるテストの得点を，A さんの得点を基準にして，それより高い
場合には正の数，低い場合には負の数を使って表したものです。

	A	B	C	D	E
基準との違い(点)	0	+5	−3	−8	−9

A さんの得点が 89 点のとき，5 人の得点の平均を求めなさい。

〔解答〕　基準との違いの平均は，

$$(0+5-3-8-9) \div 5 = \boxed{-3}$$

A さんの得点が 89 点だから，5 人の得点の平均は，

$$89 + (\boxed{-3}) = \boxed{86}(点)$$

テストに出る！重要事項 〈テスト前にもう一度チェック！〉

□ 1 とその数のほかに約数がない自然数を素数という。
　ただし，1 は素数にふくめない。
□自然数を素数だけの積で表すことを，素因数分解するという。

4

文字の式

●文字を使った式

□次の式を，文字式の表し方にしたがって書きなさい。

(1) $x \times x \times 13 = \boxed{13x^2}$

(2) $(a+3b) \div 2 = \boxed{\dfrac{a+3b}{2}}$

□次の式を，記号 ×，÷ を使って表しなさい。

(1) $5a^2b = \boxed{5 \times a \times a \times b}$

(2) $50 - \dfrac{x}{4} = \boxed{50 - x \div 4}$

□次の数量を表す式を書きなさい。

(1) 1本 a 円のペン2本と1冊 b 円のノート4冊を買ったときの代金

〔 $2a+4b$ （円） 〕

(2) x km の道のりを2時間かけて歩いたときの時速

〔 $\dfrac{x}{2}$ （km/h） 〕

(3) y L の水の 37% の量

〔 $\dfrac{37}{100}y$ （L） 〕

□ $x = -3$，$y = 2$ のとき，次の式の値を求めなさい。

(1) $-x^2 = -(\boxed{-3})^2$

$= -\{(\boxed{-3}) \times (\boxed{-3})\}$

$= \boxed{-9}$

(2) $3x + 4y = 3 \times (\boxed{-3}) + 4 \times \boxed{2}$

$= \boxed{-9} + \boxed{8}$

$= \boxed{-1}$

□ $b \times a$ は，ふつうはアルファベットの順にして，ab と書く。

□ $1 \times a$ は，記号 × と 1 を省いて，単に a と書く。

□ $(-1) \times a$ は，記号 × と 1 を省いて，$-a$ と書く。

□記号 ＋，− は省略できない。

5

文字の式

テストに出る！重要問題　　　　　　　〈特に重要な問題は□の色が赤いよ！〉

□次の計算をしなさい。

(1) $3x+(2x+1)$

　$=3x+\boxed{2x}+\boxed{1}$

　$=\boxed{5x+1}$

(2) $-a+4-(3-2a)$

　$=-a+4-\boxed{3}+\boxed{2a}$

　$=\boxed{a+1}$

□次の計算をしなさい。

(1) $-2(5x-2)=\boxed{-10x+4}$

(2) $(12x-8)\div4=\boxed{3x-2}$

□次の計算をしなさい。

(1) $3(7a-1)+2(-a+3)=\boxed{21a}-\boxed{3}-2a+6$

　　　　　　　　　　　$=\boxed{19a+3}$

(2) $5(x+2)-4(2x+3)=5x+10-\boxed{8x}-\boxed{12}$

　　　　　　　　　　　$=\boxed{-3x-2}$

□次の数量の関係を，等式か不等式に表しなさい。

(1) y 個のあめを，x 人に 5 個ずつ配ると，4 個たりない。

〔 $y=5x-4$ 〕

(2) ある数 x に 13 を加えると，40 より小さい。

〔 $x+13<40$ 〕

(3) 1 個 a 円のケーキ 4 個を，b 円の箱に入れると，代金は 1500 円以下になる。

〔 $4a+b\leqq1500$ 〕

テストに出る！重要事項　　　　　　　〈テスト前にもう一度チェック！〉

□$mx+nx=(m+n)x$ を使って，文字の部分が同じ項をまとめる。

□かっこがある式の計算は，かっこをはずし，さらに項をまとめる。

□等式や不等式で，等号や不等号の左側の式を左辺，右側の式を右辺，その両方をあわせて両辺という。

テストに出る！重要問題

〈 特に重要な問題は□の色が赤いよ！〉

□次の方程式を解きなさい。

(1)　$x-4=2$

　　$x=\boxed{6}$

(2)　$\dfrac{x}{2}=-1$

　　$x=\boxed{-2}$

(3)　$-9x=63$

　　$x=\boxed{-7}$

□次の方程式を解きなさい。

(1)　$-3x+5=-x+1$

　　$-3x+x=1-\boxed{5}$

　　$-2x=\boxed{-4}$

　　$x=\boxed{2}$

(2)　$\dfrac{x+5}{2}=\dfrac{1}{3}x+2$

　　$\dfrac{x+5}{2}\times\boxed{6}=\left(\dfrac{1}{3}x+2\right)\times6$

　　$(x+5)\times\boxed{3}=2x+12$

　　$\boxed{3x+15}=2x+12$

　　$\boxed{3x}-2x=12-\boxed{15}$

　　$x=\boxed{-3}$

□パン 4 個と 150 円のジュース 1 本の代金は，パン 1 個と 100 円の牛乳 1 本の代金の 3 倍になりました。このパン 1 個の値段を求めなさい。

［解答］　$\boxed{\text{パン 1 個の値段}}$ を x 円とすると，

　　　　$4x+150=3(\boxed{x+100})$

　　　　$4x+150=\boxed{3x+300}$

　　　　$4x-\boxed{3x}=\boxed{300}-150$

　　　　$x=\boxed{150}$

　　　この解は問題にあっている。

$\boxed{150}$ 円

テストに出る！重要事項

〈 テスト前にもう一度チェック！〉

□方程式は，文字の項を一方の辺に，数の項を他方の辺に移項して集めて，$ax=b$ の形にして解く。

7

テストに出る！重要問題

〈 特に重要な問題は□の色が赤いよ！〉

□次の比例式を解きなさい。

(1)　$8 : 6 = 4 : x$

$\boxed{8x} = 24$

$x = \boxed{3}$

(2)　$(x-4) : x = 2 : 3$

$3(\boxed{x-4}) = 2x$

$\boxed{3x-12} = 2x$

$\boxed{3x} - 2x = \boxed{12}$

$x = \boxed{12}$

□100 g が 120 円の食品を，300 g 買ったときの代金を求めなさい。

［解答］　代金を x 円とすると，

$100 : 300 = \boxed{120} : x$

$100x = 300 \times \boxed{120}$

$100x = \boxed{36000}$

$x = \boxed{360}$

この解は問題にあっている。

$\boxed{360}$ 円

□玉が A の箱に 10 個，B の箱に 15 個はいっています。A の箱と B の箱に同じ数ずつ玉を入れると，A と B の箱の中の玉の個数の比が 3：4 になりました。あとから何個ずつ玉を入れましたか。

［解答］　A と B の箱に，それぞれ x 個ずつ玉を入れたとすると，

$(10+x) : (15+x) = 3 : \boxed{4}$

$4(10+x) = 3(15+x)$

$40 + \boxed{4x} = 45 + \boxed{3x}$

$x = \boxed{5}$

この解は問題にあっている。

$\boxed{5}$ 個

テストに出る！重要事項

〈 テスト前にもう一度チェック！〉

□$a : b = c : d$　ならば，$ad = bc$

比例と反比例

テストに出る！重要問題　　　　　　　　　　〈特に重要な問題は□の色が赤いよ！〉

□ x の変域が，2 より大きく 5 以下であることを，不等号を使って表しなさい。

〔 $2 < x \leqq 5$ 〕

□ 次の⑴，⑵について，y を x の式で表しなさい。⑴は比例定数も答えなさい。
 ⑴ 分速 1.2 km の電車が，x 分走ったときに進む道のり y km

式〔 $y = 1.2x$ 〕　比例定数〔 1.2 〕

 ⑵ y は x に比例し，$x = -2$ のとき $y = 10$ である。
  〔解答〕　比例定数を a とすると，$y = \boxed{ax}$
  　　　　$x = -2$ のとき $y = 10$ だから，
  　　　　$\boxed{10} = a \times (\boxed{-2})$
  　　　　$a = \boxed{-5}$
  　　　　したがって，$y = \boxed{-5x}$

□ 右の図の点 A，B，C の座標を答えなさい。
 点 A の座標は，（ $\boxed{1}$ ，$\boxed{4}$ ）
 点 B の座標は，（ $\boxed{-2}$ ，$\boxed{-1}$ ）
 点 C の座標は，（ $\boxed{3}$ ，$\boxed{0}$ ）

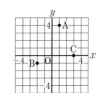

□ 次の関数のグラフをかきなさい。

 ⑴ $y = \dfrac{1}{3}x$

 ⑵ $y = -2x$

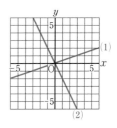

テストに出る！重要事項　　　　　　　　　　〈テスト前にもう一度チェック！〉

□ y が x に比例するとき，比例定数を a とすると，$y = ax$ と表される。

9

比例と反比例

●反比例
●比例，反比例の利用

テストに出る！重要問題　　〈 特に重要な問題は□の色が赤いよ！〉

□ y は x に反比例し，$x=3$ のとき $y=4$ です。y を x の式で表しなさい。

［解答］　比例定数を a とすると，$y = \dfrac{\boxed{a}}{\boxed{x}}$

$x=3$ のとき $y=4$ だから，

$$\boxed{4} = \dfrac{a}{\boxed{3}}$$

$$a = \boxed{12}$$

したがって，$y = \dfrac{\boxed{12}}{\boxed{x}}$

□ 次の関数のグラフをかきなさい。

(1) $y = \dfrac{6}{x}$

(2) $y = -\dfrac{2}{x}$

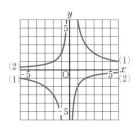

□ ある板 4 g の面積は 120 cm^2 です。この板 x g の面積を $y \text{ cm}^2$ とし，x と y の関係を式に表しなさい。また，この板の重さが 5 g のとき，面積は何 cm^2 ですか。

［解答］　y は x に比例するので，$y = ax$ と表される。

$x=4$ のとき $y=120$ だから，

$$120 = 4a$$

$$a = \boxed{30}$$

よって，$y = \boxed{30x}$ となる。

$x=5$ を代入して，$y = \boxed{150}$

式… $y = \boxed{30x}$，面積… $\boxed{150}\ \text{cm}^2$

テストに出る！重要事項　　〈 テスト前にもう一度チェック！〉

□ y が x に反比例するとき，比例定数を a とすると，$y = \dfrac{a}{x}$ と表される。

10

平面図形

テストに出る！重要問題 〈特に重要な問題は□の色が赤いよ！〉

□右の図のように 4 点 A，B，C，D があるとき，次の図形
をかきなさい。

(1) 線分 AB　　　　　(2) 半直線 CD

□次の問いに答えなさい。
(1) 右の図で，垂直な線分を，記号 ⊥ を使って表しな
さい。

〔 AC⊥BD 〕

(2) 右の図の平行四辺形 ABCD で，平行な線分を，記
号 ∥ を使ってすべて表しなさい。

〔 AB∥DC，AD∥BC 〕

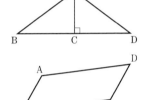

□長方形 ABCD の対角線の交点 O を通る線分を，右の
図のようにひくと，合同な 8 つの直角三角形ができま
す。次の問いに答えなさい。

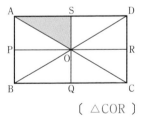

(1) △OAS を，平行移動すると重なる三角形はどれ
ですか。

〔 △COR 〕

(2) △OAS を，点 O を回転の中心として回転移動すると重なる三角形はどれです
か。

〔 △OCQ 〕

(3) △OAS を，線分 SQ を対称の軸として対称移動すると重なる三角形はどれで
すか。

〔 △ODS 〕

テストに出る！重要事項 〈テスト前にもう一度チェック！〉

□直線の一部で，両端のあるものを線分という。

11

テストに出る！重要問題

〈 特に重要な問題は□の色が赤いよ！〉

□右の図の △ABC で，辺 AB の垂直二等分線を作図し
なさい。

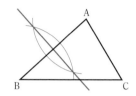

□右の図の △ABC で，∠ABC の二等分線を作図しな
さい。

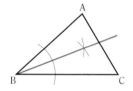

□右の図の △ABC で，頂点 A を通る辺 BC の垂線を作
図しなさい。

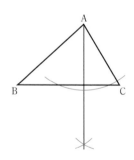

テストに出る！重要事項

〈 テスト前にもう一度チェック！〉

□辺 AB の垂直二等分線を作図すると，垂直二等分線と
辺 AB との交点が辺 AB の中点になる。

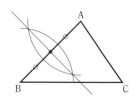

平面図形

テストに出る！重要問題　　　　　　　　〈特に重要な問題は□の色が赤いよ！〉

□半径 4 cm の円があります。

　次の問いに答えなさい。

　(1)　円の周の長さを求めなさい。

　　　［解答］　$2\pi \times \boxed{4} = \boxed{8\pi}$

　　　　　　　　　　　　　　　　　　　　　　　　　　　　$\boxed{8\pi}$ cm

　(2)　円の面積を求めなさい。

　　　［解答］　$\pi \times \boxed{4}^2 = \boxed{16\pi}$

　　　　　　　　　　　　　　　　　　　　　　　　　　　　$\boxed{16\pi}$ cm²

□半径 3 cm，中心角 120° のおうぎ形があります。

　次の問いに答えなさい。

　(1)　おうぎ形の弧の長さを求めなさい。

　　　［解答］　$2\pi \times \boxed{3} \times \dfrac{\boxed{120}}{360} = \boxed{2\pi}$

　　　　　　　　　　　　　　　　　　　　　　　　　　　　$\boxed{2\pi}$ cm

　(2)　おうぎ形の面積を求めなさい。

　　　［解答］　$\pi \times \boxed{3}^2 \times \dfrac{\boxed{120}}{360} = \boxed{3\pi}$

　　　　　　　　　　　　　　　　　　　　　　　　　　　　$\boxed{3\pi}$ cm²

テストに出る！重要事項　　　　　　　　〈テスト前にもう一度チェック！〉

□半径 r，中心角 $a°$ のおうぎ形の弧の長さを ℓ，面積を S とすると，

　　弧の長さ　　$\ell = 2\pi r \times \dfrac{a}{360}$

　　面　　積　　$S = \pi r^2 \times \dfrac{a}{360}$

□1 つの円では，おうぎ形の弧の長さや面積は，中心角の大きさに比例する。

13

空間図形

- ●立体の表し方
- ●空間内の平面と直線
- ●立体の構成

テストに出る！重要問題

〈特に重要な問題は□の色が赤いよ！〉

□右の投影図で表された立体の名前を答えなさい。

〔 円柱 〕

□右の図の直方体で，次の関係にある直線や平面をすべて答え
なさい。

(1) 直線 AD と平行な直線

〔 直線 BC，直線 EH，直線 FG 〕

(2) 直線 AD とねじれの位置にある直線

〔 直線 BF，直線 CG，直線 EF，直線 HG 〕

(3) 平面 AEHD と垂直に交わる直線

〔 直線 AB，直線 EF，直線 HG，直線 DC 〕

(4) 平面 AEHD と平行な平面

〔 平面 BFGC 〕

□右の半円を，直線 ℓ を回転の軸として1回転させてできる立体
の名前を答えなさい。

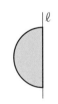

〔 球 〕

テストに出る！重要事項

〈テスト前にもう一度チェック！〉

□空間内の2直線の位置関係には，次の3つの場合がある。

交わる，平行である，ねじれの位置にある

□空間内の2つの平面の位置関係には，次の2つの場合がある。

交わる，平行である

14

空間図形

●立体の体積と表面積

テストに出る！重要問題　　　　　　　　〈 特に重要な問題は□の色が赤いよ！〉

□ 底面の半径が 2 cm，高さが 6 cm の円錐の体積を求めなさい。

［解答］　$\dfrac{1}{3}\pi \times 2^2 \times 6 = \boxed{8\pi}$　　　　　$\boxed{8\pi}$ cm³

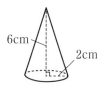

□ 右の図の三角柱の表面積を求めなさい。

［解答］　底面積は，

$\boxed{\dfrac{1}{2}} \times \boxed{5} \times 12 = 30 \, (\text{cm}^2)$

側面積は，

$\boxed{10} \times (5 + 12 + \boxed{13}) = \boxed{300} \, (\text{cm}^2)$

したがって，表面積は，

$30 \times \boxed{2} + \boxed{300} = \boxed{360} \, (\text{cm}^2)$　　　　$\boxed{360}$ cm²

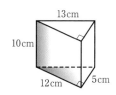

□ 半径 2 cm の球があります。

次の問いに答えなさい。

(1)　球の体積を求めなさい。

［解答］　$\dfrac{4}{3}\pi \times \boxed{2}^3 = \boxed{\dfrac{32}{3}\pi}$

$\boxed{\dfrac{32}{3}\pi}$ cm³

(2)　球の表面積を求めなさい。

［解答］　$4\pi \times \boxed{2}^2 = \boxed{16\pi}$

$\boxed{16\pi}$ cm²

テストに出る！重要事項　　　　　　　　〈 テスト前にもう一度チェック！〉

□ 円錐の側面の展開図は，半径が円錐の母線の長さのおうぎ形である。

15

テストに出る！重要問題　　〈特に重要な問題は□の色が赤いよ！〉

□下の表は，ある中学校の女子 20 人の反復横とびの結果をまとめたものです。
これについて，次の問いに答えなさい。

反復横とびの回数

階級（回）	度数（人）	相対度数	累積相対度数
38 以上 〜 40 未満	3	0.15	0.15
40　　〜 42	4	0.20	0.35
42　　〜 44	6	0.30	0.65
44　　〜 46	5	☐	☐
46　　〜 48	2	0.10	1.00
計	20	1.00	

(1) 最頻値を答えなさい。

　　[解答]　$\dfrac{\boxed{42}+\boxed{44}}{2}=\boxed{43}$

　　　　　　　　　　　　　　　　　　　　　$\boxed{43}$ 回

(2) 44 回以上 46 回未満の階級の相対度数を求めなさい。

　　[解答]　$\dfrac{5}{\boxed{20}}=\boxed{0.25}$

　　　　　　　　　　　　　　　　　　　　　$\boxed{0.25}$

(3) 反復横とびの回数が 46 回未満であるのは，全体の何 % ですか。

　　[解答]　$0.15+0.20+0.30+\boxed{0.25}=\boxed{0.90}$

　　　　　　　　　　　　　　　　　　　　　$\boxed{90}$ %

テストに出る！重要事項　　〈テスト前にもう一度チェック！〉

□相対度数 $=\dfrac{階級の度数}{度数の合計}$

□あることがらの起こりやすさの程度を表す数を，あることがらの起こる確率という。